林泉乐居

——中国园林美学研究

蒋继华 阮紫媞◎著

中国纺织出版社有限公司

内 容 提 要

中国园林艺术与中国文化的底蕴是一致的，其主体审美精神与物质材料“天人合一”的产物，在学理上迥然有别于西方园林。在中国园林的山水地形、花草树木和建筑园路等要素中，都能充分感受到深厚的美学意蕴。可以说，中国园林美学是中国园林的灵魂所在。本书即对中国园林美学展开详尽、深入的探讨，首先简要论述了中国园林美的发展历程，接着深入分析了中国园林的物质性建构序列、精神性建构序列、审美意境的整体生成，既注重对基本理论的详细阐述，又结合中国园林实际进行了深入分析，具有条理性强、结构严谨、重点突出的特点。

图书在版编目（CIP）数据

林泉乐居：中国园林美学研究／蒋继华，阮紫媞著.-- 北京：中国纺织出版社有限公司，2022.5（2025.1重印）
ISBN 978-7-5180-9470-7

Ⅰ.①林… Ⅱ.①蒋… ②阮… Ⅲ.①园林艺术—艺术美学—研究—中国 Ⅳ.①TU986.1

中国版本图书馆CIP数据核字（2022）第055921号

责任编辑：刘 茸　　责任校对：高 涵　　责任印制：王艳丽

中国纺织出版社有限公司出版发行
地址：北京市朝阳区百子湾东里A407号楼　邮政编码：100124
销售电话：010—67004422　传真：010—87155801
http://www.c-textilep.com
中国纺织出版社天猫旗舰店
官方微博 http://weibo.com/2119887771
北京虎彩文化传播有限公司印刷　各地新华书店经销
2022年5月第1版　2025年1月第4次印刷
开本：787×1092　1/16　印张：14.25
字数：246千字　定价：68.00元

前　言

从古至今，中国人始终对自然山水意境充满了向往。中国园林正是各朝各代人们自然观和人生观的具体体现。它遵循了“崇尚自然，师法自然”的原则，把建筑、山水和植物有机地融合为一体，创造出人与自然环境协调共生、天人合一的艺术综合体。虽然这样的山水林泉令人陶醉，但是大多数古人并不会为此而放弃尘世生活，即既要欣赏自然美，又要享受世俗物质，这便是他们的“林泉乐居之心”。在当代，经济的高速增长在给人们带来高质量生活的同时也给自然环境造成了巨大的影响，而恶劣的环境又给人们带来了各种各样的问题。这让人们对居住环境在保持物质追求的基础上提出了提高生态美的要求，古代人的“林泉乐居”心理正好与之吻合。因此，研究中国园林之美不仅有利于增强对现代环境美学和生态美学的探索，还有利于为提升城市规划设计水平和构建当代乐居生活提供帮助。可以说，中国园林美学的研究具有重要的理论价值和社会实践价值。基于此，笔者精心撰写了《林泉乐居——中国园林美学研究》一书。

本书由绪论、五个章节和结束语构成。绪论简略阐明了中国园林美学研究概况，点明中心，使读者一目了然，快速抓住重点。第一章具有承上启下的作用，从先秦开始，对中国园林美学思想的历史演变进行了分析。意境是园林艺术的灵魂，而中国园林艺术创作中意境的产生与传统哲学思想息息相关，因而第二章分别对儒家思想、道家思想、禅宗思想与中国园林美学的关系进行了详细论述。与西方园林相比，中国园林艺术不是单纯的外在景物，而是联系着中国古典艺术的风采。可以说，中国园林景观中处处体现着绘画艺术、古典文学与书法艺术。因此，第三章具体解析了中国园林与传统艺术之间的关系。第四章围绕园林的意境美、结构形式美和人文美全面阐述了如何创造中国园林之美。为了让读者更深入地感受中国园林之美，第五章分别从园林建筑的形态美、园林山水的自然美、园林植物的造景美和园林的季相美论述中国园林的形态骨架和主要特色。最后，以中国园林美学的继承与发展研究为结束语与开篇呼应，突出了主题思想，以期加深读者的印象。

本书以总—分—总的结构对中国园林美学进行了系统、全面地研究，使结构更加严谨，使内容更加深刻。另外，本书论述力求简明扼要、深入浅出，并配以直观的图片案例，与文字同步排列，便于读者学习和掌握，具有较强的可操作性与实践指导价值。

在本书的撰写过程中，笔者参阅、引用、借鉴了国内外相关文献资料，得到了亲朋的支持，在此致以衷心的感谢。但由于时间紧迫和笔者水平有限，书中还存在缺点和不足，衷心期待同行和广大读者批评指正。

作者

2021年12月

目　录

绪　论
中国园林美学研究概况

自古至今，中国人都有一颗亲近自然、以自然为依归的林泉乐居之心，与大自然保持着相知相依的生命情调，这在中国园林艺术中颇有体现。中国园林艺术包含了人们对自然和社会的审美理想和审美趣味，蕴藏着深刻的美学思想，具有很高的观赏价值和研究价值。

对于园林艺术的审美研究，在我国很早就开始了。宋代画家郭熙在《林泉高致》，明代造园大师计成在《园冶》中都有较为系统的研究和阐述。1987年，刘天华《文艺新学科新方法手册》正式提出了“园林（风景）美学”概念，并把它作为一门独立的学科来研究。园林美学以园林美为研究对象，按照造园的艺术规律，把以自然物为主体的风景形象加以创造性组合，具有审美价值。中国园林美学要研究中国园林的审美特征，探讨中国园林艺术的风格演变和游园者独特的审美经验。[1]中国园林是在自然环境的基础上根据特定的立意，综合运用特定的艺术手法与技术手段，由建筑、山水、花木等要素共同构成的富有诗情画意的物理环境。[2]因此，中国园林的研究应从不同的侧面来把握。有关中国园林美学的研究有许多，影响力较深的主要从艺术、建筑和环境的视角来进行探究。由于这三种研究视野存在互补的关系，所以它们又在某种程度上有一定的重合。

一、中国园林美学研究的艺术视野

从艺术视野研究中国园林美学的代表人物有宗白华、陈从周和金学智。

（一）宗白华的园林建筑空间艺术

宗白华是20世纪著名的美学家，他撰写的一系列学术著作或多或少都涉及了中国园林，尤其是在1963年给北京大学学生关于中国美学史的演讲稿里，涉及园林美学时所使用的园林概念，对中国园林美学的研究具有重要意义。他使用“园林建筑空间艺术”这个比较复杂的短语来指称中国园林，表明他已认识到了园林的复杂特性，即中国园林既是建筑又是艺术，但它又不是普通艺术，而是空间艺术。这个短语启发了后来的研究者将中国园林视为艺术品来研究，同时它所包含的“建筑”一词，又为建筑学的研究提供了支持。总之，宗白华强调了中国园林与其他中国艺术的关联，诠释了中国园林的艺术观[3]，精准地把握住了中国园林的特性，在

[1] 曹鹏志，张胜冰．实用美学 [M]．昆明：云南大学出版社，1993：225.

[2] 龚天雁．中国园林美学三种研究视野之对比分析 [D]．济南：山东大学，2015：2.

[3] 吴余青，田卓明，朱奕苇．中国传统园林审美意蕴研究文献综述 [J]．湖南包装，2020（4）：7.

某种程度上可以视为中国园林美学研究的“领路人”。

宗白华深厚的哲学和文学功底，使他对中国古典艺术门类（如诗、画、音乐、雕塑、书法、舞蹈、建筑等）都有独创性研究，这也成就了他一代宗师的地位。他认为，中国各类传统艺术受其共同文化的影响，有其相通性和共同性。具体来说，各类传统艺术的区别在于其艺术构成要素的不同，而它们在美感特殊性和审美观方面有许多地方是相通的。当然，其中国园林美学思想也与其他传统艺术是相通的，中国园林在审美观上和其他传统艺术，尤其是和诗、画尤为相通，它们都表现出强烈的空间意识。宗白华在其“中国美学史中重要问题的初步探索”[1]中对中国园林美学进行了详细阐述。这一段论述可分为五个部分：

第一部分认为中国美学史材料丰富、牵涉庞杂，各传统艺术虽自成体系，但它们之间存在相通性且互相影响。在面对这种特点时，研究者要注意吸收考古学和古文字学的成果，以加深对文献资料的认识。

第二部分首先指出美学研究离不开哲学和文学著作，同时还要把文字材料与工艺美术品相结合进行印证研究，然后论说了中国历史中存在的两种美感类型，继而结合《考工记》提出虚实问题并给予深入探讨，最后挖掘了儒家经典著作《易经》中的美学思想。

第三部分具体涉及中国绘画中打破团块造型，以线条透露形象这一特点，同时讲求绘画中要传达生命的气息，展现深层的真实，达到气韵生动。想要与此相应，则要创作主体发挥艺术想象，把客体的内在精神外显，同时在笔墨上注重“风骨”的表现力，继而达到“以小见大”的空间效果。

第四部分通过对先秦时期的音乐著作《乐记》的肯定，指明了我国古代乐的丰富内涵，其涉及舞蹈和表演等要素，是一种综合艺术。继而探讨了音乐中字与声的关系，即艺术中的内容与形式的关系。

第五部分重点探讨了中国园林建筑艺术中所体现的空间意识与空间美感问题，可视为对中国园林美学研究的开创性文本。文中使用了“园林建筑艺术”这一综合的园林概念，且论述了中国园林建筑艺术所表现出来的美学思想（如建筑造型上的飞动之美、建筑布局上的空间之美），对中国园林美学的研究有着一定的概括性意义。

总之，宗白华在谈论中国园林美学思想时是在建筑美学思想的前提下进行的，而在谈论建筑美学思想时又是在艺术美学思想的背景中进行的。

---

[1] 宗白华.宗白华全集（第三卷）[M].合肥：安徽教育出版社，1994：447.

（二）陈从周的园林综合艺术品

被誉为“中国古典园林之父”的陈从周在继承宗白华美学思想的基础上，着重从诗文、绘画的角度品赏中国园林，并将中国园林称为“综合艺术品”。他认为，中国园林的综合性就在于它集多种艺术门类于一体，对中国园林的欣赏，便是对中国园林所包含的各种艺术门类的欣赏。其主要著作有《说园》《园林清议》和《中国名园》等。

陈从周的园林美学研究主要集中在江南园林的研究上，其园林欣赏理论主要体现在《说园》五篇及其相关的园林散记中。在陈从周的中国园林研究视野中，中国园林作为一个综合艺术品，其物质构造要素主要有亭、堂、阁、廊等建筑小品，顺应不同季节，呈现不同姿态，有具备不同象征意味的花草树木，还有人工堆叠的假山和顺势开凿的水池，并装饰有书法、绘画等，富有诗情画意。这对此后的园林研究有一定的影响，如金学智在整理、总结中国园林美学时就是把中国园林依次划分为物质和精神两种构成要素进行分析的。总之，陈从周把中国园林的建造视为综合运用建筑小品、花草树木、假山、池塘等各种物质，并与书法、绘画等精神要素组合而形成集多种艺术门类于一体的综合空间艺术。如果把这种综合性的立体空间艺术视为一个综合艺术品，那么陈从周的园林欣赏理论前提便是把园林作为一个综合艺术品去欣赏。这种艺术欣赏理论具体体现在以下两个方面：

第一，陈从周认为园林建造不只是一些土木工程的事情，也不只是植树种花之类的绿化园艺之事，而是重在强调园主在园林建造时的主观构思与情趣，其意味深长，含义深刻。他将建造园林称为营构园林。一个“构”字更加充分地体现了中国园林作为艺术品时的重视主观性、讲求艺术性特点，因为中国园林中的重要类型“文人园”，与同时代的文学、绘画、戏曲等艺术门类都有着密切联系，它们同属于一种时代情感的不同形式体现，都属于伴随人类文明而产生的人类艺术，具有一定的主观性。研究中国园林的切入点应该是中国诗文，这样才能够求其本、探其源，相关问题便有章可循。否则，将会陷于就园论园的表面繁华。因此，欣赏者的赏园活动就是对园林所涉及的诸如诗文等艺术门类和相关史料的理解和领会。另外，中国园林营构经常借用绘画理论。因此，陈从周认为，对画论的理解可以帮助欣赏者领会园林山水布局之妙。以苏州园林的叠山为例，因为有了白墙作为背景和依托，欣赏者才会觉得山石有了神采和精神，犹如真山水一般。同时，欣赏者还要理解园林与其他艺术样式在布局构思方面的相通之处。比如，中国园林中以少胜多、以小见大的布局手法，如同诗词中的以寥寥数语表达意味深长的含义有异曲同工之妙，都能以较少的笔墨或空间产生绵延的思绪与遐想。这样一来，欣赏者便能明白园林巧于因借的特点，同时明白借“时”“影”“味”“声”等种种不同的“借”法，将各种有形、无形之景与无形之情融于一体，园林的诗情画意便会油然而生。

第二，园林作为艺术品无疑是人的创造物，同欣赏其他门类的艺术品一样，懂得园林的创造原理，无疑有助于赏园。陈从周讨论过品园与造园的关系，他认为“能品园，方能造园，眼高手随之而高”[1]。因此，从某种意义上说，欣赏者赏园，也是对造园法则“有自然之理，得自然之趣”的理解与领会。古代造园，基本上是先确定一个主体建筑，然后围绕主体建筑来安排布置水石花木。因此，陈从周强调欣赏者要理解主体建筑（楼、塔、亭、台、廊、榭）在园林中的决定性作用。他指出，我国古人造园大都以建筑物为先导。例如，私家园林的建造是在建造完厅、堂等主体建筑后，再叠石理水，栽种花木。在此过程中，造园者反复体味，琢磨各构成要素之间的关系，甚至会边筑造边拆改，直至恰到好处。

陈从周的园林欣赏艺术模式充分阐述了游园与赏艺二者之间的联系和相通性，明确了园林欣赏的路径，有利于丰富人们的园林知识，同时提升人们的园林欣赏能力。但是，这种模式只是强调了中国园林内的文化因素，忽略了欣赏者在游园时各种感官体验的参与和游客与环境的互动交融性。

（三）金学智的园林生态艺术

金学智的园林美学思想是在宗白华和陈从周的美学思想上发展起来的，他将中国园林称为“集萃式的综合艺术王国”，指出中国园林包含着文学、书法、绘画、雕刻、琴、戏曲等各类艺术。尤其值得注意的是，金学智从生态学、生态美学的视角出发，明确地将中国园林称为“生态艺术典范”。也就是说，中国园林不是一般意义上的艺术，而是具有生态意识和生态审美精神的“生态艺术”。具体来说，金学智的园林观可以概括为以下几点。

1. 中国园林是生态艺术的典范

金学智对中国思想史的“天人合一”观进行了辨析、梳理和阐发。他发现，中国传统文化思想中也有与“天人合一”相对应的“天人相分”论，它们二者如同任何事物一样，都有着积极和消极的一面，比如，“天人合一”观也会容易陷入神秘

[1] 陈从周．说园 [M]．上海：同济大学出版社，2009：19.

主义等片面性、极端性的一面。但是，在面对这个问题时，人们应从积极的一面去探讨其价值。这样，在人类与自然的矛盾关系中，“天人合一”既指人能够与天地相依，又指天、地、人三者缺一不可。总之，要坚信人与自然之间统一的必要性和可能性，这便蕴含着生态学意识，它是更高一级的顺应自然。这与自明代计成所倡导的中国园林达到“虽有人作，宛自天开”的效果是一脉相承的。在这种“天人合一”的生态意识思想的指导下，金学智以现代目光审视中国园林，认识到中国园林所具有的生态潜质，并认为它就是典范性的生态艺术。从中国园林那里，金学智发现作为中国传统文化的产物，园林中所体现出来的“天人合一”，且以人的生存为旨归的生态智慧对当下社会和未来社会都有着重要影响。因而，金学智称中国园林为“生态艺术典范”，这里的“生态艺术”就是指中国园林包含“天人合一”的积极性的一面。

2. 中国园林是最大型的综合艺术品

金学智认为：“中国古典园林是一切艺术品中最大型的综合艺术品。”[1]这是因为它在构成上包含两大序列：一是园林美的物质生态建构序列，如建筑小品（家具、古玩陈设等）、叠山理水、花草树木和天时流动之美；二是园林美的精神生态序列，如综合艺术门类的集锦（文学、书法、绘画、雕刻、琴韵、戏剧等）和社会意识——人文之美的凝聚（田园生态、宗教影响、政治、伦理等）。这种分类方式比陈从周所提出的中国园林由建筑、山石、花木等要素构成的综合艺术品观点更加系统化和明晰化。

3. 中国园林是具有养生功能的艺术

金学智在宗白华“可行、可望、可游、可居”园林思想的基础上增加了一条“可养”，即在身体和心理上的颐和、修养。他认为，中国园林因其丰富的植被资源和恰当的植被布局而成为一个理想的自然绿色居住空间。同时，其幽静、清闲所带来的生活状态，又不失为一个理想的人文精神的修养之所。园林的“幽栖”之境，不但可以帮助人们修复由于缺乏自然生态颐养所导致的身体疾患，实现“养移体”，而且可以帮助人们修复由于缺乏精神文化生态颐养所导致的疾患，实现“居移气”。此处“移气”就是人们常说的变化气质，陶冶心灵。

[1] 金学智. 中国园林美学 [M]. 北京：中国建筑工业出版社，2005：109.

二、中国园林美学研究的建筑视野

园林美学研究的建筑视野侧重对园林建筑空间结构的分析和对园林建筑文化观念的分析，其代表性学者是彭一刚和汉宝德，他们研究的共同点在于其园林研究的立足点是相同的，即侧重园林建筑这一维度，视园林为一种具有艺术性的建筑物。当然，他们的研究也有各自的特点。

（一）彭一刚的建筑美学思想

彭一刚所采用的园林建筑模式把中国园林作为一个“可望”的建筑空间。他的园林美学观可以概括为以下三个方面。

1. 中国园林具有历史价值

中国园林与传统村落一样，是一定历史时期受制于一定经济技术条件的产物，有其自身的发展规律和发展特点，且有长远的研究价值与意义。“园林建筑，作为物质财富和艺术创作，总是用来满足封建统治阶级——帝王、贵族、官僚、地主、士人、富商的物质和精神生活要求的。”[1]这里所指园林依据所有者划分，主要指的是皇家园林或私家园林。他在《中国古典园林分析》一书中把中国园林的发展分为萌芽期（从周至汉）、造园艺术的形成期（魏、晋、南北朝）、成熟期（隋、唐、五代）、高潮期（宋）、滞缓状态和低潮期（元）、再次高潮期（明、清）。自清末至今，中国社会性质发生变化，历史悠久的传统造园风格也随之中断。随着生活的提高、技术的进步和社会的发展，人们的审美趣味也逐步提高，且不再满足于当下的建筑形式，便会寻求和使用融功能与审美于一体的更适合的建筑。那么，作为优秀的建筑师理应走在时代的前列，依据地域特点，既立足时代发展，运用科技新成果，又凸显民族性特色，把民族传统、时代特色和地域特点三者融合在一起。然而，要使建筑具有民族性特色，优秀的建筑师必须具备长远的、发展的眼光，而不是亦步亦趋，一味被动地进行着事后的归纳和整理工作。这也是中国园林研究的价值之一。

2. 中国园林异于普通建筑

纵观人类活动历史，人们之所以建造园林，无非是为了满足对户内、户外生活

---

[1] 彭一刚．中国古典园林分析 [M]．北京：中国建筑工业出版社，1986：4.

的需求。从古至今，这种需求从未改变，园林形式虽有诸多变化，但造园活动从未停止。园林和其他建筑类型一样，是满足人类文明生活的产物。但是，中国园林建筑在空间的平面布局上具有区别于一般功能性建筑的特点。中国传统的审美趣味虽不像西方那样一味地追求几何美，但在宫殿、寺院等建筑的布局方面，却也十分喜爱用轴线引导和左右对称的方法来使整体统一。此外，就城市而言，不论是唐代的长安或是明清的北京，均按棋盘的形式划分坊里，横平竖直，秩序井然。即使是和人们生活最为接近的住宅建筑，出于封建宗法观念的考虑，也多以轴线对称和一正两厢的形式而形成方方正正的四合院。这些都和园林建筑所追求的诗情画意、曲折含蓄之风保持着明显的差别，具体体现在以下三个方面。

（1）抒发情趣方面

中国园林因园主的匠心独运，讲求诗情画意的艺术感染力，而其他建筑（如宫殿、寺院、陵墓民居等）因功能的不同侧重，在要求上要么宏伟博大，要么庄严肃穆，要么亲切宁静。

（2）构图原则方面

与多以轴线引导而形成对称的布局、讲求明晰性和条理性的一般建筑不同，中国园林构图强调有法无式，讲究不定性和矛盾性，避免流于程式化，使构图体现出生机与活力，给人以感染力。

（3）对待自然环境方面

绝大部分宫殿建筑、寺院建筑乃至民居建筑由于受程式化构图原则的影响，都采用建筑物背向外而面朝内的内向布局，虽院内间或种植花木，但有高墙与外界相隔，对自然环境基本上采用了隔离的冷漠态度。不同的是，园林建筑中即便是市井中的宅院，也会做到建筑与山石、花木、水池等各种造园要素巧妙融合，以达到“虽由人作，宛自天开”的理想目标。

3. 中国园林满足视觉可望

人们为了能够分别适应户内、户外生活的需求，凡住宅都应有园，在住宅外以建筑或墙垣围成一定的外部空间，供园主户外生活起居之用，但是由于各种条件的限制，这围合的外部空间并不具备真正意义的“园”的条件。庭是住宅建筑中最小的户外活动空间，而院比庭稍大些，二者常连用为庭院，即园林。具体而言，园林以人工的方法或种植花木，或堆山叠石，或引水开池，或综合运用以上各种手段以组景造景，赋予其景观价值，从而具有观赏方面的价值。庭或院虽也以花木、山石为点缀，但它并不能构成独立的景观。总之，园林之所以为园林，在于其景观价值的有无，观赏时应以满足视觉可望为主。

（二）汉宝德的建筑美学思想

汉宝德把中国园林看作在中国文化影响下和普通建筑一样能体现文化特质，甚至能够暗示人们全部生活的具有包容性的实质性建筑物。其园林美学思想可以从“中国的园林比中国的建筑更能引人入胜，而且更能突显中国文化的特质……我也感觉到中国园林反自然的本质”[1]中窥见一斑。

汉宝德认为，中国园林不同于中国建筑，因为中国建筑偏重儒家重入世的特点，它以伦理与为人之道为主旨。而中国园林与道家关系密切，道家的无为、出世与自然的生活态度对其影响深远。园林中有山有水，比起建筑物纯粹抽象的象征外，有更具象的类比。因为普通建筑的建构要素只是土木等构成的空间形式，而中国园林在构成要素上比普通建筑物更加丰富，它包含除土木之外的山水、花草、动物等诸多要素，且这些要素在文化历史的形成与发展过程中有自己的文化内涵，如桂树谐音“贵”，石榴意味着“多子”等。

中国园林的“反自然本质”首先表现在它对自然的态度上。“自然”其实是可以包含在人工造物中的，尤为凸显的例子便是建筑艺术的理论，自然田园有自然田园之自然，人工富丽有人工富丽之自然，它们都遵循物之理。由此可推出，“自然”不仅是一个名词，在某种意义上等同于整个自然界；它更是一个抽象的形容词，具有哲学意味。中国园林反自然本质中的“自然”，既包含名词的自然界，又含有形容词包含的多种意思，如合乎常理、率真、本性等。中国园林在本质上是反自然的还表现在中国传统文人因审美态度的冷漠与审美方式的单一所导致的艺术品本身的虚假。在汉宝德看来，中国山水画本身就不是来自文人真切的自然体验和思考产物。因此，文人笔下的山水作品既没有自然性也没有生命力。这是因为文人们在审美态度上，过于依赖传统意象，受传统偏见影响深远，失去独立判断的能力；在审美方式上则只关注山水的记忆向度的单一片面的审美方式，失去了全面把握事物特征的综合能力。如果说山水画与自然山水之间只是隔了一层真切投入的感受与思考的话，那么受山水画影响而形成的中国园林则是与自然山水隔了两层，其本质的反自然特征就不言而喻了。另外，中国园林的反自然本质还体现在园林与其他艺术样式（如诗歌、绘画）的关系上。中国园林之所以比中国建筑更能突显中国文化的特质，是因为中国园林作为造境艺术，和诗、画因同源而相通，都是中国文化的

---

[1] 汉宝德．物象与心境：中国的园林 [M]．北京：生活·读书·新知三联书店，2014：1.

产物，只是表现方式不同。因此，诗、画、园林是在不同程度上的虚拟现实。它们需要欣赏者不同程度地运用想象力才能受到感动。即使绘画描写出实境，园林建造出实境，其实所造之境仍然是虚拟的。虽然中国园林采用砖石、山石、花木等实物造境，但是这些实物所造之境，几乎没有想象的空间，后代园林依靠缩小造型等各种技巧，尤其是叠石成山的做法，更不易得到自然景致。例如，苏州“狮子林”中采用大量的湖石堆积，想要呈现绘画中石山给人带来的超乎自然的高贵感，可惜湖石并不是叠山的理想材料，这种过于“形而下”的造园方式反而适得其反，给人“画虎不成反类犬”之感，更是难以实现虚幻化的目的。

三、中国园林美学研究的环境视野

将中国园林视为一种“审美环境”的观点由美学学者阿诺德·伯林特提出，他把中国园林放在其环境美学理论的框架中进行审视，并认为中国园林作为“一种审美环境”有着重要的当代价值和意义，他这种对于中国园林的理论阐述，为完善中国园林美学研究提供了新思路。

伯林特的环境美学研究是以现象学和实用主义为哲学基础来展开的。他提出的环境欣赏中的交融模式，就是强调人在环境欣赏中，除了视觉和听觉外，还有嗅觉、味觉、触觉与其他身体感知的积极参与。同时，环境本身对人也有一定的影响与暗示。这种强调审美过程中的连续性与交融性的特征，使艺术、自然环境、文化与社会环境的融合成为可能，为创设一个理想的、审美的生活世界提供了理论依据。在这种环境审美交融模式下，园林欣赏者沉浸在静谧的园林氛围中，他可以漫步在园林小径中，也可以倚栏远眺，或者临窗观花，或者伏案静读……在这些园林活动中，欣赏者也在创造着自身和与其相关的各种条件。此时，欣赏者作为园林环境的建构者，与园林空间彼此交融，不可分离。于是，这里的自然不再是孤立的、外在于人的自然，而是融于生活的家园。这种园林环境观改变了传统的人与自然关系的看法，即把自然对象化。通过游览、欣赏、体会中国园林美这一过程，中国园林具有了情感性特征，因为人与人、人与自然之间的情感是具有互通性的。

当然，中国园林审美本身是一个循序渐进的过程，它需要知识的参与，尤其是相关文化知识的参与，这为中国文化的输出与引入提供了合理的理论依据。中国园林能够作为中国文化传播的一个重要阵地，让游赏者在体验中了解熟悉，进而领会其文化内涵，继而发扬中国传统文化，使人们在园林游赏中提高审美能力、丰富审美趣味。这拓宽了传统文化的继承与传播途径，提高了文化的传播效率。

第一章
中国园林美学思想的历史演变

园林是人类出于对大自然的向往而创造的一种充满自然趣味的游憩环境，是一种审美享受的对象。中国园林是古代的主要园林体系之一，有着几千年的悠久历史，它在历史的长河里诞生、拓展、幻变、演化、沉淀、积累，构成各种美的历史传统。从某种程度上讲，中国园林美学思想伴随着中国园林的发展而发展，经历了一个从兴起、发展到成熟的过程。

第一节　崇功尚用——早期中国园林的发展

中国园林萌发于先秦时期，兴起于秦汉时期。它从早期的台、囿与园圃相结合的登高、狩猎式园林逐渐发展为宫苑型的娱乐游玩式园林。

一、先秦园林的萌发

中国园林兴起于先秦时期。由于先秦阶段关于园林的记载相对散乱，而且园林艺术特征也不明显，因而只能以一些文献资料来对先秦园林的状况进行概述。要在早期的文献中寻找中国古典园林的源头，首先遇到的问题就是判断哪些记载是与园林相关的。要解决这个问题，最好的办法就是以近代人对园林的规定去回溯它的雏形。刘敦桢等人认为，园林“是山池、建筑、园艺、雕刻、书法、绘画等多种艺术的综合体”。[1]陈从周把园林定义为“由建筑、山水、花木等组合而成的一个综合艺术品”。[2]可见，典型意义上的园林是由山水、建筑和动植景观根据一定的艺术手法组合在一起的综合体，并具有一定的封闭性。由此可以发现，古文献资料中与园林有关的文字较为繁多，如有“圃、园、苑、囿、庭、台、榭、掖、垣”等，而且有些字的字义是相互交叠的。为了简略地把握先秦园林的状况，学者们将其中出现频率高且能代表园林发展关键点的字“园、圃、囿、台”找了出来。

[1] 刘敦桢. 中国古代建筑史 [M]. 北京：中国建筑工业出版社，1984：343.
[2] 于翠玲，刘勇. 实用语文 [M]. 北京：中国科学技术出版社，2013：52.

园一般是用来种植果木的。《诗经·郑风·将仲子》中提道："将仲子兮，无逾我园，无折我树檀。"《毛传诂训传》："园，所以树木也。"《说文解字》也有"园，所以树果也。"圃则通常用来种植蔬菜。《说文解字》云："种菜曰圃。"《诗经·齐风·东方未明》："折柳樊圃，狂夫瞿瞿。"《毛传诂训传》："圃，菜园也。"《左传·昭公十二年》："乡人或歌之曰：'我有圃，生之杞乎？'"孔颖达疏："圃者，所以殖菜蔬也。"由此可见，人们一般认为种果为园，种菜为圃。但是在先秦文献中，园和圃又经常是通用和连用的，泛指种植植物之所。园和圃在语义上连用的，如《左传·哀公十五年》："舍于孔氏之外圃。"杜预注："圃，园。"《礼记·曾子问》："下殇土周葬于园。"孔颖达疏："园，圃也。"园和圃在字词结构上连用的，如《周礼·天官·大宰》："一曰三农，生九谷。二曰园圃，毓草木。"《墨子·非攻上》："今有一人，入人园圃，窃其桃李。众闻则非之。"撇开烦琐的字义考据，园和圃的形象大致显现出来：用樊篱围出一个地方用以种植蔬菜和果木。这样一种出于经济生产功能的园圃虽然与园林并没有直接的关系，但是考虑封闭性和种植植物是后来园林的特点，可以将园和圃作为园林发展的原始状态。可见，园林诞生于人们的实践生活中。

与园、圃相近的一个字是囿，园、圃为种植植物之园，囿则为畜养动物之园。《说文解字》："囿，苑有垣也，从囗有声，一曰禽兽曰囿。"《诗经·大雅·灵台》："王在灵囿，麀鹿攸伏；麀鹿濯濯，白鸟翯翯。"《周礼·地官·囿人》："掌囿游之兽禁，牧百兽。"《孟子·梁惠王下》："文王之囿方七十里，刍荛者往焉，雉兔者往焉，与民同之。"这些关于囿的记载都与动物相关。而且可以看出，囿畜养的动物主要是用来给君王狩猎的。这种君王的狩猎活动就超出了经济生产需要而具有一种非生产性了。郭沫若在对甲骨文的综合研究时就曾指出："当时的渔猎确已成为游乐的行事，即是当时的生产状况确超过了渔猎时代。"[1]由此可以看出，囿除了经济生产功能外，还具有一种供人强身健体和玩乐的功能。王毅在《园林与中国文化》一书中认为，囿是集符瑞的场所，表明先民对于动植物的原始崇拜，因而囿还具有一种通达神灵的功能。诸多文献表明，囿应该具有一种综合性的功能。当用作饲养动物时，它具有经济生产功能；当用作君王养殖奇树、异兽等符瑞时，它具有通神功能；而用作狩猎场所时，它具有强身健体和玩乐功能。不管如何理解，囿具有一种经济功能外的文化功能是毫无疑问的。这种具有多重功能的囿对于园林发展有重大影响。它逐渐摆脱了经济生产功能限制而进入人的精神生活

[1] 郭沫若．沫若全集 [M]．北京：人民出版社，1982：201-202.

领域，这种飞跃就为园林艺术的出现提供了可能。而它用来通神的象征性和用来狩猎的玩乐性又对秦汉苑囿的功能产生了直接影响。

囿是在自身的发展过程中从经济生产功能向文化功能转变的，而台则从一诞生就以一种文化功能存在。台是用土堆筑而成的高台。《吕氏春秋》高诱注："积土四方而高曰台。"它的用处是登高以观天象，通神明。在生产力很低的先秦时代，人们不可能科学地去理解大自然，因而对许多自然物和自然现象都怀着敬畏的心情加以崇拜。山是体量最大的自然物，巍峨高耸，仿佛有种不可抗拒的力量。它高入云霄，则又被人们设想为天神在人间居住的地方。因此，许多民族在先秦时代都特别崇拜高山，甚至到现在一些民族仍保留着这样的习俗。中国早在商代的卜辞中就已有崇拜、祭祀山岳的记载。台是山的象征，有的台就是通过削平山头而成。帝王筑台登高，以通达上天，因此帝王筑台之风大盛，传说中的帝尧、帝舜均也曾修筑过高台。夏代的启"享神于大陵之上，即钧台也"。周文王的灵台、周灵王的昆昭之台、齐景公的路寝之台、楚庄王的层台、楚灵王的章华台、吴王夫差的姑苏台等，都是历史上著名的台。台上建置房屋称为"榭"，与台的作用一样，既可以观赏风景又可以用于通神。因此，帝王诸侯"美宫室""高台榭"成为一时的风尚。此时台的观游功能逐渐上升，并与宫室、园林相结合而成为宫苑里面的主要构筑物。

二、秦汉园林的兴起

秦汉时期，中国园林出现了第一次造园活动的高潮。此时园林形态与先秦园林形态差不多：属于帝王者，多称为"苑"；属于贵戚、富商者，则以"园""圃"为名。苑是秦汉时期园林发展的主流。《汉制考・囿人注》："囿，今之苑。疏：此据汉法以况古，古谓之囿，汉家谓之苑。"[1]在布局上，秦汉宫苑有着共同的特征：一是由大一统帝国与统一政治所强化的多元结构所形成的华夏文化共同体为背景，以先秦思想家所构建的"天人之际"宇宙观为指导，创制一种规模庞大、涵含万物，布局上"体象天地""经纬阴阳"的时空艺术，作为大一统帝国与集权大王朝的象征；二是秦汉宫苑运用蓬莱神话系统所提供的仙海神山想象景观，确立山水体系布局的"一池三山"模式，由此而提高了水体在园林中的地位，使之成为与山体及建筑鼎足而立的中国传统园林景观要素之一。这些都是先秦园林中未出现的新

[1] 张承安．中国园林艺术辞典 [M]．武汉：湖北人民出版社，1994：33.

的时代特色。至于贵戚富商的私园，如梁孝王的兔园与茂陵富人袁广汉的北邙山园，都在内容与形式上效法了帝王宫苑，但由于规模有限，只能模仿帝王宫苑的天然山水，从而开创了传统造园手法“模山范水”的先河。秦汉宫苑的区别主要在于汉代宫苑对布局手法的改进。它多以水体为轴心而联络苑中诸景区、景点，构成了“苑中有苑”的格局，这对后来的大型园林有颇深的影响。下面举出三个较为典型的案例来分析秦汉园林的风格。

（一）阿房宫

阿房宫是秦始皇时期所筑宫苑，原址在今陕西省西安和咸阳之间，现在已经没有任何遗存。因此，人们只能从留存的古籍中感受其不同凡响的规模和气魄。《三辅黄图》称：“阿房宫，亦曰阿城，惠文王造，宫未成而亡。始皇广其宫，规恢三百余里，离宫别馆，弥山跨谷，辇道相属。阁道通骊山八十余里，表南山之巅以为阙，络樊川以为池。”《史记·秦始皇本纪》说：“乃营作朝宫渭南上林苑中，先作前殿阿房，东西五百步，南北五十丈……”《水经注·渭水》引《关中记》云：“阿房殿在长安西南二十里，殿东西千步，南北三百步，庭中受十万人。”这些古籍尽管说法不一，但综合诸说，大体可以看出阿房宫规模宏伟，在关中关外三百里的地带，建立离宫别馆，弥山跨谷，辇道相属，阁道通骊山，竟达八十余里。前殿东西五百步，南北五十丈，殿上可以同时坐一万人，殿下可容纳十万人。四周有阁道，从殿下直抵南山，以南山之巅为门阙。修复道从阿房宫渡过渭水，抵达咸阳，[1]可见阿房宫工程之大，前所未有。

（二）上林苑

上林苑是公元前 138 年，汉武帝刘彻在国力强盛之时将秦代旧苑扩建而成。该苑苑中有苑，苑中有宫，苑中有观，地跨长安、咸宁、周至、户县（鄠邑）、蓝田五县县境，纵横三百里，有霸、产、泾、渭、丰、镐、牢、橘八水出入其中。其规模之大，可以从《汉旧仪》所载看出：“上林苑方三百里，苑中养百兽，天子秋冬射猎取之。其中离宫七十所，皆容千乘万骑。”另外，《关中记》也有记载：“上林苑门十二，中有苑三十六，宫十二，观三十五。”由此可以看出，上林苑一方面养百兽供帝王狩猎，完全继承了古代囿的传统，另一方面苑中又有宫与观（供登高远望的建筑）等园林建筑作为苑的主题，为后世园林的修建提供了借鉴。此外，上

[1] 郭志坤．秦始皇大传 [M]. 上海：上海人民出版社，2018：314.

林苑中还有各种各样的水景区，如昆明池、镐池、祀池、麋池、牛首池、蒯池、积草池、东陂池、当路池、太液池、郎池等池沼水景。其中，昆明池是汉武帝时所凿，在长安的西南侧，周长几十里，列观环之，又造楼船高十余丈，上插旗帜，池的东西两岸立牵牛、织女的石像，景象十分壮观。《三辅故事》记载："昆明池盖三百二十顷，池中有豫章台及石鲸鱼，刻石为鲸鱼，长三丈，每至雷雨，常鸣吼，鬣尾皆动""池中有龙首船，常令宫女泛舟池中，张凤盖，建华旗，作棹歌，杂以鼓吹，帝御豫章观临观焉。"据《史记·平准书》和《关中记》，修建昆明池是为了训练水军。

（三）太液池

太液池是汉武帝时在建章宫内挖掘的人工湖，因水面宽广，池水漫漫，故取"太液"津液滋润很广的意思，名为太液池。西汉皇帝和嫔妃们常在此游玩。根据《西京杂记》，太液池的周围生长着一些雕胡、紫萚、绿节之类的植物，这些植物中间到处都是小野鸭和野雁，又有很多的紫龟和绿鳖。太液池边也有很多平展的沙地，沙地上有鹈鹕、鹧鸪、鸡鹊等水鸟，经常成群结队地飞，一片生机勃勃的景象。《史记·孝武本纪》中也有记载："其（建章宫）北治大池，渐台高二十余丈，名曰太液池，中有蓬莱、方丈、瀛洲，壶梁象海中神山、龟鱼之属。"太液池中蓬莱、方丈、瀛洲三座仙山为园林增添了一分神秘色彩。这样的格局对后世园林的发展有着深远的影响，逐渐成为我国园林建造中创作池山的一种模式。

综上所述，中国园林起源于帝王狩猎的"囿"和登高的"台"。也可以说，狩猎和登高是中国园林最早具备的两个功能。为满足狩猎和登高的功能而出现的囿与台，其本身已包含风景式园林的物质因素。春秋战国时期，诸侯国势力强大，周天子的威信日渐衰弱。诸侯国君摆脱宗法等级制度的约束，竞相修建庞大、豪华的宫苑，其中多数是建置在郊野的离宫别苑。有记载称："穿沿凿池，构亭营桥，所植花木，类多茶与海棠。"这说明当时造园已有建造人工池沼、园林建筑和配置花木等技法，象征着中国自然山水式园林已经萌芽。它基本体现了天然和人工的统一。如果说先秦的苑囿有较多的是强调形式的天然美，那么，秦、汉苑囿中的人工美的成分就明显增加了。但先秦和秦汉苑囿有更多的共性，主要就是以其广大的面积供狩猎之用，有娱乐和经济的实用价值，其苑囿的审美价值尚在其次。

第二节　模山拟水——魏晋南北朝园林的勃兴

吴世昌在《魏晋风流与私家园林》一文中指出魏晋私家园林兴起的直接原因在于人们对山水美的发现。这可在竹林七贤的思想中窥见一斑，他们把老庄精神完全内化为自觉的思想意识，将自然美当作人物美和艺术美的范本，这种清新脱俗的审美思想后来成为士人园林审美的基础性缘由。山水在园林艺术中占有极为重要的地位，如果没有一颗对山水自觉的审美之心，园林不可能成为一种自觉的艺术形态，也不可能与人的日常生活和精神审美息息相关，更谈不上园林的勃兴了。一种艺术的兴盛是多方面因素的合力所为，它与时代的社会状况、文化背景等都密不可分，其中经济、政治和文化条件都会促发艺术的诞生、兴盛和衰落。要合理地说明魏晋南北朝园林艺术的勃兴，必须把它放在一个广泛的社会文化背景中来讨论。从最直接的原因开始，然后追溯到更深的经济、政治和文化层面，这样才能较为全面地把握魏晋南北朝园林兴盛的缘由。

一、魏晋南北朝园林的分类

按园林的所有权来划分，魏晋南北朝园林可以分为皇家园林、私家园林和寺观园林三大体系。这种分类原则在研究中国园林中是最常使用的。它很好地反映出了园林的属性特征，并在园林建制、文化功能、审美功能等方面呈现出了园林的不同样态。

（一）皇家园林

魏晋南北朝皇家园林归皇帝所有，其在园林建制和功能上都具有鲜明的皇家礼制属性。这种属性即使在位极人臣的豪权贵族和皇族宗室那里也是不能具有的。否则，这些人就都有“僭越”礼制之嫌了。魏晋南北朝时，皇家园林无论在数量上还是在造园艺术上都比汉代苑囿要丰富得多。下面举三个典型的例子进行说明。

1. 曹魏皇家园林

曹魏之时，汉代苑囿建造之风的影响加上曹魏统治者的个人喜好，皇家园林迎来了一个修建高峰，其中较有影响的园有华林园、铜爵园和西园等。曹魏皇家园林虽然比不上汉代的建筑规模，但追慕汉代苑囿旧制的趋向很清晰。例如，华林园（原名芳林园，齐王曹芳继位后，为避讳改为华林园）的建制就“备如汉西京之制”。《三国志》卷三《魏书三·明帝纪》裴注引魏略曰：“是年起太极诸殿，筑总章观，高十馀丈，建翔凤于其上；又于芳林园中起陂池，楫棹越歌；又于列殿之北，立八坊，诸才人以次序处其中，贵人夫人以上，转南附焉，其秩石拟百官之数。帝常游宴在内，乃选女子知书可付信者六人，以为女尚书，使典省外奏事，处当画可，自贵人以下至尚保，及给掖庭洒扫，习伎歌者，各有千数。通引谷水过九龙殿前，为玉井绮栏，蟾蜍含受，神龙吐出。使博士马均作司南车，水转百戏。岁首建巨兽，鱼龙曼延，弄马倒骑，备如汉西京之制，筑阊阖诸门阙外罘罳。”可以看出，曹魏华林园的内部景观豪华巨丽，极尽机巧。正因这种汉代余绪的影响，高台建筑在曹魏一度流行。总之，曹魏时的园林美学可以用瑰玮壮丽、高耸入云、装饰精美、色彩绚丽来形容。

2. 孙吴皇家园林

孙吴在修建宫室园林方面也颇为费力。吴宣明太子在太初宫西门外创建了西苑。孙吴末帝孙皓好大喜功，穷极技巧，在位时营造新宫，命令二千石以下官员皆自入山督摄伐木，花了大量的财力、物力建造了昭明宫与皇家御花园后苑。《建康实录》卷四记载：“（孙皓）起土山，作楼观，加饰珠玉，制以奇石。左弯崎，右临硎。又开城北渠，引后湖水激流入宫内，巡绕堂殿，穷极伎巧，功费万倍。”土山、奇石、渠水的园林建制表明叠山、置石、引水等园林技术在此时已成熟。孙吴时期，尽管尚豪奢，“缀饰珠玉，壮丽过甚”，但引水入园，终年碧波荡漾，楼台亭阁依山水而构筑，草木丰茂，体现了崇尚自然的山水园林美学观。

3. 刘宋皇家园林

刘宋元嘉年间社会稳定，经济繁荣，史称“元嘉之治”。政治的稳定和经济的繁荣使统治者有财力和人力来修造园林。宋文帝刘义隆在位期间，不但兴建了乐游苑，而且大规模地扩建了华林园。乐游苑在东晋时是义军卢循的药圃。《建康实录》卷十二记载：“（乐游苑）山上大设亭观，山北有冰井，孝武藏冰之所。至大明中，又盛造正阳殿。”后来，宋文帝与群臣在乐游苑禊饮，留下了不少诗作，如颜延年的《应诏宴曲水作诗》、范晔的《乐游应诏诗》等。

宋文帝还命张永规划扩建了华林园。在这位能工巧匠的设计下，华林园的山水、建筑变得更加丰富。其山体有景阳山、武壮山和景阳东岭，水体有天渊池和花萼池，台有芳香台、日观台和一柱台，楼殿建筑有景阳楼、连玉堂、灵曜殿、光华殿、射棚、凤光殿、礼泉堂、层城观、兴光殿等。宋何尚《华林清暑殿赋》曰："逞绵亘之虹梁，列雕刻之华榱，网户翠钱，青轩丹墀，若乃奥室曲房，深沉冥密，始如易修，终然难悉，动微物而风生，践椒涂而芳质，觞遇成宴，暂游累日，却倚危石，前临濬谷，终始萧森，激清引浊，涌泉灌于基扈，远风生于楹曲，暑虽殷而不炎，气方清而含育，哀鹄唳暮，悲猿啼晓，灵芝被崖，仙华覆沼。"可以说，历代传承的华林园在刘宋时期达到了辉煌。

（二）私家园林

魏晋南北朝私家园林则属私人所有，包括皇族宗室、权臣贵族、士人、平民百姓的园林。在魏晋南北朝史料中，平民百姓的园林几乎是不被载入史册的，故在研究中不讨论这类园林。由于园主身份地位与经济条件的差异，各园林在建制和功能上存在差别。通常，皇族宗室和权臣贵族的园林建制奢靡，而士人园林较为淡雅朴素。由于魏晋南北朝园林史料中以记载士人园林居多，所以本章对魏晋南北朝园林的研究主要以士人园林为主。下面以朝代为线索进行详细论述。

1. 两晋时期的私家园林

魏晋南北朝私家园林的大量出现是从晋代开始的。此时士人之间流行着一种隐逸方式——朝隐[1]。朝隐的士人依然享受朝廷俸禄，因而有一定的经济保障，而且他们对维护自身独立性方式有了新的思考。园林则正好满足了朝隐士人的需要，使士人的个人独立性和集权制之间达到了一个较好的平衡关系。因此，园林的修建在西晋开始盛行起来。当时较为有名的士人裴楷、潘岳、王戎、王衍、张华、何劭、陆机等都有私人园林。张华在《答何劭诗》中写道："自昔同寮案，于今比园庐。衰夕近辱殆，庶几并悬舆。散发重阴下，抱杖临清渠。属耳听莺鸣，流目玩鲦鱼。从容养馀日，取乐于桑榆。"把西晋士人与园林的关系表达得淋漓尽致。

西晋有名的私家园林当数石崇的金谷园，它与贾谧的园林都属于权臣贵族的私家园林。石崇在《金谷诗序》中谈道："有别庐在河南县界金谷涧中，去城十里，

[1] 朝隐是指身在魏阙之下，而神游江海之上，把做官看作一种寄托，而精神却飘然世外，鸿飞冥冥。

或高或下，有清泉茂林、众果竹柏、药草之属。有田十顷，羊二百口，鸡猪鹅鸭之类，莫不毕备。又有水碓、鱼池、土窟，其为娱目欢心之物备矣。”又在《思归引序》中说：“其制宅也，却阻长堤，前临清渠。百木几于万株，流水周于舍下。有观阁池沼，多养鱼鸟。”可见，金谷园极尽繁奢，至唐代已成遗迹，现在只能从后人的图画中领略其风采（图 1-1）。

图 1-1　明代仇英《金谷园图》

到了东晋，北方大部分士人迁至江南。江南秀丽的自然风光加上东晋偏居一隅的心态使得私家园林迎来了一个建造高峰。东晋士人（如孙绰、许询、谢安、王羲之等）纷纷选择风景佳胜之地悉心经营自己或大或小的园林。由于江南风景佳胜之地以会稽居多，故而郊野园在东晋最为盛行。郊野园远离都市，契合了东晋名士体玄识远、潇洒高傲的胸襟。士人们在这一方山水之中，体散玄风，神陶妙象，感受一种忘览遗想的天地境界。这种审美趣味也深深影响了园林的结构特征。同时，这些园林的审美趣味和结构也深深地影响了后世园林的构造和审美心理。

2. 南北朝时期的私家园林

士人文化体系在东晋初步建立后，南朝的园林发展主要是围绕着东晋士人的园林审美心理和结构展开的。这一点可以从南朝士人对东晋名士的模仿心态中看出来。例如，王裕之模仿谢安居于高处，四周林涧环绕，号东山。除了对东晋士人园林的模仿，南朝的山林隐士园林也有所增加，如戴颙、宗炳、孔淳之、沈道虔、何点、何胤、阮孝绪、陶弘景、刘慧斐、庾诜等人的园林。这是与隐逸文化越来越受到人们的关注相关的。

北朝园林更多地受到了西晋园林的影响，呈现出的是北方园林的一派富贵气势。北朝私家园林主要有两种：一是建在郊野，突出山水林木的自然之美，格调质朴清隽，主要以文人名士经营的别墅园林为代表；二是建在城市中，讲究华丽，偏于绮靡，主要以达官贵人经营的城市型私家园林为代表。例如，张伦园林中的假山景阳山“重岩复岭”“有若自然”，具有天然山岳的主要特征。这已透露出园林写意造景法的端倪，也表现了北朝私家园林的建造水平[1]。

（三）寺观园林

寺观园林是在魏晋南北朝独特的文化背景下鼎兴起来的，主要包括佛教性质的寺庙园林和道教性质的道教园林。魏晋南北朝园林史料中以记载寺庙园林居多，因而本章对寺观园林的研究主要以寺庙园林为主，以道教园林为辅。

1.寺庙园林

杨衒之在《洛阳伽蓝记》序中有段话可以看作整个魏晋南北朝寺观园林盛况的写照：“逮皇魏受图，光宅嵩洛，笃信弥繁，法教愈盛。王侯贵臣，弃象马如脱屣；庶士豪家，舍资财若遗迹。于是昭提栉比，宝塔骈罗，争写天上之姿，竞摹山中之影。金刹与灵台比高，广殿共阿房等壮，岂直木衣绨绣，土被朱紫而已哉！”可见魏晋南北朝寺庙园林规模之大。具体原因如下。

（1）废苑立寺或苑中立寺

魏晋南北朝时，许多皇帝把原有的皇家苑囿改造成寺庙，原来苑囿中的景观布局依然保存在寺庙中，形成寺庙园林。例如，魏晋南北朝著名的冶城寺最初就是由东晋孝武帝废别苑而立，桓玄篡位后，又废寺为别苑，在院中广建楼阁亭榭。桓玄兵败后，别苑又被恢复为冶城寺，一直延续至陈亡。又如，梁代法王寺就是在灵邱苑的基础上建立的，梁武帝所立的同泰寺则是在东吴后苑的基础上建立的。还有一种情况就是一些皇帝在宫苑里立寺。正如《魏书·释老志》记载：“高祖践位，显祖移御北苑崇光宫，览习玄籍。建鹿野佛图于苑中西山，去崇光右十里，岩房禅

[1] 李海，段海龙．北朝科技史 [M].上海：上海人民出版社，2019：345.

室，禅僧居其中焉。”

（2）舍宅立寺

舍宅立寺是魏晋南北朝极为盛行的功德活动。很多官僚贵族和士人把宅第舍为寺后，会对宅第进行一些改建。改建时一般不大改动原布局，而以原前厅为佛殿，后堂为讲堂，存留原有的环绕廊庑，并且保留原来的园林。此种风格布局成为以后汉化佛寺建筑的主流。原来宅第中的园林就相应转为寺庙园林。例如，许询曾于永兴、山阴构泉石，建园宅，后舍此二处园宅为寺。

（3）新建园林化寺庙

魏晋南北朝时，佛教徒众多，他们为了修佛的需要一般都在一些风景极佳之地营造寺庙。这些优美的自然条件很容易促使寺庙的园林化。加上魏晋南北朝多数名僧都是玄佛共通，内外兼修，更导致了他们对园林山水的偏好之情。故而他们在营造寺庙精舍时，也会在寺庙精舍中巧构泉石，尽幽居之美。例如，《世说新语·栖逸》提到，康僧渊“立精舍，旁连岭，带长川，芳林列于轩庭，清流激于堂宇”。又如，《洛阳伽蓝记》卷三关于景明寺的描写为：“房檐之外，皆是山池。松竹兰芷，垂列阶墀，含风团露，流香吐馥。”这简直与私家园林无异了。

2. 道教园林

道教对山林胜地的兴趣不比佛教弱。孙吴政权对道教较为扶植，孙权在方山给葛玄修建的洞玄观被认为是观之滥觞。《历代崇道记》记载，魏晋南北朝仅孙吴政权就建有39处道观，著名的就有天台山桐柏观、富春崇福观、建业兴国观、方山洞玄观、茅山景阳观等。这些道观大多都在名山之内。到了东晋，道教已经出现“三十六福地，七十二洞天”的说法了。梁代，茅山道创始人陶弘景建在句容句曲山的居所就是一座典型的风景优美的园林。《梁书·处士传》曰：“永元初，更筑三层楼，弘景处其上，弟子居其中，宾客至其下，与物遂绝，唯一家僮得侍其旁。特爱松风，每闻其响，欣然为乐。有时独游泉石，望见者以为仙人。”

二、魏晋南北朝园林的审美价值

魏晋南北朝时期是中国园林发展史上的一个重要转折阶段，此时中国园林的主要成就及其承先启后的意义主要表现在以下五个方面：

第一，在以自然美为核心的时代美学思潮的直接影响下，中国古典风景式园林由再现自然进而至于表现自然，由单纯地模仿自然山水进而适当地加以概括、提炼，将其抽象化、典型化，开始在如何本于自然而又高于自然方面有所探索。陶渊明辞官隐居，虽然贫穷，亦“三宿水滨，乐饮川界”。一般南渡士人“每至美日，辄相邀新亭，籍卉饮宴”。至于兰亭之修楔盛会，更传为千古韵事。北方士族文人王献之“初渡浙江，便有终焉之志”，号称三吴之一的会稽山水令他流连不已，因而发出这样的咏赞：“从山阴道上行，山川自相映发，使人应接不暇。若秋冬之际，尤难为怀”“大矣造化工，万殊莫不均；群籁虽参差，适我莫非亲。”这些都是对大自然的景物有感而发的由衷讴歌，足以代表当时一般士人的思想感情，也足以在一定程度上说明他们对自然美的鉴赏能力。诸如此类的情况，在秦汉时期的文学作品中是见所未见的。

第二，园林的狩猎、求仙、通神的功能已基本消失或仅保留其象征意义，游赏活动成为主导的，甚至唯一的功能。游赏的内容主要是追求视觉景观的美的享受，虽然已有迹象表明通过景观美可以激发人们的寓情于景的感受情况，但是毕竟尚处在简单、粗浅的状态。

第三，私家园林作为一个独立的类型异军突起，集中地反映了这个时期造园活动的成就。北魏自武帝迁都洛阳后，大量的私家园林也随之经营起来。《洛阳伽蓝记》记载：“当时四海晏清，八荒率职……于是帝族王侯、外戚公主，擅山海之富，居川林之饶，争修园宅，互相竞争，崇门丰室，洞房连户，飞馆生风，重楼起雾。高台芸榭，家家而筑；花林曲池，园园而有，莫不桃李夏绿，竹柏冬青。”私家园林一开始就出现两种明显的倾向：一种是以贵族、官僚为代表的崇尚华丽、争奇斗富的倾向；另一种是以文人名士为代表的表现隐逸、追求山林泉石之怡性畅情的倾向，成为后世文人园林的先声。

第四，皇家园林的建设纳入都城的总体规划之中，大内御苑居于都城的中轴线上，成为城市中心区的一个有机的组成部分。寺观园林的出现开拓了造园活动的领域，对于风景名胜区的开发起着主导性的作用。从此以后，中国园林形成了皇家、私家、宗教三大类型并行发展的局面。

第五，建筑作为一个造园要素，与其他的自然要素取得了较为密切的协调关系。园林的规划由此前的粗放转变为较细致的、更自觉的设计经营，造园活动已完全升华到艺术创作的境界。所以说，到魏晋南北朝时期，中国园林的两大特点已形成，即本于自然但又高于自然和建筑美与自然美的融糅。此时，园林体系已略具雏形。它是秦汉园林发展的转折升华，也是此后全面兴盛的伏脉，中国风景式园林正是沿着这个脉络进入了下一阶段的隋唐全盛时期。

三、魏晋南北朝园林的景观构成

中国园林发展到魏晋南北朝，其内部景观体系日趋复杂，其处理方式也日趋艺术化。魏晋南北朝园林的结构定型后，后世园林的景观体系只不过是在魏晋南北朝园林的景观构成上进一步发展和精致化。对魏晋南北朝园林的景观构成的探讨实际是对中国园林景观体系源头的追寻。园林是由山水、建筑和动植景观构成的一种综合艺术，下面就从园林基本要素展开对魏晋南北朝园林景观体系的考察。

（一）叠山置石

中国园林的叠山艺术由来久远，先秦园林的台就是夯土而成的，实际上就是一座大土山。汉代皇家苑囿的“一水三山”体系中，其蓬莱、瀛洲和方丈三山也是人工而筑。据《西京杂记》记载，私家园林中，西汉梁孝王“园中有百灵山，山有肤寸石、落猿岩、栖龙岫”。袁广汉园“构石为山，高十余丈，连延数里”。《后汉书·梁冀列传》载，东汉梁冀园“采土筑山，十里九坂，以像二崤，深林绝涧有若自然”。但总体而论，魏晋南北朝以前园林艺术的叠山置石运用还不是很多，而且还较为稚拙。魏晋南北朝时期，城市园林多以人工景观取胜，叠山置石艺术的运用已渐趋频繁。虽然士人最理想的园林形态是山林写意性小园，他们的园林多以外借自然山体为构园风尚，但是他们在人工山石的营建上也颇费匠心，并且他们的审美趣味也开始影响到了城市园林的叠山置石之法。

《三国志·魏书》记载：“起土山于芳林园西北陬，使公卿群僚皆负土成山，树松、竹、杂木、善草于其上，捕山禽杂兽置其中。”“帝愈增崇宫殿，雕饰观阁，凿太行之石英，采谷城之文石，起景阳山于芳林之园。”梁元帝萧绎《后园作回文诗》：“斜峰绕径曲，耸石带山连。花余拂戏鸟，树密隐鸣蝉。”《陈书·张贵妃传》：“其下积石为山，引水为池。”《洛阳伽蓝记》卷二：“园林山池之美，诸王莫及。伦造景阳山，有若自然。其中重岩复岭，嵚崟相属。”……从魏晋南北朝园林史料中可看出，当时叠山置石的基本术语包括“起山、筑山、聚山、为山、造山、经始山、置石、积石”等。园林中已经很难见到汉代那种把自然山体纳入园林的质朴叠山形态了。就园林艺术本身来说，人工山体已经成为园林的主要叠山形态，其中又以构筑土山为主要山石形态。这是因为土山堆筑简易，能使“树松、竹、杂木、善草于其上”“奇禽怪树，皆聚其中”“徙竹汝颖，罗莳其间”。当然也有个别例子，如东晋赵牙为司马道子造山为“板筑所作”，此举可以说为空前绝后的造园罕迹。魏晋南北朝筑山艺术的一个特点就是以艺术的手段在园林中再现自然形态的山之景色。例如，《南史·谢举传》记曰："举宅内山斋，舍以为寺，泉石之美，殆若自然。"谢道韫《登山》诗云："岩中间虚宇，寂寞幽以玄。非工复非匠，云构发自然。"这种园林叠山之法可谓深得"虽由人作，宛自天开"的园林构筑方法的精髓。

在构筑土山之外，魏晋南北朝园林对置石的艺术也颇为重视。一方面，石头光滑坚固，能构成泥土所不能达成的一些地面表征，而且石头还不会在水中溶解，能与水体结合形成水石景观。另一方面，石头还具有观赏性，它本身就能成为园林的一道景观，如苏州园林中的怪石（图 1-2）等。正因为魏晋南北朝人注意到了石头的观赏性，所以他们在置石过程中，就已经开始了对石头形态、纹样的选择。这种对石头纹路、品类地注重是以往园林中不存在的现象。例如，魏明帝"增崇宫殿，雕饰观阁，凿太行之石英，采谷城之文石，起景阳山于芳林之园"，茹皓"为山于天渊池西，采掘北邙及南山佳石。徙竹汝颍，罗莳其间"。中国园林的置石方法有群置、散置、特置等多种。魏晋南北朝园林中对这些方法也有所运用。到溉打赌输给梁帝的奇礓石，被迎置到华林园宴殿前，可谓特置。阴铿的《开善寺诗》所说的卧石也属此类置石之法。而刘勔"经始钟岭之南，以为栖息，聚石蓄水，仿佛丘中"和"吴下士人共为（戴颙）筑室，聚石引水"之说则运用的是群置之法。

图 1-2　苏州园林中的怪石

（二）穿池引水

魏晋南北朝中的东晋、宋、齐、梁、陈都建国于南方。江南湖泊河流众多、水网系统发达，这使魏晋南北朝园林理水艺术得到了很好的发展。水的一些自然属性在园林中能呈现出一种独特之美。洁净明亮之水，能让人“顿开尘外想，拟入画中行”；流动奔涌之水，能使整个园林充满生气；虚涵映照之水，能反映万物，使“天光云影共徘徊”；涟漪之水，泛起阵阵波纹，则勾起人的无限情思。正因为水的这种特性，魏晋南北朝园林理水艺术比其山石叠筑艺术有过之而无不及。

1.魏晋南北朝园林的水体形态

魏晋南北朝园林理水艺术的一个特点就是江河湖海、池沼、溪涧、沟渎、泉潭、瀑布等多种水体形态都已经出现，而且相互之间还呈现一种襟带之趣。

（1）江河湖海

江河湖海这种水体应属园林中面积最大的水体类型，以自然形态居多，它一般是作为园林的借景而存在，但在皇家园林和私家大园中也存在一些人工形态的江河湖海。

谢灵运的《山居赋》在对始宁墅的周边环境描写中就提到了很多自然形态的江河湖海。始宁墅可以说是左湖右江，往渚还汀。“近南则会以双流，萦以三洲。表里回游，离合山川。�崩飞于东峭，盘傍薄于西阡。拂青林而激波，挥白沙而生涟。”这是写江。“近北则二巫结湖，两拼通沼。”这是写湖。“远北则长江永归，巨海延纳。昆涨缅旷，岛屿绸沓。”这是写海。真可谓“众流溉灌以环近，诸堤拥抑以接远。远堤兼陌，近流开湍。凌阜泛波，水往步还。还回往匝，枉渚员峦。呈美表趣，胡可胜单”。

人工挖掘的江河湖海最为有名的要数北魏华林园里的大海和南朝玄武湖了。华林园里的大海实际上应是湖，由于其内造蓬莱、方丈、瀛洲三仙岛，故称为海。《洛阳伽蓝记》记载：“华林园中有大海，即汉天渊池。”华林园里还有扶桑海等，“凡此诸海，皆有石窦流于地下，西通谷水，东连阳渠，亦与翟泉相连”。整个水体相连互注，算得上是一个奇观了。

这些自然或人工的巨大水面给魏晋南北朝园林提供了一个视野开阔、气度恢宏的审美空间。

（2）池沼

池沼比江河湖海要小，正因其小，也就显得灵活多变。因此池沼成为魏晋南北朝园林中最为常见的水体形态。魏晋南北朝园林对池沼又有“池”“园池”“山池”“台池”等多种称谓。池沼大小不拘，形状各异，既可以与其他景观相映成趣，也能够作连通各种景观之用。桥梁、水榭、池亭、长廊、假山等都能依水而筑，形成一种“气韵生动”的园林意境。魏晋南北朝士人常以穿池为乐。例如，徐勉《戒子松书》云："正欲穿池种树，少寄情赏""（阮孝绪）幼至孝，性沉静，虽与儿童游戏，恒以穿池筑山为乐。"魏晋南北朝园林艺术中还有一个非常有意思的建筑池沼例子，那就是在船上筑造池亭。《陈书·孙玚传》载："其自居处，颇失于奢豪，庭院穿筑极林泉之致，歌钟舞女，当世罕俦，宾客填门，轩盖不绝。及出镇郢州，乃合十馀船为大舫，于中立亭池，植荷芰，每良辰美景，宾僚并集，泛长江而置酒，亦一时之胜赏焉。"由此也可知，魏晋南北朝池沼穿筑艺术奇巧无比。

（3）溪涧

如果说池沼是一种平面之美，那么溪涧就是一种线性的流动之美。溪水蜿蜒曲折，具有纡萦盘带之美，山涧深壑激湍，具有幽深奔涌之美。溪涧都能给人一种置身山林郊外的野趣。《山居赋》云："凌石桥之莓苔，越栖溪之纡萦。"《宋书·隐逸传》载："县令庾肃之迎（沈道虔）出县南废头里，为立小宅，临溪，有山水之玩。"这里都说到了溪水。魏晋南北朝最有名的溪水应是青溪。青溪迂回曲折，连绵十几里，素有"九曲青溪"之称。魏晋南北朝官僚贵族多在青溪附近建造园宅。此外，魏晋南北朝林园往往利用自然山涧，依涧而营造园林，如金谷园就依金谷涧而造。除了利用自然之涧外，人工开凿的山涧也在魏晋南北朝园林中存在。例如，《山居赋》中有一句"浚潭涧而窈窕，除菰洲之纡余"。

（4）沟渎

渎（沟渠）是人工开凿的引水通道。魏晋南北朝时水利兴建中曾开有很多用来运输物资或引水的大水渠，如潮沟。当然，魏晋南北朝园林中的沟渠规模与之相比要小得多，其功能既能引水入园，又能连接园中各种水系。曹魏西园中的石头渠道就多次在建安诗人笔下出现。刘桢《公宴诗》云："月出照园中，珍木郁苍苍。清川过石渠，流波为鱼防。芙蓉散其华，菡萏溢金塘。灵鸟宿水裔，仁兽游飞梁。华馆寄流波，豁达来风凉。"曹丕《芙蓉池作诗》也云："乘辇夜行游，逍遥步西园。双渠相灌溉，嘉木绕通川。"魏晋南北朝园林中也有大水渠的存在，《宋书·恩幸传》记载："（阮佃夫）宅舍园池，诸王邸第莫及……于宅内开渎，东出十许里，塘岸整洁，泛轻舟，奏女乐。"能在绵连十多里的沟渎中泛轻舟，也是一时之胜景。

（5）泉潭

相比池沼来说，泉潭水面紧缩，具有一种"深"感。泉水清澈而不竭，渊潭平静而深邃，二者都受到了崇尚"清远"审美风格的士人的青睐。在他们眼中，林泉是缩小了的山水，而林泉之致即是山林之致。《梁书·处士传》记载，庾诜"性托夷简，特爱林泉。十亩之宅，山池居半”。《魏书·逸士传》载，冯亮所造“林泉既奇，营制又美，曲尽山居之妙”。这些都是用林泉来比喻自然中的山水。谢灵运在《山居赋》中提到了几处潭，说林中绿竹“捎玄云以拂杪，临碧潭而挺翠”。岩石、泉渊、溪涧、绿竹一起呈现出一种交相辉映的美景：“石傍林而插岩，泉协涧而下谷。渊转渚而散芳，岸靡沙而映竹。”

（6）瀑布

瀑布在山间因自然落差从高处往低处倾泻而下，能给人一种巨大的力量之感，因而也受到了魏晋南北朝人的喜爱。谢灵运在《山居赋》自注唐嵫时说：“唐嵫入太平水路，上有瀑布数百丈。”《高僧传·慧远传》也云：“远创造精舍，洞尽山美，却负香炉之峰，傍带瀑布之壑。”

2.魏晋南北朝园林的理水艺术

魏晋南北朝园林中的多种水体本身就是一大园林景观，而士人们对水体的处理方式更使得这些水体流动起来，使整个园林充满生动之气。魏晋南北朝园林理水艺术主要包括引水和激水两种。

（1）引水

引水就是把水体中的水引到园林各处，使之与其他园林景观相互融合。前面所列的溪涧、沟渎都是为了引水之用而开凿的。这种手法能使“流水周于舍下”。它不但能使园中花木得到水的滋润而“嘉木绕通川”，而且能形成一种“小桥流水”的审美意境。晋代巧匠马钧曾设计过水车用于引水入园。《傅元集·赠扶风马钧序》云：“马先生为天下之名巧也……居京都，城内有地可以为于园，患无水以灌之，乃作翻车令儿童转之，而灌水自覆。更入更出，其巧百倍于常。”❶

（2）激水

魏晋南北朝园林的第二种常见的理水艺术为激水之法。《汉书·沟洫志》颜师古注有云：“激者，置石于堤旁冲要之处，所以激去其水也。”激水之法，即通过放置石头在水流湍急之处，让水流激在石头上达到水花四溅的效果。孙绰《兰亭诗》云：“修竹荫沼，旋濑萦丘。穿池激湍，连滥觞舟。”陆倕《思田赋》也云：“瞻巨石之前却，玩激水之推移。”这都是激水之妙引发的审美感受。激水还有一种功能就是能代替汲井起到灌溉的作用。谢灵运的《田南树园激流植楥诗》就是专门写激流之事的，如“激涧代汲井，插槿当列墉”。

❶ 李国豪.建苑拾英[M].上海：同济大学出版社，1990：25.

（三）亭榭楼阁

亭榭楼阁实际上是对园林建筑的一个简称。中国园林是集可行、可望、可游、可居为一体的综合艺术，建筑在园林景观中也是很重要的部分。魏晋南北朝时，中国园林建筑样式就已经比较丰富，且营造艺术独特。

1.魏晋南北朝园林的建筑样式

魏晋南北朝园林中的建筑无论在样式上，还是在布局上，都比以往园林要丰富得多。宫殿、堂室、楼阁、斋馆、轩亭、台榭、篱门、廊阶等建筑样式一应俱全。

（1）宫殿

宫殿建筑为皇家园林特有，是皇帝举行大典或听政训话的地方。在皇家园林中，宫殿一般位于园林中心或主要地位。其高大威严，能让人产生一种敬畏和崇高之感。曹魏时期，魏明帝大起洛阳宫时，就于芳林园中建昭阳殿和太极殿。南朝最为有名的华林园先后曾建有灵曜前后殿、光华殿、凤光殿、兴光殿、重云殿、听讼殿和临政殿等。魏晋南北朝最为奢华的宫殿要数齐东昏侯给潘妃建造的几座了。《南齐书·东昏侯本纪》记载：“更起仙华、神仙、玉寿诸殿，刻画雕彩，青灊金口带，麝香涂壁，锦幔珠帘，穷极绮丽。絷役工匠，自夜达晓，犹不副速，乃剔取诸寺佛刹殿藻井、仙人、骑兽以充足之。”由此可窥皇家宫殿建筑奢靡之斑。

（2）堂室

堂一般向阳而筑，有独挡一面的地位。文震亨《长物志·室庐》：“堂之制，宜宏敞精丽，前后须层轩广庭。”可见，堂除了本身建制较为宽敞明亮外，其前面一般还有一个视野较为开阔的庭院。堂为园主的重要活动场所，供园主家人团聚、会宴宾客和处理世务之用。室一般位于堂的后面，前屋为堂，后屋则为室。《园冶》：“古云，自半以后，实为室。”《论语·先进》云：“由也，升堂矣，未入于室也。”可见，室相对堂而言，具有一种“深”“藏”的特点。正因如此，室一般为人就寝休息之所（卧室），故而室也可用来代指家宅（如家室、妻室等）。

（3）楼阁

楼是最少为两层的建筑，而且有很多排列整齐的窗户供人登楼远眺，其主要特征为高。《宋书·徐湛之传》记载：“广陵城旧有高楼，湛之更加修整，南望钟山。”宋文帝刘义隆《登景阳楼诗》：“崇堂临万雉，层楼跨九成。”正因楼之高，士人们登楼凭窗远眺往往是诗情满怀。与楼相比，阁的建造较为宏丽富贵，因而深受皇族权贵的喜爱。魏晋南北朝最为有名的要数陈后主所起的三阁。三阁之内金碧辉煌，香艳四溢，三阁之外，复道相连，极尽奢靡之事。虽然楼与阁有分别，但人们习惯上把二者相提并论甚至混为一谈，如陈代徐陵的“楼阁非一势，临玩自多奇”。

（4）斋馆

斋是一个让人肃然虔敬、养心静性的场所，所以一般修建在隐蔽幽静之处。魏晋南北朝时，以清素自然的山斋、茅斋居多。《南史》卷二十《谢举传》：“举宅内山斋，舍以为寺，泉石之美，殆若自然。”相比山斋来说，馆则少了几分清幽之气而增添了几分热闹。《园冶》云：“散寄之居，曰‘馆’，可以通别居者。”可知，馆为人临时居住的地方。魏晋南北朝所造之馆一般较为豪华。《晋书·谢安传》：“又于土山营墅，楼馆林竹甚盛，每携中外子侄往来游集，肴馔亦屡费百金。”

（5）轩亭

轩不但高敞明亮，而且因其顶部弯曲就有了一种“如鸟斯革，如翚斯飞”的飞动之美，一般用来临眺。轩的这种临眺用途在魏晋南北朝诗文中记载颇多。例如，潘岳的《闲居赋》写道：“太夫人乃御版舆，升轻轩，远览王畿，近周家园。”沈约的《郊居赋》：“开阁室以远临，辟高轩而旁睹。”宋文帝刘义隆的《登景阳楼诗》：“瑶轩笼翠幌，组幙翳云屏。”亭和轩一样，具有弯曲飞动的屋顶，但其设计更为灵活小巧，且四面敞开。《园冶》说：“《释名》云：‘亭者，停也。人所停集也。’”可见，亭是人停留集聚的地方，它不但能遮阳挡雨，而且能毫无障碍地环顾四周美景，所以备受人们的喜爱。另外，亭相比其他建筑样式而言，具有体量小、用料少、占地少和营建容易的特点，能随地随景而建。故而历代园林中亭的修造都较多，甚至很多人直接用“园亭”“池亭”“山亭”“林亭”“亭馆”等词来代指园林。魏晋南北朝最为有名的亭是兰亭。兰亭之外有崇山峻岭、茂林修竹和激湍清流的自然美景，兰亭之内是峨冠袍带的文人雅士在流觞曲水。其幽情之冶淡、诗文之美妙、书法之飘逸更添兰亭的魅力。

（6）台榭

台兴起于先秦时期，属于层高型建筑，主要用于游赏和眺望。魏晋南北朝时期皇家园林中依然建有很多台。曹魏铜爵园中曾建有著名的铜爵、金虎和冰井三台。华林园中有魏文帝建的九华台和魏明帝建的陵云台。南朝华林园中建有日观台和柱台。不过，台在魏晋南北朝私家园林中较为少见，其地位开始被亭和其他一些建筑样式替代。榭最初常和台连在一起使用，《尚书·泰誓上》就有“宫室台榭”之说。随着台的地位下降，榭开始单独作为一种建筑样式得以在园林中发展。榭是

“藉景而成者”，除了和水、桥、花等配合成景外，还经常和其他建筑相互对应。例如，谢朓的《游东田诗》：“寻云陟累榭，随山望菌阁。”这是阁与榭相对。沈约的《郊居赋》：“风台累翼，月榭重栭。”这是台和榭相对。徐勉的《戒子崧书》：“华楼迥榭，颇有临眺之美。”这是楼与榭相对。

（7）篱门

篱门是指园林外供人进出的门。魏晋南北朝时的住宅和都城外郭都是用竹篱笆围成的，因而篱门就成了魏晋南北朝园林内外来往的主要通道。《陈书·韦载传》：“载有田十馀顷，在江乘县之白山，至是遂筑室而居，屏绝人事，吉凶庆吊，无所往来，不入篱门者几十载。”《梁书·处士传》：“（何点）从弟遁，以东篱门园居之，稚珪为筑室焉。”可见，篱门具有隔绝外界喧嚣的作用。对于魏晋南北朝士人来说，篱门外是一个喧闹凡俗的世界，篱门内则是一个清幽超脱的世界。正如陶渊明《归园田居诗》所言：“野外罕人事，穷巷寡轮鞅。白日掩荆扉，虚室绝尘想。”

（8）廊阶

魏晋南北朝园林中廊以曲为主要特点，其功能既为通道又能导游。《南史·恩幸传》记载：“（茹法亮）宅后为鱼池、钓台、土山，楼馆长廊将一里，竹林花药之类，公家苑囿所不能及。”可用做通道和导游之用的除了长廊外，还有台阶。园林之中，各种景观高低错落，因而台阶的建造成了游园必不可少的部分。只有通过台阶，游人才能“任缓步以升降，历丘墟而四周”（湛方生《游园咏》）。梁武帝扩建华林园时，曾造有一个绕楼九转的阶道，可算得上是大园林建筑胜景。

除了上述主要样式之外，魏晋南北朝园林建筑中还有一些较为机巧精妙的建筑或建筑小品，如收放自如的游墙、笼炉、饮扇和可移动的行棚等。

2.魏晋南北朝园林的建筑营造艺术

秦汉苑囿建筑物以一种庞大的平面空间建筑群取胜，各种建筑样式都是围绕主建筑物来设计的。魏晋南北朝的园林建筑物营造方式有所不同，它是围绕着自然地势和自然景物来展开的，即随地随景而造。此外，魏晋南北朝园林建筑物的营造还注意到了建筑物的显隐藏露关系，如堂之开敞、室之深藏、斋之幽闭、馆之喧闹等。正是这种建筑营造艺术，不但使得园林建筑物和其他园林景观结合成和谐的一个整体，而且亭榭楼阁之间也是错落有致，相互对纳。

（四）花木禽兽

花木禽兽指的是园林中的动植景观。园林从它的滥觞期开始，就与植物种植和动物养殖结下了不解之缘。对于魏晋南北朝园林来说，其间的植物和动物既有人工种养的，又有野生的。魏晋南北朝园林里的动植物种类数不胜数，无法一一罗列出来，因此下面只列出园林中一些具有人文色彩的植物和动物种类。

1.魏晋南北朝园林中的主要植物

魏晋南北朝士人在园林中主要种植一些能表征自我情操的植物，如竹、柳、松、梧桐、菊、荷花和青苔等。

（1）竹

竹能成为魏晋南北朝士人乃至后世历代士人最为喜好的植物品种之一，除了自身的外在特征外，它还蕴含了丰富的人文色彩。《三国志·魏书·王粲传》记载，晋之七贤常聚于竹林中饮酒、作诗、辩玄、琴啸，表现出一种高风亮节的姿态。此后，竹子作为一种高蹈象征开始深受士人们的喜爱。魏晋南北朝诗文中有很多关于竹的描写。例如，刘孝先《咏竹》：“无人赏高节，徒自抱贞心。”谢朓《咏竹诗》：“窗前一丛竹，青翠独言奇。南条交北叶，新笋杂故枝。月光疏已密，风来起复垂。”贺循《赋得夹池修竹诗》：“绿竹影参差，葳蕤带曲池。逢秋叶不落，经寒色讵移。来风韵晚迳，集凤动春枝。所欣高蹈客，未待伶伦吹。”这种赏竹风气一直影响到后世文人。

（2）柳

《诗经·小雅·采薇》：“昔我往矣，杨柳依依；今我来思，雨雪霏霏。”这一诗句一直备受历代文人雅士的推崇。魏晋南北朝时对柳树的喜爱者有很多。潘岳《金谷集作诗》：“回溪萦曲阻，峻阪路威夷。绿池泛淡淡，清柳何依依。”《晋书·嵇康传》：“性绝巧而好锻。宅中有一柳树甚茂，乃激水圜之，每夏月，居其下以锻。”陶渊明也喜好柳树，并自号五柳先生，还作《五柳先生传》以自况：“先生不知何许人也，亦不详其姓字，宅边有五柳树，因以为号焉。”魏晋南北朝时不但士人好柳，就连一些皇帝也喜爱柳树。《南史·张裕传》：“刘悛之为益州，献蜀柳数株，枝条甚长，状若丝缕。时旧宫芳林苑始成，武帝异植于太昌灵和殿前，常赏玩咨嗟。”

（3）松

松树高大挺拔，四季常青。正因为松有此特性，魏晋南北朝人物品藻时常用松来代指个人的风姿。例如，《世说新语·容止》：“嵇康身长七尺八寸，风姿特秀。见者叹曰：‘萧萧肃肃，爽朗清举。’或云：‘肃肃如松下风，高而徐引。’山公曰：‘嵇叔夜之为人也，岩岩若孤松之独立；其醉也，傀俄若玉山之将崩。’”

（4）梧桐

因为相传凤凰栖身于梧桐树，所以中国历代都有对梧桐的种植，想以此招凤，以示天降祥瑞。《诗经·大雅·卷阿》曾写道：“凤凰鸣矣，于彼高冈。梧桐生矣，于彼朝阳。菶菶萋萋，雍雍喈喈。”到了魏晋南北朝，梧桐因其高贵和繁茂也备受士人们的喜爱。《南齐书》记载：“豫章王于邸起土山，列植桐竹，武帝幸之，置酒为乐。”此山还被命名为桐山。何逊《共赋韵咏庭中桐诗》云：“华晖实掩映，细叶能披离。”

（5）菊

菊因其不畏寒冷、耐霜经冻的品格与士人推崇的气节契合，所以也得到了魏晋南北朝士人的喜爱。陶渊明就在庭院中植有很多菊花。菊花的高傲正象征着诗人那种“不为五斗米折腰”的高尚气节。《归去来兮辞》云：“三径就荒，松菊犹存。”《饮酒诗》中也云：“采菊东篱下，悠然见南山。”

（6）荷花

荷花不仅有“清水出芙蓉，天然去雕饰”之美，而且有出淤泥而不染的品性，因而许多魏晋南北朝园池中都会种植荷花。潘岳园中有荷，“蓑荷依阴”；谢朓园中有荷，“风碎池中荷，霜剪江南绿”；沈约园中有荷，“动红荷于轻浪，覆碧叶于澄湖”；江淹园中也有荷，“余有莲花一池”。

（7）青苔

青苔是一种不太显眼的植物，藏匿在无人知晓的地方，渺小但生命力很强。青苔的这种品性也得到了魏晋南北朝士人的厚爱，在他们的诗文中也经常会提及它。例如，《高僧传·慧远传》：“森树烟凝，石筵苔合。”；谢灵运《山居赋》：“凌石桥之莓苔，越楢溪之纡萦。”；陶弘景《寻山志》：“室迷夏草，径惑春苔。”

园林经过了漫长的艺术历程，园林中的花木品类越来越丰富，文化内涵越来越深厚，在审美上多层次、多方面地满足了人们的需求。这些需求有心理的、生态的、文化的，促进了花木景观类型的不断繁衍和分化。

2. 魏晋南北朝园林中的主要动物

动物在先秦和秦汉园林中主要是作为猎物而存在。随着人们审美意识的发展，禽兽在园林中的地位和价值也发生了变化。在魏晋南北朝，禽兽除了满足人的某些狩猎活动外，更多的是作为一种观赏物而存在。魏晋南北朝园林特别是私家园林中就有很多具有人文色彩、供人观赏的动物。它们给园林平添无限生机与活力，使园林真正具备了返璞归真、自然天成的意境。人们假借园林动物来反映高尚的品德情操，表达深刻的人生哲理，表现丰富的生活情趣，象征崇高的理想和追求。

（1）鹅

鹅在古代有看家守门、赏玩的作用，具有吉祥的含义，因而魏晋南北朝士人十分喜爱并将其置于园林中。鹅令士人们的生活充满了情趣，他们观赏着一只只白鹅不时地拍打翅膀、引吭高歌、你追我赶的样子，欣喜不已。鹅就像他们的灵魂伙伴，给他们带来乐趣的同时给予他们一定的创作灵感。王羲之就因爱鹅而时常观察鹅的游水姿势，从而悟出了用笔的方法。

（2）鹤

鹤因其来去无踪、清音嘹唳也深受魏晋南北朝士人喜爱。“闲云野鹤”就是他们推崇的一种生活状态。支道林就很爱鹤，《世说新语·言语》记载：“支公好鹤，住剡东岇山。有人遗其双鹤，少时，翅长欲飞，支意惜之。乃铩其翮。鹤轩翥不复能飞，乃反顾翅垂头，视之如有懊丧意。林曰：‘既有凌霄之姿，何肯为人作耳目近玩！’养令翮成，置使飞去。”支道林推己及物，让鹤在无限天空自由翱翔，这是一种追求自由心态的生活外显。

（3）雁

雁属于野生动物，会因季节变换而在园林中栖留或迁徙。沈约郊居园中常有大雁停留，诗人对其着墨甚多。例如，《郊居赋》：“鸭屯飞而不散，雁高翔而欲下。”《咏湖中雁》：“白水满春塘，旅雁每迴翔。唼流牵弱藻，敛翮带馀霜。群浮动轻浪，单汎逐孤光。悬飞竟不下，乱起未成行。刷羽同摇漾，一举还故乡。”

（4）鹦鹉

鹦鹉因其能饶舌说话也受到了人们的喜爱。至今园林中还有挂养鹦鹉的习惯。祢衡《鹦鹉赋》对其进行了很好的描写：“惟西域之灵鸟兮，挺自然之奇姿。体金精之妙质兮，合火德之明辉。性辩慧而能言兮，才聪明以识机。故其嬉游高峻，栖跱幽深。飞不妄集，翔必择林。绀趾丹嘴，绿衣翠衿。采采丽容，咬咬好音。虽同族于羽毛，固殊智而异心。配鸾皇而等美，焉比德于众禽。”

（5）鱼

鱼因其在水中的无滞自由而和“游”的意象联系在一起，它是一种自由的象征。《庄子》里的“北冥之鱼”和“鱼之乐”对魏晋南北朝士人的影响很大。魏晋南北朝园林建有池沼，而池沼中一般都养有鱼。不管是石崇金谷园中“娱目欢心之物”的鱼、张华的“流目玩鲦鱼”、何劭的“忘筌在得鱼”、陶渊明的“池鱼思故渊”，还是张充的“长群鱼鸟”，都以鱼表征了一种对精神自由的无限向往。鱼也因此成了中国园林中必不可少的一种观赏之物。

魏晋南北朝园林中的这些主要动植景观都被后代园林艺术继承了下来，不但是中国园林艺术的生命力所在，而且承载了中国士人的精神品格。种类繁多的动植种类，保证了魏晋南北朝园林在不同季节都鸟语花香，生机盎然。

丹纳在《艺术哲学》中提出了一个著名的论点，认为“有一种‘精神的气候’，就是风俗习惯于时代精神”，而“作品的产生取决于时代精神和周围的风俗”，“时代的趋向终究占着统治地位”[1]。魏晋南北朝时期的主要精神是隐逸意识的流风远播，是欣赏自然生态美的蔚然成风，是诗歌领域里的“山水方滋”，是山水画的日益成熟，是“畅神”美学的方兴未艾。这类精神气候、审美风尚和文化态势汇成了“时代的趋向”，对魏晋南北朝园林艺术的发展起着明显的决定作用。

第三节　以诗入园，因画成景——隋唐园林的发展

隋唐时期是中国封建社会繁荣兴旺的高潮，中国园林也相应地进入了全盛发展阶段。此时的园林艺术开始融入了一些文人、画家作品中的情趣，从自然山水阶段推进到了写意山水阶段。

一、隋唐园林发展的背景

隋唐结束了魏晋南北朝后期的战乱状态，推行均田制，限制农民的人身依附关系。在经济结构中消除庄园经济的主导地位，逐渐恢复地主小农经济。在政治结构中削弱门阀士族势力，维护中央集权，确立科举取士制度，强化官僚机构的严密统

[1] 丹纳．艺术哲学 [M]．北京：人民文学出版社，1963：32，34.

治。意识形态上儒、释、道共尊而以儒家为主，儒学重新获得正统地位。广大知识分子改变避世退隐、消极无为的态度，积极追求功名、干预世事，成为国家大一统局面的主要组织力量。政治稳定、经济繁荣、文化兴盛等因素使隋唐时期的造园之风大兴。此时的文人官僚通过开发风景、参与造园等实践活动逐渐形成了个人对园林的看法。参与较多的则形成了比较全面、深刻的园林观，其中白居易便是最具代表性的一人。他认为，营园的主旨并非仅为了生活上的享受，而在于以泉石养心怡性、培育高尚情操。在他眼中，园林就是他所标榜的中隐思想"物化"的结果，园居则是他日常生活中不可或缺的组成部分，所以经营郊野别墅园应力求与自然环境结合，顺乎自然之势，合乎自然之理，而经营城市宅园则应着眼于"幽"，以幽深而获得闹中取静的效果。❶

唐代是山水园林全面发展的时期。这一时期政治比较安定，文化上诗文、绘画等都呈现出繁荣景象，建筑更是得到了大规模的发展。山水画已脱离在壁画中作为背景处理的状态而趋于成熟，山水画家辈出，开始有工笔、写意之分。但无论工笔或写意，都既重客观物象的写生又能注入主观的意念和感情，即"外师造化，中得心源"，确立了中国山水画创作的准则。通过对自然界山水形象的观察、概括，再结合毛笔、绢素等工具而创为皴擦、泼墨等特殊技法，山水画家将这些创作经验总结为"画论"。此外，山水诗、山水游记也在当时成为两种重要的文学体裁。这些都表明人们对大自然山水风景的构景规律和自然美有了更深一层的把握和认识。

唐代出现了诗、画互渗的自觉追求，大诗人王维的诗作生动地描写山野、田园如画的自然风光，他的画同样饶有诗意，可谓"诗中有画，画中有诗"。同时，诗画结合的山水画也开始影响造园艺术，诗人、画家直接参与造园活动，诗文、绘画、园林这三个艺术门类已有互相渗透的迹象，园林艺术开始有意识地融入诗情和画意。

隋唐时期，传统的木构建筑在技术和艺术方面已经完全成熟，建筑物造型丰富，形象多样。花木栽培的园艺技术也有很大进步，此时已能引种驯化，异地移栽。在这样的历史、文化背景下，中国园林的发展相应地达到了全盛的局面。

二、隋唐园林的类别

按园林所有者划分，隋唐园林的类别与魏晋南北朝园林一样，分为皇家园林、

❶ 陈教斌．中外园林史 [M]．北京：中国农业大学出版社，2018：283-284.

私家园林和寺观园林。

（一）隋唐皇家园林

隋唐皇家园林主要集中在长安和洛阳，多建于隋朝、唐初、盛唐时期。隋唐皇家园林形成了大内御苑、行宫御苑、离宫御苑这三种类别。

1.大内御苑

大内御苑紧邻宫廷区的后面或一侧，呈宫、苑分置的格局，但宫苑之间并不是相互独立的，宫殿建筑空间和园林空间相互渗透、穿插，形成皇家气派的园林形式。隋唐时期有三个负有盛名的大内御苑，即东内大明宫、西内太极宫、南内兴庆宫。

（1）东内大明宫

大明宫地处龙首原高地上，位于长安城北门玄武门东侧，紧邻西内苑和东内苑，又称“东内”。大明宫整体呈南北宫苑分离格局，北部为宫廷区，南部为大内御苑，宫廷区的宫殿建筑呈中轴对称布局。其正南门丹凤门正对含元殿，雄踞龙首原最高处，其后为宣政殿，再后为紫宸殿（即正殿），之后为蓬莱殿。

大明宫园林区地势急剧下降，形成平地，中央为大水池太液池，面积约 1.6 公顷。池中建蓬莱山，山上遍植花木，尤以桃花为盛，沿太液池建回廊 400 余间。园中还设有佛寺、道观、浴室、暖房、讲堂、学舍等。麟德殿位于园林西北的高地上，由前、中、后三座殿组成，面阔 11 间，进深 17 间，面积是北京故宫太和殿的 3 倍，由此可以想象大明宫的规模之宏大。[1]

（2）西内太极宫

太极宫原名大兴宫，建于隋开皇二年（582 年），唐景云元年（710 年）改称太极宫，又称“西内”，北为大兴苑（唐称禁苑）。禁苑内除离宫别馆外，还有“球场”，当时在贵族中盛行骑马击球，这是我国园林中出现较早的体育活动场地。在城的东南角有“曲江池”，也是帝王游乐之所。环江有观榭、宫室、紫云楼、彩霞亭等，据说每年还定期向市民开放三天，是我国最早出现带有“公园”含义的园林胜境（图 1-3）。[2]

---

[1] 陈教斌．中外园林史 [M]．北京：中国农业大学出版社，2018：275.

[2] 葛静．中国园林构成要素分析 [M]．天津：天津科学技术出版社，2018：6.

图 1-3　曲江池遗址公园

（3）南内兴庆宫

兴庆宫又称“南内”，位于皇城东南面的兴庆坊内。兴庆宫是北宫南苑格局，北半部为宫廷区，南半部为苑林区。苑林区的面积稍大于宫廷区，苑内以近似椭圆形的龙池为中心。苑内主体是龙池西南侧的建筑“花萼相辉楼”和“勤政务本楼”，这里是唐玄宗接见外国使臣、测试举人以及举行各种仪典、娱乐活动的地方。兴庆宫还是唐玄宗与杨贵妃观赏牡丹的地方。杨贵妃酷爱牡丹，因而在龙池东北的土山上建有“沉香亭”，亭周围种植各种花色的牡丹，形成了牡丹观赏区。兴庆宫遗址现已开放为兴庆宫公园（图 1-4）。

图 1-4　兴庆宫公园

2.行宫御苑

隋唐有名的行宫御苑为东都苑（隋朝西苑，唐代改称东都苑，武则天时又称神都苑），位于洛阳城西，是一处特大型的人工山水园。《大业杂记》《元河南志》记载，东都苑苑内种植奇花异草，树丛中点缀各式小亭，苑外龙鳞渠环绕，渠上跨飞桥。它以人工开凿的最大水域“北海”为中心，海中设有蓬莱、方丈、瀛洲三座仙岛，海的北面有人工开凿的水渠龙鳞渠，蜿蜒曲折地流经“十六院”，即十六组建筑群，最后注入北海。海的东面是曲水池和曲水殿，海的南面还有五个较小的湖泊，象征着帝国版图。苑址范围内是一片略有丘陵起伏的平原，北背邙山，西、南两面都有山丘作为屏障。洛水和谷水贯流其中，水资源十分充沛。

东都苑采用秦汉以来“一池三山”的皇家宫苑模式。山上建筑仅具有求仙的象征意义，其主要功能是休闲娱乐。苑中龙鳞渠、北海、曲江池、五湖摹拟自然水体形式，构成了一个完整的水系，形成了东都苑层次丰富的山水空间。东都苑内建筑规模宏大，植物种植范围广，种类丰富，山水地形富于变化。东都苑建设是一个庞大而复杂的工程，施工前必须进行详细的规划设计，才能保证其顺利。因此，它在设计规划方面的成就具有里程碑意义，它的建成标志着中国园林全盛期的到来。

3.离宫御苑

隋唐时期有两个著名的离宫御苑。

（1）华清宫

华清宫在今西安城以东的临潼区骊山北坡，渭河南侧。骊山层峦叠翠，山形秀丽，植被茂密，远看形似骏马，故名骊山。骊山北麓即华清宫所在。《长安志》载，秦始皇始建温泉宫室，名“骊山汤”，汉武帝、隋文帝时又多加修葺，唐代扩建改称“华清宫”，骊山温泉一直是皇家浴场。苑林区，即骊山北坡的山岳风景，风景中点缀建筑物形成独具特色的景观，山麓以花卉和果木为主，是具有生产功能的小型园林。这里还进行了人工绿化栽植，使骊山北坡植被繁茂，郁郁葱葱。骊山的山腰则以山石、瀑布等自然景观为主。山顶则点缀建筑，主要有朝元阁、长生殿、王母祠、福岩寺、烽火台、老母殿、望京楼等建筑物。

（2）九成宫

九成宫在今西安城西北的麟游县新城区，建于隋朝，名为仁寿宫，取“尧舜行德，而民仁寿”之意，唐改名为九成宫。九成宫建有内外两重城墙，城内宫廷区相当于宫城，它前面是杜河，北倚碧城山，东为童山，西邻屏山，南面隔河正对堡子山，山上林木茂密。宫城设三门，即南门永光门、东门东宫门、西门玄武门。正殿丹霄殿位于西部山丘天台山上，正殿之后是寝宫。宫廷区建筑群因势随形，豪华壮丽。

宫城之外、外垣以内的山岳地带为禁苑，也就是苑林区。苑林区在宫城的南、西、北三面，周围的外垣沿山峦的分水岭修建，宫城西侧“绝壑为池”，称为西海。苑内山水呼应，自然风光优美。宫城北面的碧城山顶位置最高，建置一阁、二阙亭，可供远眺观景之用。西海靠近玄武门处，为一瀑布，从西海南岸隔水观望宛若仙山琼阁。西海的南岸高台之上建一水榭，两侧出阙亭，东、西连接复道与龙尾道下至地面，北面连接复道至北海岸边。

九成宫是建筑结合自然山水设计的典范，具有宫廷的皇家气派，是许多诗人画家竞相讴歌赞美的风景名胜。

（二）隋唐私家园林

隋唐时期，国家统一，经济、文化繁荣。在安定团结和太平盛世的历史背景下，人们开始追求园林享受的乐趣，尤其是唐代的私家造园活动更加频繁，西京长安、东都洛阳作为全国政治、经济、文化中心，民间造园之风更甚。唐代士人多采用“达则兼济天下，穷则独善其身”的处世哲学，将园林生活视为“显达”和“穷通”之间的缓冲，既可以居庙堂而寄情林泉，又能够居林泉而心系庙堂，凡属官宦者几乎都刻意将自己的园林经营为“桃园”。唐代确立的官僚政治，逐渐在私家园林中催生出一种特殊的园林风格——士流园林。这种士流园林可概括为以下两种。

1. 城市私园

城市私园主要由达官显贵、皇亲国戚和富豪巨商所建，园林中有绮丽豪华和清幽雅致两种格调并存。白居易的履道坊宅院就是一个典型的例子。据白居易《池上篇》所述，履道坊宅院共占地 17 亩，其中“屋室三之一，水五之一，竹九之一，而岛树桥道间之”。“屋室”包括住宅和游憩建筑，“水”指水池和水渠，水池面积很大，为园林的主体，池中有三个岛屿，其间架设拱桥和平桥相联系。在水池的东面建粟廪，北面建书库，西侧建琴亭，亭内置石樽。白居易建造履道坊宅院的目的在于寄托精神和陶冶性情，那种清纯幽雅的格调和“城市山林”的气氛，也恰如其分地体现了当时文人的园林观——以泉石竹树养心，借诗酒琴书怡性。

2. 郊野别墅园

郊野别墅园就是建在郊野地带的私家园林，它源自魏晋南北朝时期的别墅、庄园，在唐代统称为别业、山庄、庄，规模较小的也称山亭、水亭、田居、草堂等。隋唐时期，西京长安和东都洛阳城内私园集萃，在郊野别墅建设私园的情况也非常普遍。文献记载，在长安城东郊一带，集中了皇亲贵族、大官僚的别墅园，如太平公主、安乐公主、宁王等人的别墅园。这里接近皇帝宫苑，水源丰富，别墅园林格调奢华，富丽堂皇。而在长安城南郊一带，集中了文人、官僚们的别墅。这里风景优美，靠近终南山，地形起伏变化，多溪流分布，别墅园林格调朴素无华，富有乡村气息。除两京外，在经济、文化繁荣的城市，如扬州、杭州、成都等城市的近郊和远郊，也都有别墅园林的建设。

（三）隋唐寺观园林

隋唐寺观非常重视庭院绿化和园林的经营，许多寺观以园林之美和花木的栽培而闻名于世，文人们都喜欢到寺观以文会友、吟咏、赏花等。著名的慈恩寺，尤以牡丹和荷花最负盛名，文人们到慈恩寺赏牡丹、赏荷，成为一时之风尚。此外，寺观内栽植树木的品种繁多，其中松、柏、杉、桧、桐等比较常见。当然，寺观内也栽植竹，甚至有单独的竹林院。果木花树也多有栽植，而且往往具有一定的宗教象征寓意。道教认为仙桃是食后能使人长寿的果品，故而道观多栽植桃树，以桃花之繁茂而负盛名。例如，崇业坊内的元都观，桃花之盛闻名于长安。

长安城内水渠纵横，许多寺观引来活水在园林或庭院里面建置山池水景。寺观园林与庭院山池之美、花木之盛，往往使游人们流连忘返。由此可见，长安的寺观园林和庭院园林化非常普遍，寺观园林也兼具城市公共园林的功能。

除了上述几种大型园林，隋唐还有许多以山池花木为点缀的小园林，如公共园林、衙署园林。

三、隋唐园林的造园成就

隋唐时期，中国园林艺术所取得的主要成就可概括为以下几个方面。

（一）皇家园林的“皇家气派”已形成

“皇家气派”作为隋唐皇家园林所独具的特征，不仅表现为园林规模的宏大，而且反映在园林总体的布置和局部的设计处理上。皇家气派是皇家园林的内容、功能和艺术形象综合而给人的一种整体的审美感受。它的形成，与隋唐宫廷规制的完善、帝王园居活动的频繁和多样化有直接的关系，标志着以皇权为核心的集权政治的进一步巩固和封建经济、文化的繁荣。当时，皇家园林的宫殿楼宇更显雄伟气魄，宫廷御苑设计也越发精致，特别是由于石雕工艺已经娴熟，宫殿建筑雕栏玉砌格外华丽，苑中的山水布设也更加灵活。因此，皇家园林在隋唐三大园林类型中的地位，比魏晋南北朝时期更为重要，出现了像东都苑、华清宫、九成宫等这样一些具有划时代意义的作品。

（二）私家园林的艺术性有提升

隋唐私家园林的艺术性较上一个朝代有所升华，着意于刻画园林景物的典型性格和局部、小品的细致处理。王维以诗人的激情、画家的机敏赋予辋川别业及其周边自然景观以人文色彩，从而使之脱去简单的自然山水的外表，成为一座根植于自然风景区里的别墅园，从中可以看出唐代已开始诗画互渗的自觉追求。中唐以后，文人如王维、白居易、杜甫等均参与经营园林。从《辋川集》对辋川别业的描述看来，也有把诗画情趣赋予园林山水景物的情况，因画成景、以诗入园的做法在唐代已见端倪。通过山水景物诱发游赏者的联想活动，意境的塑造也已处于朦胧的状态。再者，儒家的现实生活情趣，道家的少私寡欲和神清气朗，新兴的佛家禅宗依靠自性而寻求解脱，此三者合流融汇于少数知识分子的造园思想之中，从而形成独特的园林景观。凡此种种，给一部分私家园林的创作注入了新鲜血液，成为宋元文人园林兴盛的启蒙。

（三）寺观园林的普及促进宗教世俗化

寺观园林的普及是宗教世俗化的结果，同时也反过来促进了宗教和宗教建筑的进一步世俗化。城市寺观具有城市公共交往中心的作用，寺观园林也相应地发挥了城市公共园林的职能。郊野寺观的园林（包括独立建置的小园、庭院绿化和外围的园林化环境）把寺观本身由宗教活动的场所转化为风景，吸引香客和游客，促进了原始型旅游的发展，也在一定程度上保护了生态环境。宗教建设与风景建筑在更高层次上相结合，促成了风景名胜区尤其是山岳风景名胜区普遍开发的局面。

（四）诗、画、园林艺术的相互渗透

山水画、山水诗文、山水园林这三门艺术已有互相渗透的迹象。隋唐时期，中国园林的诗画情趣开始形成，“意境的蕴涵”也处在朦胧状态。隋唐园林作为一个完整的园林体系则已经成型，并且在世界上崭露头角，影响着亚洲汉文化圈内的广大地域。当时的朝鲜、日本全面吸收盛唐文化，其中就有园林艺术。

隋唐园林不仅发扬了秦汉园林大气磅礴的豪放风度，还在精致的艺术经营上取得了辉煌的成就。这个全盛局面继续发展到宋代，在两宋的特定历史条件和文化背景下，终于瓜熟蒂落，开始了中国园林的兴盛时期。

第四节　文人写意——宋元时期园林文人化的兴盛

宋元时，中国封建社会已经达到了发育成熟的境地，园林的内容和形式也趋于定型，造园技术和艺术达到了有史以来的最高水平，中国园林文人化的特征日益明显。由于元代时间较短，且当时社会、经济都处于低迷阶段，所以元代的造园活动基本上处于迟滞的低潮状态。因此，本节以两宋园林的文人化发展状况为主，元代园林的文人化为辅进行论述。这个时期经济的发展带动了科学技术的长足进步，为园林美学思想的进步提供了技术来源，使园林的建筑、观赏花卉和树木的栽培技术、叠石技艺的水平得到空前的发展，用石材堆叠假山成为园林筑山的普遍方式。此时的园林美学在隋唐诗画园林的基础上，形成了简远、疏朗、雅致、天然的意境特点，即注重意境的表达。这些都体现在当时私家园林的建造中。

一、中原私家园林

中原的私家园林以洛阳最具代表性，其园林大多是在隋唐废园的基础上发展起来的。北宋初年李格非所作《洛阳名园记》中记述了他所亲历的中原地区比较著名的十九处园林，其中有十八处为私家园林。属于宅院性质的有富郑公园、环溪、湖园、苗帅园、赵韩王园、大字寺园等。属于单独建置的游憩园性质的有董氏西园、董氏东园、独乐园、刘氏园、丛春园、松岛、水北胡氏园、东园、紫金台张氏园、吕文穆园。属于以培植花卉为主的花园性质的有归仁园和李氏仁丰园。《洛阳名园记》是有关北宋私家园林的一篇重要文献，对所记诸园的总体布局、山水因借、花木布置都做了生动翔实的记载。

二、江南私家园林

江南地区，大致相当于今之江苏南部、安徽南部、浙江、江西等地。宋室南渡，偏安江左，江南遂成为全国最发达的地区。经济发达促进地区文化水平的不断提高，文人辈出，文风之盛也居于全国之首。江南河道纵横，水网密布，气候温和湿润，适宜花木生长。江南的民间建筑技艺精湛，又盛产造园用的优质石材，这些都为造园提供了优越的条件。江南的私家园林遂成为中国园林后期发展史上的一个高峰，代表着中国风景式园林艺术的最高水平。北京地区及其他地区的园林，甚至皇家园林，都在不同程度上受到它的影响。宋人好吟诗、填词、绘画、戏墨、弹琴、弈棋、斗茶、置园、赏玩，表明了他们的诗情、词心、书韵、琴趣和禅意。他们这些玩味性、清赏性和体验性的态度逐渐进入审美层面，形成了丰富多样的美学思想。在造林方面，他们崇尚和追求韵味，将山石花草换成笔墨，完成了三度空间的“立体画”，从而诞生了“士人园林”。例如，宋代有名的理学家朱熹在构筑其“晦庵草堂”时设“堂”为读书讲学之所，置“庐”为寝室、厨房之地，“草堂前，隙地数丈，右臂绕前，起为小山，植以椿桂兰蕙，悄茜岑蔚。南峰出其背，孤圆贞秀，莫与为拟。其左亦皆茂树修竹，翠密环拥，不见间隙，俯仰其间，不自知其身之高，地之迥，直可以旁日月而临风雨也。”[1]元为蒙古游牧民族建立的政权，他们的文化与以农耕为主的汉族文化产生了激烈的冲突，但也逐渐从冲突转为吸引，再到融合。因此，元代出现的皇家园林以汉文化为主调并带有某些游牧文化因子，而士人园林长期萧条，直到元末才得以复苏。下面举几个具体的例子进行说明。

（一）沧浪亭

沧浪亭位于苏州城南。北宋诗人苏舜钦蒙冤遭贬，流寓到苏州，自号沧浪翁，花四万钱购城南废园。废园的山池地貌依然保留原状，乃在北边的小山上构筑一亭，名沧浪亭，也为园名。这是唯一以“亭”命名的园林。

沧浪亭（图1-5）占地1.1公顷[2]，为内山外水的格局。绿水环绕，入园须过石桥，园内布局以山为主，入门即见黄石假山，假山上植以古木。建筑也大多环山。沧浪亭在假山东首最高处，亭柱有联“清风明月本无价，近水远山皆有情”，也许是沧浪亭最好的写照。沧浪亭在假山与池水之间，隔着一条向内凹曲的复廊，复廊将园内外的山与水有机地连在一起，造成了山、水互为借景的效果，同时也弥补了园中缺水的不足，拓展了游人的视觉空间，丰富了游人的赏景内容，形成了苏州古

---

[1] 见于朱熹《云谷记》。

[2] 张健. 中外造园史 [M]. 武汉：华中科技大学出版社，2013：125.

典园林独一无二的开放性格局。因此，这条复廊被视为沧浪亭造景的一大特色。

图 1-5　沧浪亭局部风景

（二）网师园

网师园在苏州城东南阔家头巷，始建于南宋淳熙年间，当时的园主人为吏部侍郎史正志，园名“渔隐”。后来几经兴废，到清代乾隆年间归宋宗元所有，改名“网师园”。乾隆末年，园归瞿远村，增建多处亭宇轩馆，俗称瞿园。同治年间，园主人李鸿裔又增建撷秀楼。现在的网师园（图 1-6）大体上是清代瞿园的规模和格局。网师园占地面积不大，是一座紧邻邸宅西侧的中型宅园。园林的平面略呈丁字形，主景区以一个水池为中心，建筑物和游览路线沿着水池四周安排。园林南半部的主要厅堂为“小山丛桂轩”，轩的南边是一个狭长形的小院落，透过南墙上的漏窗可隐约看到隔院之景。轩之北，临水堆叠体量较大的黄石假山“云岗”，有蹬道洞穴，颇具雄险气势。轩之西为园主人宴居的“蹈和馆”和“琴室”，西北为临水的“濯缨水阁”，这是水池南岸风景画面上的构图中心。自水阁之西折而北行，曲折的随墙游廊顺着水池西岸山石堆叠之高下而起伏，当中建八方凸出于池水之上，可以凭栏隔水观赏环池三面之景，同时也是池西风景画面上的构图中心。亭之北，往东跨过池西北角水口上的三折平桥达池之北岸，往西经洞门则通向另一个庭院“殿春簃”。水池北岸是主景区内建筑物集中的地方，“看松读画轩”与南岸的“濯缨水阁”遥相呼应构成对景。轩之西为临水的廊屋“竹外一枝轩”，它在后面的楼房“集虚斋”的衬托下越发显得体态低平、尺度近人。“竹外一枝轩”的东南为小水榭“射鸭廊”，它既是水池东岸的点景建筑，又是凭栏观赏园景的场所，同时还是通往内宅的园门。“射鸭廊”之南，以黄石堆叠为一座玲珑剔透的小型假山，与池南岸的“云岗”虽非一体，但在气脉上是彼此连贯的。水池在两山之间往东南延伸成为溪谷形状的水尾，上建小石拱桥一座作为两岸之间的通道。此桥故意缩小尺寸以反衬两旁假山的气势，可见其尺度处理颇具独到之处。

图 1-6　网师园一角

（三）狮子林

狮子林位于苏州潘儒巷内。元末名僧天如禅师维则的弟子“相率出资，买地结屋，以居其师”。因园内“林有竹万固，竹下多怪石，状如狻猊（狮子）者”，又因天如禅师维则得法于浙江天目山狮子岩普应国师中峰，为纪念佛徒衣钵、师承关系，因而该园取佛经中狮子座之意，名为“师子林”或“狮子林”。狮子林平面呈长方形，全园布局东南多山，西北多水，建筑置于山池东、北两翼，长廊面环抱，林木掩映，曲径通幽。狮子林素有“假山王国”之称，湖石假山多而精美，以洞壑盘旋、出入奇巧取胜。园中假山主要集中在指柏轩南面。假山分上、中、下三层，有二十来个山洞和九个盘道，中间一条溪涧把山分成东、西两部分，两边各形成一个大环形。山上布满奇峰怪石，姿态各异，形状如各式各样的狮子形象，给游人带来一种恍惚迷离的神秘趣味（图 1-7）。

图 1-7　狮子林

三、北方私家园林

北京是元代的建都之地，也是北方造园活动的中心，是私家园林精华荟萃之地。元代大部分的私家园林多半为城近郊或附廓的别墅园，其中以宰相廉希宪的“万柳堂”最负盛名。万柳堂是廉希宪在大都时的一处别墅，在《长安客话》中有这样一段记载：“元初，野云廉公希宪，在钓鱼台建别墅，建堂于池上，在池的周围植有数百株柳树，因此，将这处别墅取名为万柳堂。池中植有很多莲花，每到夏季时节，池岸的柳树成荫，莲香袭人，风景宜人。”园中有几万株名花，在当时号称京城第一。[1]

此外，宋元时期佛教内部各宗派开始融会、相互吸收而变异复合。禅宗和净土宗成为主要的宗派，而且禅宗还与传统儒学相结合，产生了思想界的主导力量——理学。随着禅宗与文人士人在思想上的沟通，儒佛合流，一方面在文人士人之间盛行禅悦之风，另一方面禅宗僧侣也日益文人化。许多僧侣都擅长书画，诗酒风流，以文会友，经常与文人交往，文人园林的趣味也就广泛地渗透到佛寺的造园活动中，甚至有文人参与佛寺园林的规划设计，从而使佛寺园林由世俗化进一步地“文人化”。道教受到佛教和儒家的影响，逐渐分化成两种趋势：一种趋势是向老庄靠拢，强调清净、空寂、恬适、无为，表现为高雅闲逸的文人士人情趣；另一种是一部分道士也像僧侣一样逐渐文人化。因此，宋元寺观园林呈现出世俗化、文人化的特点，除了具有祭祀奉神的功能和极个别具有明显的宗教象征之外，一般与私家园林已没有太大的差异，只是更朴实、更简练一些。

第五节　小巧淡雅与崇高绚烂——明清园林中的私家园林与皇家园林

明清时期，中国与外国交往日趋密切，随着西方音乐、美术、建筑等艺术的传

[1] 谢燕，王其钧．私家园林 [M]．北京：中国旅游出版社，2015：196.

入，中国园林将这些外来因素融入设计中，形成了新的园林美学思想和造园风格。又因人口的增长和土地价值的提高，此时的园林面积逐渐缩小，因而大量施展人工创造，尽可能在有限的范围内营造出深邃、宏大的效果。总之，明清园林艺术以小巧淡雅与崇高绚烂为特色，其造园美学思想已达到高峰，尤其体现在私家园林与皇家园林的建造上。

一、明清私家园林

明清时期，更多的文人画士参与到了园林的设计布局中，以园林为题材的园记、园诗、园曲、园赋和园画层出不穷，各种园林审美评价、园林审美体验、园林叠石凿池的见解也是日出不穷，使园林美学理论更为丰富。例如，明代王鏊在造园时借取了太湖两山的胜景，衬托了小园的简朴雅致。这种崇尚自然的造园审美理念不仅妙用了借景的美学效果，使小小的园林能广览天地万千气象的生动气韵，还充分利用了原景的地貌，使园林富有天然趣味，突出了亲近自然的美学观念。清代著名的诗人袁枚更著有《随园诗话》，表明了在设计园林时力求实现“壶中天地”“须弥芥子”的高境界。造园过程中，除了容纳天地四时之景，他还对园林寄托了故乡之思，赋予了园林深刻的情感内涵。这种通过园林景观表达思想情感的设计方式为中国园林建设提供了更为先进的造园理论。总的来说，明清时期的私家园林一般追求以小见大、平中求趣、拙间取华的意境，更显诗情画意。下面举例进行说明。

（一）拙政园

拙政园（图 1-8）在苏州娄门内的东北街，始建于明初。御史王献臣因官场失意，回乡购得大弘寺旧址，后用五年时间建成此园。王死后，园林屡易其主。后来分为西、中、东三部分，或兴或废又迭经改建。太平天国期间，西部和中部作为忠王李秀成府邸的后花园，东部的“归田园居”则已荒废。光绪年间，西部归张履泰为“补园”，中部归官署所有。现在，拙政园占地面积为 4.1 公顷[1]，分为西部的补园、中部的拙政园和东部的新园。

[1] 刘志红编.旅游文化概览[M].北京：中国旅游出版社，2018：161.

图 1-8　拙政园美景

1. 西部的补园

西部的补园以水池为中心，水面呈曲尺形，以散为主、以聚为辅，理水的处理与中部截然不同。池中小岛的东南角临水建扇面形小亭，此亭形象别致，具有很好的点景效果，同时也是园内最佳的观景场所，与其西北面岛山顶上的“浮翠阁”遥相呼应构成对景。池东北为一段狭长形的水面，东岸沿界墙构筑随势曲折起伏的水廊。水廊北接“倒影楼”，作为狭长形水面的收束，南接“宜两亭”，与倒影楼隔池相峙，互成对景。补园的主体建筑为“鸳鸯厅”，此馆体型庞大，因而池面显得逼仄，造成了尺度失调之弊。

2. 中部的拙政园

中部的拙政园是全园的主体和精华所在，它的主景区以大水池为中心。水面有聚有散，池中垒土石构筑成东、西两个岛山，把水池分划为南北两个空间。西山较大，山顶建有长方形的“雪香云蔚亭”，东山较小，山后建六方形的“待霜亭”藏而不露，与前者形成对比。岛山一带极富江南水乡气氛，为全园风景最胜处。西山的西南角建有六方形的荷风四面亭，其位于水池中央。亭的西、南两侧各架一座曲桥，又把水池分为三个彼此通透的水域。水池西端为半亭，别有洞天，它与水池最东端的“梧竹幽居”遥相呼应成对景，形成了主景区东西向的次轴线。中部主体建筑“远香堂”周围环境开阔，堂面阔三间，安装落地长窗，在堂内可观赏四面之景，犹如长幅画卷。它与西山上的“雪香云蔚亭”隔水互成对景，构成园林中部的南北中轴线。“远香堂”西侧由廊桥“小飞虹”横跨水面，与周围的“小沧浪”和“得真亭”围合成水院，隐现藏露之间，颇能引人入胜。东侧为“枇杷园”“听雨轩”“海棠春坞”一组庭园，空间变化虚实交替，是中国独特的“往复无尽流动空间理论”最佳的实例。

3.东部的新园

东部原为“归田园居”的废址，1959年重建。根据城市居民休息、游览和文化活动的需要，开辟了大片草地，布置了茶室、亭榭等建筑物。园林具有明快开朗的特色，但已非原来的面貌了。

（二）留园

留园位于苏州阊门外，始建于明嘉靖年间，最初为太仆寺卿徐泰所建的“东园”。清乾隆时，吴县人刘恕重新修整扩建东园，改名“寒碧山庄”。同治时为大官僚盛康购得，又加以改扩建，更名“留园”。留园占地面积约2.3公顷[1]，园林紧邻于住宅和祠堂之后，其对外的园门当街，从住宅和祠堂间的夹巷入园。夹巷狭窄而曲折，但通过收放相间的序列渐进变换手法和建筑空间大小、明暗的对比，使之变得虚实有致，曲折有情。全园分为西、中、东三个区域。西区以山景为主，中区以山水见长，东区以建筑取胜。如今，西区已较荒疏，中区和东区则为全园之精华所在。

1.留园的中区

中区的东南大部分开凿水池、西北堆筑假山，形成以水池为中心，南北两面为山体，东南两面为建筑的布局。假山是用太湖石间以黄石堆筑的土石山，北山上建有六方形的“可亭”作为山景的点缀。池南岸建筑群的主体是“明瑟楼”和“涵碧山房”，构成船厅的形象。它与北岸山顶的可亭隔水呼应成为对景，这在江南宅园中为最常见的“南厅北山，隔水相望”的模式。池东岸的建筑群平面略呈曲尺形转折向南，立面组合的构图形象极为精美，“清风池馆”西墙全部敞开，游客凭栏可观赏中区全景。

2.留园的东区

西楼、清风池馆以东为留园的东区，是园内建筑物集中、建筑密度最高的地方。东区西部的“五峰仙馆”是园中最大的建筑物，其梁柱构建全用楠木，又称“楠木厅”，室内宏敞，装修极为精致。它的前后都有庭园，前庭的大假山是模拟庐山五老峰，用峰石堆叠而成，后院有水池，池中养鱼，别具情趣。五峰仙馆与周围的“还我读书处”“揖峰轩”“鹤所”和“石林小屋”等建筑一起结合游廊、墙垣形成了灵活多变的院落空间，收到了行止扑朔迷离、景观变化无穷的效果。

[1] 卜复鸣.留园导读[M].苏州：苏州大学出版社，2017：3.

东区东部“林泉耆硕之馆”北面是一个较大而开敞的庭院，院当中特置巨型太湖石“冠云峰”，姿态奇伟，嵌空瘦挺，纹理纵横，透孔较少，为苏州最大的特置石峰。它的两侧屏立“瑞云”“岫云”两座配峰，三峰鼎峙构成庭院的主景。庭院中的水池名“浣云池”，庭北的五间楼房名“冠云楼”，均因峰石而得名。自冠云楼东侧的假山登楼，可北望虎丘景色，乃是留园借景的最佳处。

总之，留园的景观有两个最突出的特点：一是丰富的石景（图1-9），二是变化多样的空间之景。

图1-9　留园石景

（三）半亩园

半亩园在北京内城弓弦胡同（今黄米胡同），始建于清康熙年间，为贾胶侯的宅园。相传著名的文人造园家李渔曾参与规划，所叠假山被誉为京城之冠。其后屡易其主，道光年间为麟庆所有，大加修葺后成为北京著名的私家宅园。麟庆时的半亩园，南区以山水空间与建筑院落空间相结合，北区则为若干庭院空间的组织而寓变化于严整之中，体现了浓郁的北方宅园性格（图1-10）。造园者利用屋顶平台拓宽视野，充分发挥了这个小环境的借景条件。园林的总体布局自有其独特的章法，但在规划上忽视了建筑的疏密安排，稍显不足。

图1-10　半亩园景色

（四）萃锦园

萃锦园地处北京什刹海前海，是清代恭亲王奕䜣府邸的后花园。它的前身为大学士和珅的邸宅。萃锦园占地大约 2.7 公顷[1]，分为中、东、西三路。中路呈对称严整的布局，它的南北中轴线与府邸的中轴线对位重合，空间序列上颇有几分皇家气派，不如一般私家园林活泼、自由。东路和西路的布局比较自由灵活，前者以建筑为主体，后者以长方形大水池为中心，则无异于一处观赏水景的“园中之园”。总体以西、南部为自然山水景区，东、北部为建筑庭园景区，形成自然环境与建筑环境的对比。园林的建筑物比起一般的北方私园在色彩和装饰方面更加浓艳华丽，均具有北方建筑的浑厚之共性。叠山用片云青石和北太湖石，技法偏于刚健，也是北方的典型风格。建筑的某些装修和装饰，道路的花街铺地等，则适当地吸收了江南园林的因素。植物配置方面，以北方乡土树种松树为基调，间以多种乔木。水体面积比现在的大，水体之间都有渠道联络，形成水系。可见，早期的萃锦园尽管建筑的分量较重，但山景、水贵、花木之景也是它的一大特色。园林虽然采取较为规整的布局，却不失风景式园林的意趣（图 1-11）。

图 1-11　萃锦园风景

（五）个园

个园在扬州新城的东关街，清嘉庆时大盐商黄应泰利用废园“寿芝帅”的旧址建成。因园内有多种竹，故取竹字的一半而命名为“个园”（图 1-12）。个园占地大约 0.6 公顷，以假山堆叠之精巧而名重一时。个园叠山的立意颇为不凡，它采取分峰用石的办法，创造了象征四季景色的“四季假山”，并且按春是开篇、夏为

---

[1] 北京市旅游业培训考试中心．北京旅游导览．上 [M]．北京：旅游教育出版社，2015：131.

铺展、秋到高潮、冬作结尾的空间顺序排列，将春山宜游、夏山宜看、秋山宜登、冬山宜居的山水画理运用于堆山叠石当中，这在中国园林中实为独一无二的例子。

图 1-12　个园一角

1. 春山

春山是个园“四季假山”的开篇，在园门东西两侧镂空花墙之下，各有一个青砖砌的花坛，东坛种满修竹，竹间散置参差的笋石，象征着“雨后春笋”。西坛在稀疏的翠竹之间，夹有黑色湖石，竹石相配，一动一静，组合出春天的气息。

2. 夏山

夏山位于抱山楼的西侧，用玲珑剔透的太湖石堆砌。主峰高约 6 米，上建鹤亭，山上有一株绿荫如伞的老松，覆有枝叶垂披的紫藤一架，山前水池有睡莲朵朵，莲叶层层，突出了“夏”的主题。

3. 秋山

秋山位于抱山楼的东侧，高约 7 米，是园中最为高峻的一座假山。全山用层层黄石叠成，气势磅礴，山间配置以枫树为主，夹杂松柏。每当夕阳西下，霞光映照在发黄而峻峭的山体上，呈现醒目的金秋色彩。山间古柏出于石隙，其挺拔的姿态与峻峭的山形十分协调，无异于一幅秋山画卷，也是秋日登高的理想地方。

4. 冬山

冬山叠筑在园东南隅“透风漏月”厅南墙背阴处，是园中占地面积最小的一组假山。全山以宣石叠砌而成，宣石上的白色晶粒看上去仿佛积雪未消，山中又配置天竺、蜡梅等耐寒植物，增添了冬日的情趣。南墙上开一系列的小圆孔，每当微风掠过发出声音，又让人联想到冬季北风呼啸，更加渲染出隆冬的意境。另在庭院西墙上开大圆洞，可隐约窥见园门外修竹石笋的春景。

总体而言，个园建筑物的体量有过大之嫌，尤其是北面的七开间的庞然大物"抱山楼"，似乎压过了园林的山水环境。虽然园内颇有竹树山池之美，但附庸风雅的"书卷气"终究脱不开"市井气"。

二、明清皇家园林

明清时期，皇家园林观融合了江南私家园林的风格，在高扬皇家宫廷威严与气派的同时，突出了大自然生态环境的美丽姿态。此时的皇家园林大多规模宏伟、占地辽阔、布局规则、功能齐全，园中建筑近似于皇家宫殿建筑，辉煌而华丽，以彰显皇家的威严与气派。下面举例进行说明。

（一）西苑

西苑是明代大内御苑中规模最大的一处，是由元代太液池改建而成，范围包括现在的北海和中南海，因地处皇城内西部而得名。元代太液池是在金代大宁宫的基础上建造的，池内建有万岁山、圆坻、犀山三座岛屿，呈南北一线排列，沿袭历代皇家园林"一池三山"的传统模式。此后，明代又对太液池进行了三次大规模的扩建，对其规模布局做了较大改整，把圆坻与东岸之间的水面填平，使圆坻由水中的岛屿变成了向水面凸出的半岛，位于岛上的土筑高台改为砖砌城墙——团城，横跨团城与西岸的木吊桥改建为石拱桥——玉河桥。另外，明代扩大了太液池的水面，往南开凿了南海，往北开凿了北海，奠定了北苑北、中、南三海的格局。三海水面辽阔，夹岸榆柳古槐多为百年以上树龄。海中萍荇蒲藻，交青布绿。三海中以北海景观为最盛，主要景点为团城和琼华岛。团城中央正殿承光殿为元代仪天殿旧址，平面圆形，周围出廊。殿前有三株古松，都生于金元时期。团城的西面，大型石桥玉河桥跨湖，桥的东、西两端各建牌楼"金鳌""玉蝀"，故又名"金鳌玉蝀桥"（图1-13）。团城北面为琼华岛（元代万岁山），琼华岛上仍保留着元代的怪石嶙峋、树木蓊郁的景观和疏朗的建筑布局。城南面的石蹬道登山半有三殿并列，其中仁智殿居中，介福殿和延和殿配置左右。山顶为广寒殿，是一座面阔七间的大殿。广寒殿的左右有四座小亭（方壶亭、瀛洲亭、玉虹亭、金露亭）环列。另外，北海沿岸建有凝和堂、太素殿、天鹅房等各类殿堂。南海中筑大岛，名叫"瀛洲"，洲上建有昭和殿、澄渊亭、涌翠亭等廊庑。瀛洲林木深茂，沙鸥水禽如在镜中，宛若村舍田野风光。清代在琼华岛和南海增加了一些建筑物，局部的景观也有所改变。

图 1-13 金鳌玉蝀桥

总的来说，西苑建筑疏朗，树木蓊郁，既有仙山琼阁之境界，又富水乡田园之野趣，无异于城市中保留的一大片自然生态环境。

（二）御花园

御花园始建于明代，清代虽有修葺，但仍基本保留着明代的面貌。御花园平面略成方形，面积 1.2 公顷[1]。全园建筑密度较高，按中、东、西三路布置。中路偏北为体量最大的钦安殿，是宫内供奉道教神像的地方，殿前修竹成荫，白石栏杆环绕。由于东、西两路建筑物的体量比较小，高大巍峨的钦安殿成为全园的构图中心。

东路的北端偏西原为明初修建的观花殿，后明神宗废殿改建为太湖石倚墙堆叠的假山"堆秀山"（图 1-14），山顶建有御景亭。山上有"水法"装置，原来用木桶引水上山，靠水压在山前形成蟠龙吐水景观，现在用铜缸代替木桶引水。假山东侧为面阔五间的藻堂，堂前凿长方形水池，池的南边是上圆下方四面出厦的万春亭（图 1-15），与其西路对称位置上的千秋亭同为园内形象最丰富、别致的一双姊妹建筑。其前的方形小井亭之南，靠东墙为朴素别致的绛雪轩。轩前砌方形五色琉璃花池，种牡丹、太平花，当中特置太湖石，好像一座大型盆景。

[1] 郑珺．长安街 [M]．北京：北京出版社，2018：91.

图 1-14　堆秀山

图 1-15　御花园万春亭

西路北端，与东路的堆秀山相对应的是延晖阁，其西为位育斋，斋前的水池亭桥及其南的千秋亭，均与东路相同。池旁为穿堂漱芳斋，可通往内廷东路。千秋亭南面靠西墙为园内的一座两层楼房养性斋，斋前以叠石假山隔为小庭院空间，形成园内相对独立的一区。斋的东北面为大假山，山前建有方形、与山齐高的石台，游客登台即可观园景。

总的来说，御花园的建筑布局沿袭了紫禁城规整、严谨的特点，建筑密度也比一般皇家园林大，但通过体形、色彩、装饰、装修上的变化，并不像宫殿建筑群那样绝对地均齐对称。另外，在钦安殿的南、东、西三面空地上均布置有大大小小的方形花池以植太平花、海棠、牡丹等名贵花卉，间或特置石笋、太湖石等，成行成列地栽植柏树。园路铺装花样很多，有砖雕纹样，有以瓦条组成花纹，空档间镶嵌五色石子的各种精致图案。这些植物和小品的加入更加强了自然的情调，适当地减弱园内建筑过密的人工气氛。可以说，御花园于严整中又富有浓郁的园林气氛。

（三）畅春园

畅春园是康熙在北京西郊东区明神宗外祖父李伟的别墅清华园的废址上修建的。乾隆时曾局部增建，但园林总体布局仍然保持着康熙时的旧貌。此园由供奉内廷的江南籍山水画家叶洮参与规划，江南叠山名家张然主持叠山工程，是明清以来首次较全面地引进江南造园艺术的一座皇家园林。

畅春园（图 1-16）现已不完整，但根据《日下旧闻考》《五园三山及外三营地图》等文献和图档资料可以得出其粗略概貌。园址东西宽约 600 米、南北长约 1000 米，面积大约为 60 公顷，设有五座园门，为大宫门、大东门、小东门、大西门和西北门。畅春园为前宫后苑的格局，宫廷区在园的南面偏东，外朝为大宫门、九经三事殿和二宫门，内庭为春晖堂和寿萱春永，呈中轴线左右对称的布局。但离宫中的宫室建筑不同于大内的宫廷建筑，较为朴素，尺度较小，与整个园林环境相协调。苑林区以水景为主，水面以岛堤划分为前湖和后湖两个水域，外围环绕着萦回的河道。万泉庄的水从园西南角的闸口引入，再从东北角的闸口流出，构成一个完整的水系。建筑及景点的安排，按纵深三路布置。

图 1-16　畅春园遗址

1. 畅春园的中路景观

中路相当于宫廷区中轴线的延伸。往北渡石桥屏列叠石假山一座，绕过假山则前湖水景呈现眼前。水中有一大洲，建石桥接岸，桥的南北端各立石坊名“金流”“玉润”。洲上的大建筑群由瑞景轩、林香山翠和延爽楼组成。延爽楼共三层，面阔九间，是全园最高大的主体建筑物。楼的北面为前湖后半部的开阔水面，遍植荷花，湖中水亭名叫鸢飞鱼跃，稍南为水榭观莲所。楼西为式古斋，斋后为绮榭。前湖的东面有一道长堤名叫丁香堤，西面有两道长堤分别名叫芝兰堤、桃花堤。前湖以北为另一大水域后湖，前、后湖及堤以外河渠环流如水网，均可行舟。

2. 畅春园的东路景观

东路南端的一组建筑名叫澹宁居，自成独立的院落。它的前殿邻近外朝，是康熙御门听政、选馆引见的地方，正殿澹宁居是乾隆做皇孙时读书的地方。澹宁居以北为龙王庙和一座大型土石假山，山顶山麓各建一亭，过剑山为水网地带，沿河岸有渊鉴斋、佩文斋等。东路的北端为一组四面环水的建筑群清溪书屋，环境十分幽静，是康熙日常静养居住的地方。另外，东路建有恩佑寺（建于清雍正时）和恩慕寺（建于清乾隆时）。这两所佛寺的山门至今尚在，是畅春园仅存的遗迹。

3.畅春园的西路景观

西路南端的玩芳斋原名“闲邪存诚”，曾是乾隆做皇太子时的读书之处，清乾隆四年（1739年）毁于火，重建后改名玩芳斋。二宫门外出西穿堂门，沿河南岸为买卖街，模仿江南市肆河街的景象。南宫墙外为船坞门，门内五间北向的船坞，用来停泊大小御舟。往北沿河散点配置若干建筑物，如关帝庙、娘娘庙、方亭莲花岩。再往北，临前湖西岸是西路的主要建筑群凝春堂，与湖东岸的渊鉴斋遥遥相对。凝春堂正好位于河湖与两堤的交汇处，建筑物多为河厅、水柱殿的形式，建筑布局利用这个特殊的地形，跨河临水以桥、廊穿插联络，极富江南水乡情调。凝春堂以北的后湖水中为高阁蕊珠院，北岸临水层台之上为观澜榭，蕊珠院之西，过红桥北为集凤轩的一组院落建筑群。从集凤轩穿堂门西出，再往南至大西门有四十二间延楼，其外是西花园。西花园是畅春园的附园，清康熙时为未成年诸皇子居住的地方。园内大部分为水面，主要的建筑物只有讨源书屋和承露轩两组，呈现为一处清水涟漪、林茂花繁的自然景观。

综上所述，畅春园建筑疏朗，大部分园林景观以植物为主调，还有不少明代旧园留下的古树，从三道大堤和一些景点的命名来看，园中花木十分繁茂。清代大学士高士奇《蓬山密记》中记载，畅春园中不仅有北方的乡土花树，还有移自江南、塞北的名贵植物；不仅有许多观赏植物，还有多种果蔬。林间水际的成群麋鹿、禽鸟，又好似一座禽鸟园。另外，还仿效苏杭的游船画舫的景致，更增加了这座园林的江南情调。畅春园建成后，康熙每年的大部分时间均居于此处理政务、接见大臣，这里遂成为与紫禁城联系的政治中心。

第二章
中国园林美学与传统哲学

中国园林艺术博大精深，是世界景观设计艺术中最丰富的遗产之一，它不仅综合了多种艺术形式，如山水画、书法、建筑、雕塑、植物学、园艺学等，更重要的是它反映了中国的传统哲学思想。大自然的风景给中国园林的设计创作提供极大的启迪和灵感，可以说中国园林是源于自然而又超于自然的。中国园林美学作为中国传统文化的组成部分和重要形态之一，必然要接受其他传统文化形态的影响。就其历史发展的情况来看，在众多的文化形态之中，哲学、诗词、绘画等对园林的影响深刻，特别是传统哲学对它的推动和制约作用极大。为此，本章将从儒家思想、道家思想和禅宗思想的角度深入分析中国园林美学与传统哲学之间的关系。

第一节　中国园林美学与儒家思想

儒家思想是中国古代社会的主流思想，它对中国园林艺术产生了非常重要的影响。具体来说，儒家思想中对中国园林艺术有较大影响的有以下几种观点。

一、“天人合一”与中国园林美学

儒家最主要的思想就是追求“天人合一”的理想境界。先秦道家的“自然”主要包括自然界和自然而然两种含义，而先秦儒家所讲的“天”则有自然界、人伦与神明等多重意义。儒家认为，人类社会的秩序和规范源自自然界。孔子说：“天何言哉？四时行焉，百物生焉，天何言哉？”表面上看，孔子承认了“天”的自然性，但他更为注重和强调主宰之天和命运之天。随后，孟子不仅延续了孔子对天的理解，还把天当作人性和道德的根源，从而赋予了人伦纲常以天然的合理性和权威性。他说：“莫之为而为者，天也；莫之致而至者，命也”，并认为“顺天者存，逆天者亡”。孟子还提出，人有四善端（仁义礼智），皆受之于天；人只要尽心知性、存心养性，便能与天为一。所以说：“君子所过者化，所存者神，上下与天地同流。”孔孟之后，只有荀子似乎是个例外，把天理解为纯粹的自然，主张“制天命而用之”，但这种思想从未成为主流。《中庸》和《周易》等儒家著作都借自然界的规律和秩序来类比政治社会秩序，以使纲常名教显得天经地义。在汉儒董仲舒看来，这又发展为人符天数、天人合一的宗教思想。唐宋以来，新儒学兴起，“二程”和朱熹等人不仅扫除了汉代儒学的宗教色彩，还成功地把“人伦之天”与“自然之道”在本体论上统一起来。宋明理学发展了孟子的天命观，提出“天理说”，从而使儒家伦理具有自然法则的含义。程颐、程颢认为，“天理”既是道德准则，也是自然之道。天理与人欲是截然对立的，人只有存天理、灭人欲，才能成为尽心尽性、与天合一的圣贤。从总体上看，天人合一的思想主要表现为与天合德，即与自然和谐相处。[1]

在儒家“天人合一”思想的引导下，中国园林把建筑、山水和植物有机地融合为一体，把亭台楼榭散置于山间水旁和花丛树荫，从而创造出与自然环境协调共生、天人合一的艺术综合体。例如，苏州沧浪亭的楹联“清风明月本无价，近水远山皆有情”（图 2-1）的上联取自欧阳修的《沧浪亭》，下联取自苏舜钦的《过苏州》，经高手连缀，妙合无垠。清风明月这样悠然的自然景色原本就是无价的，可遇而不可求，眼前的流水与远处的山峦相映生辉，别有情趣，表现出园主希望自己与自然融为一体的心情。这种思想的形成导致了中国人的艺术心境完全融合于自然，“崇尚自然，师法自然”也就成为中国园林所遵循的一条不可动摇的原则。小到一事一物，大到一山一河，对自然都极尽模仿之能事。例如，以水池象征大湖大海，假山叠石象征高山大岳，从而使方丈之景也别有洞天。在亲近、模仿自然的同时，古人也积极改造自然，使之造福于人，这是对“天人合一”思想的另一种积极的诠释。例如，北京北海和中南海就是中国古代城市园林化的典范。从元代起就以金代大宁宫为核心进行规划，引玉泉山之水经金河注入太液池。明代又引积水潭之水充实了太液池，此后不断拓展，形成了北、中、南三海格局。到了清代，作为西苑的三海园林化建设更趋完美，如今北海（图 2-2）和中南海已成为风景如画的大型城市园林。

图 2-1　苏州沧浪亭的楹联

[1] 李世葵.《园冶》园林美学研究 [M]. 北京：人民出版社，2010：12.

图 2-2　北海一隅

二、伦理思想与中国园林美学

除了“天人合一”的思想外，儒家还赋予了自然以社会伦理的色彩。这种伦理在具有了一定的感性形式，能够给人一定情感体验的时候，就构成了美。可以说，儒家之美有一种伦理人格的感性之美。儒家认为，美的依据不在于物的本身，而在于人的精神和人格，但这种精神和人格并不是指任何一种实际的人格，而是指伦理人格。

在儒家思想中，帝王的地位至高无上。这种思想在皇家园林中表现得尤为突出，常常采用中轴对称或数进院落布局来体现皇权不可动摇的统治地位。例如，颐和园从后山到昆明湖有一条明显的中轴线，而在这条线上又有一个明显的中心，那就是佛香阁。以佛香阁的位置、高度、规模和体量，统率着所有的景区和景点，这与一君率万民是相似的（图 2-3）。此外，儒家推崇“礼制”，讲究“名位不同，礼亦异数”。在这种观念的影响下，中国园林建筑的格局与用材，也要依“礼”而定。比如，为了体现森严的礼制观念，自古以来就强调“尊者居中”，皇权至上，而园林建筑中均衡布置的中轴线就是这种观念的具体体现。像颐和园建筑群的中轴线，儒家重礼的倾向就得到了充分体现（图 2-4）。避暑山庄作为现存最大的皇家园林，虽然整体上属于自然式山水园林，但其宫殿区由于是皇帝理政的要地，所以还是采用中轴对称、数进院落布局，以此突出体现皇权的至高无上。在中国明清时代，明黄色最为尊贵，为帝王专用色，因此皇家园林多采用明黄色，而私家园林只能用黑、灰、白等色。此外，皇家园林还体现了勤政的要求，如圆明园的正大光明殿、勤政亲贤殿，承德避暑山庄的澹泊敬诚殿等。总之，中国园林设计审美主要是将伦理人格和审美情趣折射到园林风格和景观意境的审美观念中。

图 2-3 颐和园“一君率万民”布局

图 2-4 颐和园建筑群布局

三、隐居思想与中国园林美学

儒家的生活态度是积极的、入世的，强调修身、齐家、治国、平天下，同时也主张“达则兼济天下，穷则独善其身”。虽然积极“入仕”是儒家最热衷的一种方式，但他们也有“天下有道则现，无道则隐”的观点。这种“隐”不是道家所说的闲适安逸的真正隐居，而是在郁郁不得志的情况下选择的辞官归隐。这种“归隐”只是一种无奈的选择，他们在内心中还是梦想着有朝一日能重新得到朝廷的赏识，以实现其政治理想。为了抒发这种情感，他们往往把自然美与人的精神和道德情操联系在一起，对传统居住环境设计产生了重要而深远的影响。

作为社会道德的体现者和生活方式的引领者，中国古代士人信奉儒家“有道则现，无道则隐”的思想，在仕途顺利时以治国平天下为任，在仕途坎坷时以隐居为表象，以报效国家为根本，创建了不少文人园林。比如，苏州的网师园是清代乾隆时期光禄寺少卿宋宗元从官场倦游归来修建而成。他借旧址万卷堂渔隐之名，自比渔翁，以网师命名，表示自己只适合做江河渔翁，而不适宜身居官场的态度。其他如拙政园、退思园等，也是如此。这些官场的失意文人们在勺园、壶园、芥子园、残粒园等小小的园林中修身养性，一方面超凡脱俗，另一方面又将园林作为他们修身齐家的舞台。许多园林的建筑名称和景点都有其哲学内涵，如苏州沧浪亭有明道堂（图 2-5）、瑶华境界、见心书屋、印心石屋、仰止亭，这表明园主隐居而不失志，仍有抱负在胸。总的来说，儒家隐居思想是一种迫于现实的无奈选择，为中国园林美学艺术做出了重要贡献，同时也为道家的隐逸思想奠定了基础。

图 2-5　沧浪亭的明道堂

四、比德思想与中国园林美学

儒家的比德思想也对中国园林的主题思想产生了一定的影响，如植物、美玉可以比德，山水亦然。孔子的“知者乐水，仁者乐山”就是山水比德的典型概括。孔子主张的“比德”是在《左传》“君子以为比”的基础上发展而来，它在不乏道德伦理的“赞事”上进一步主张审美移情，也就是强调审美性的艺术关联——“兴”在审美联想中的积极作用。孔子提出诗“可以兴”，并举“绘事后素”“如切如磋，如琢如磨”等例，对诗之比兴进行生动形象地创造性说明和发挥。比德其实就是以自然界景物与人格之间的内在同一性为基础，将对自然景物的欣赏转化为对理想人格的赞誉与追求，即把自然界的美好事物和人的道德情操联系起来。文学中的比德方法，在屈原、宋玉至两汉的骚赋中发挥得淋漓尽致。汉末魏晋时期，流行以植物山石与人物互比互喻的人物品藻风气，实际是儒家比德在士人哲学、美学思想和社会生活方面的综合体现。由于植物本身的审美价值被逐步发掘，花草树木被比于君子之德，使之同时具有观赏和寓意两个层次的意义。在比德的同时寄托心志，于是松、竹、梅被称为“岁寒三友”，梅、兰、竹、菊被称为“四君子”，“香草为君子，名花是长卿”。陶渊明曾有《饮酒》诗云“采菊东篱下，悠然见南山”，又尝作《桃花源记》，描绘其心目中理想的社会生活图景，“桃花源”遂成为理想社会的代名词。

中国园林特别重视寓情于景，以物比德。不同种类的植物因其姿态、生长特性的不同而常被人们赋予独特的个性与品格，从而表达出一定的文化特色和精神内涵。在儒家看来，水总在不停地流动，涌向远方或渗入大地，山则不论什么情况下都不动摇，这正是追求知识和道德的人应该仿效的。在中国园林四大要素中，叠山理水的手法与这种观念不无关系。自古以来，人们就把竹子隐喻为一种虚心、有节、挺拔凌云、不畏霜寒、随遇而安的品格精神，把它看作品德美、精神美和人格美的一种象征。因此，中国许多私家园林中都置有竹林，甚至以竹造屋，如杜甫草堂（图 2-6）。除此之外，劲松长绿不谢，寒梅傲霜斗雪，夏莲出淤泥而不染等，都显示了高洁的人格。因此，中国园林中多种植修竹、孤松、古柏、春兰、夏荷、秋菊、蜡梅等寓意高雅的植物。精心配置的花木，再配以寓意深刻的楹联匾额，往往使人产生无限遐思，为园林增添了非凡的自然魅力和人文魅力。

图 2-6　杜甫草堂的竹屋

孔子儒学提出的比德说使山水、花卉、鸟兽、草木等摆脱了原始巫术和宗教神话，而作为情感抒发的对象。经过魏晋时期山水审美的空前发展，士人们对自然山水的美学意义有了深刻的认识和发掘。在孔子比德思想中，美是道德的象征，自然景物是道德、品格的符号寄托，可以实现与人的道德相比拟。然而，魏晋时期人物品藻中大量的人与自然的比拟，虽然仍有从比德而来的印痕，但它们已是人格风貌与自然景物的直接相连的感受——想象，在这想象中表达着赞赏性的肯定情感，无须以抽象性的伦理概念为中介，从而具有某种多义性、不确定性的特色。自然审美对象本身的美学价值得以发现，同时产生了诸如宗炳“山水以形媚道而仁者乐”这样的美学见解，从而使山水自然超越了道德层次而步入审美境界，自然景物真正成为情感表现和自由想象的对象。这实际是一个主客体互动的过程：一方面，主体的意象观念投射于客体，移情于客体的自然山水；另一方面，客体反过来感染激发主体的审美意识与审美愉悦，并作用于主体的人格修养。反过来，由山水美学的发展带来的文学、绘画等中国山水艺术的发展与成就，又为后来山水园林的创作打下了坚实的美学基础。可以说，园林的创作直接得益于文人山水画，如郭熙《林泉高致》这样的画论在中国美术史上比比皆是，简直可以直接作为造园的指导原则。这些都不能不归功于孔子儒学的贡献。

作为儒家美学理论整体框架的一部分，比德审美观照方式的进一步发展，已不仅是人的伦理道德标准对自然万物的比附，而是将审美主体最终带入了一个超越的天地境界。

五、“以人为本”与中国园林美学

儒家早期着重于礼仪规范的教化而过于理性，《周易》中强调天、地、人，这“三才”以人为本，重视人与自然、人与人之间的和谐统一关系。后来吸取了道教以道为宇宙本体与“道生万物”的思想，儒家完善了哲学的思想体系。尽管在他们眼中，人的地位高于自然的地位，但这并不意味着把自然看作异己力量，而是主张人与自然和谐相处。这种和谐自然的生态观念体现了儒家思想的中庸观念，强调把人和现实生活寄托于理想的现实世界。这对中国园林的建筑布局有着重要影响。在布局过程中，造园者不仅注重考虑人在其中的感受，更注重物本身的自我表现。具体来说，建筑的高度和宽度都要控制在适合人居住的尺度范围内，具有初级的人体尺度思想，即使是皇宫、寺庙，也不能造得过大。造型讲究平和自然的美学原则，注重水平线条，即使是向上发展的塔也加上了水平线条，与中国的楼阁建筑相结合。此外，园林中建筑是凝固了的中国绘画和文学，它以意境为创作核心，使园林建筑空间富有诗情画意[1]。以此来观照中国的寺庙园林，便可看出其中蕴含了一种

[1] 夏文杰.中国传统文化与传统建筑[M].北京：北京工业大学出版社，2016：131.

“以人为本”的实用理性，体现出一种深远、乐观甚至喜庆、祥和的氛围。中国寺庙园林的一大功能是供众人游赏，这就极大地超出了宗教范围。在中国园林中，寺庙除了具有宗教和政治功能之外，还兼有审美意义和景观构图的功能，塔刹、楼阁等都成为构图的要素。例如，西湖的雷峰塔（图 2-7）和北海公园琼华岛上的白塔（图 2-8），全都经过了精心的景观学处理。在儒家理念的影响下，中国寺庙园林已经完全融入了世俗生活。

图 2-7　雷峰塔

图 2-8　白塔

六、比道思想与中国园林美学

孔子在《论语·子罕》中的在川观水，为后世留下了极具诗意的“川上”技巧（子在川上，曰：“逝者如斯夫！不舍昼夜。”），成为千古绝唱。话语间流露的不仅是对眼前流水一往无前的感怀，也有对人生短暂、时光流逝的慨叹，更有“直道而行”、在有限中向无限发展的人生追求。孔子从眼前河水的流逝中体会到了时事运迈的无穷，这是一种现世的、充满人情意味的宇宙意识。虽然场面和话语比较简单，但是字里行间已经流露出一种诗情画意。这种由山水而来的审美体验就是比道的境界。在孔子比道的基础上，孟子“观水有术，必观其澜”从观水之道的审美角度将孔子的山水审美与君子之道联系起来。《中庸》则对“卷[1]石勺水”这一自然现象进行了天地之道的阐发，并成为后来园林向小型化发展的美学基础。

在孔门儒学看来，自然规律存在于天地万物之中，既平凡又深刻，生命就在这天地之间循环往复，生生不息。在面对“鸢飞戾天，鱼跃于渊”的景象时，观赏者所感受到的就不仅是鱼鸟草木所带来的感官之乐，更是对天地万物寄其同情的审美境界。庄子引申儒家的鱼乐情趣，也为后世留下了“鱼乐”的典故。只不过较之庄子冷静旁观、物我两分的“鱼乐”，儒家的“鸢飞鱼跃”带有更强烈的主体意识，这正是孟子所强调的“万物皆备于我”，体现的是儒家特有的“吾与点也”的审美亲和感。这种审美的亲和感，恰恰是孟子“爱物”观念的引申和美学体现。儒家这种“鸢飞鱼跃”、人与自然相亲的主题，也常常出现在后代描写园林和自然的文学作品中。

另外，孔子认为：“天何言哉？四时行焉，百物生焉，天何言哉？”其中，“天”并非道德命令，而只是运行不息、生生不已的生命本身。这一关于天地自然之美的精彩论述透过自然界的四时变化和万物运作，直视天地间生生不息、无所不在的“道”——生命的超越精神。这种超越意识在《论语》中同样有所体现，即“曾点言志”。在宋代，“曾点言志”被普遍视为天人凑泊、生机盎然的最高审美境界。

当代著名哲学家冯友兰认为，儒家“川上”技巧、鸢飞鱼跃、曾点言志等已经远远超越了道德境界而引向天地审美境界。虽然天地不言，但主体的精神、情感通过参天地赞化育，依然可以与山川景物和自然生气同呼吸共流行，由知天、事天、乐天而达到同天——“万物皆备于我”的最高境界。儒家这种山水比道的人格化审美意识，后来积淀为后世山水审美和中国园林栖居的民族文化心理。

[1] “卷”是“拳”之通假字。

第二节　中国园林美学与道家思想

道教是中国土生土长的宗教，是中国传统文化的重要组成部分之一。它对中国园林艺术的设计手法产生了极大的影响。具体来说，道家思想中对中国园林设计有较大影响的观点有以下几种。

一、取法自然与中国园林美学

道教尊老子为教主。在哲学上，老子以“道”为最高范畴，认为“道”是宇宙的本原而生成万物，也是万物存在的根据。同时主张“大地以自然为运，圣人以自然为用，自然者道也”。后来，庄子继承并发展了老子“道法自然”的思想，以自然为宗，强调无为。他认为自然界本身是最美的，即“天地有大美而不言”。可以说，以庄子为代表的道家之“道”即自然之道，道家的“自然”既是指自然界，也是指其自然而然的性质。与儒家不同，道家抨击仁义礼乐，极力倡导顺乎天性、因顺自然的生活。老子说“道生一，一生二，二生三，三生万物”，认为宇宙万物的生成和演变都是“道”的体现，至高无上的“道”的运行特点是自然而然，无为而无不为，所以人只要顺应自然、无欲无为，就可以保全本真，不受社会偏见的戕害，达到逍遥自由的精神境界。庄子说：“真者，精诚之至也。不精不诚，不能动人……礼者，世俗之所为也；真者，所以受于天也，自然不可易也。故圣人法天贵真，不拘于俗。”强调以真诚的情感对待人生，顺其自然地生活。庄子还提出：“无以人灭天，无以故灭命，无以得殉名。谨守而勿失，是谓反其真。”反对用人为的桎梏钳制人与物天性的自由发展，反对因名利诱惑而扭曲天性，持因顺处世的人生观，主张保真返真，达到自由的境界。

因此，道家的人生极境和艺术妙境就是自然无为的境界。例如，庖丁解牛“顺物之自然”而不露人工技巧，梓庆削木鐻顺乎自然本性来创造，见者惊犹鬼神。庄子用这些故事来说明：只要顺物之性来改造对象，就能达到极为自由的境界，即取法自然。这一思想促使中国园林向自然风景式发展。取法自然具体包含两层内容。

取法自然的造园思想要求园林总体布局和局部构成都要合乎自然。这一思想兴盛于魏晋南北朝道家隐逸思想盛行的时期。频繁的战争、动荡的政局以及门阀制度的实行致使中央集权瓦解，权威信仰动摇，生活在乱世之中的文人雅士苦于无法实现建功立业的人生理想，开始推崇道家的道法自然、无为而治等观念，崇尚隐逸生活，希望在名山大川中寻求精神寄托，做到“风中雨中有声，日中月中有影，诗中酒中有情，闲中闷中有伴”。于是自然山水便成了他们居住、休息、游玩、观赏的现实环境。但是，人又不可能完全实现其游遍天下名山大川的理想，于是就在家中布置山水花木模仿大自然。文人雅士为了时时享受山林野趣，便掀起了营造自然山水园林的热潮。例如，西晋大富豪石崇修建的别墅——金谷园。该园规模宏大，楼台亭阁，池沼碧波，交相辉映，再加上百花争艳，真如仙境一般。明代绘画大师仇英的《金谷园图》手卷，绘的就是这里的美景（图 2-9）。魏晋南北朝时的私家园林面积虽小，但布局如吟诗作画，曲折有法，以人工营造出自然界的气象万千与种种风情，犹如田园山野，隔绝尘嚣，别有天地。这些园林，或以山石取胜，令人如置身深谷幽壑之间；或以水流取胜，令人如置身碧潭清流之上；或以花木取胜，令人如置身茂林芳丛之中。

图 2-9　仇英《金谷园图》局部

因受道家取法自然思想的影响，中国园林不但重视周边的环境美，而且更加注重与广阔的大自然的亲和关系，形成天人合一的理想境界。由于建筑与自然的关系是融洽的、和谐的，所以古寺应藏于深山，而不能像欧洲的古堡那样突兀暴露。天人合一思想在中国园林中更为突出。一般来说，造园选址往往会受到各种条件的制约，如占地面积、周边环境、地理位置等，所以可以用来建园的基址大多是不规则的。面对这些难以处理的地势地形，造园者总是遵循道家取法自然的原则，因地制宜，综合考虑园林设施与周边环境的协调。比如，苏州的拙政园背面靠山，前有主人为弥补自然环境的不足而做的大水面。水面的形状是经过设计的，沿岸曲折，配有假山叠石，把自然之景与人造之景结合起来，使整个园林趣味横生。再如，无锡的寄畅园西靠惠山，东南靠锡山，总体布局就抓住这个优越的自然条件，引惠山泉水做园内池水，在西、北两面用惠山石堆砌假山，仿佛是惠山的自然延伸。近以惠山为背景，远以东南方锡山龙光塔为借景。园的面积虽不大，但山外有山，楼外有楼，园林与所处的自然环境巧妙地融合在了一起，充分体现了山林野趣、清幽古朴的园林风貌，形成一幅自然山林景色（图 2-10）。

图 2-10　无锡寄畅园的借景手法

二、虚实相生与中国园林美学

中国古代的私家园林因受道家思想的影响，力求摆脱传统礼教的束缚，主张返璞归真，力图使人工美与自然美相互配合，相得益彰。其建筑不追求皇家园林的那种轴线对称，没有任何规则可循。山环水抱，曲折蜿蜒，不但花草树木一任自然原貌，而且人工建筑也尽量顺应自然，使建筑、山水、植物有机地融合为一体，以达到“虽由人作，宛自天开”的境界。这就要求园林要在有限的地域内创造出无穷的意境，而要达到这个目的，显然不能把自然山水照搬过来，而必须通过空间的调整进行再创造。在造园活动中，虚实空间的变化与小中见大是中国园林在这方面的两大特色。

中国园林的各个构成要素本身就有虚实的变化：山为实，水为虚，敞轩、凉亭、回廊则亦实亦虚。苏州拙政园中的倒影楼和塔影亭都是以影来命名的景点。其中，塔影亭（图 2-11）建于池心，为橘红色八角亭，亭影倒映水中恰似一座塔。蔚蓝色的天空，明丽的日光，荡漾的绿波，鲜嫩的浮萍和红色的塔影组合成一幅美丽的画面，给人以美的享受。这种巧妙的虚实组合的借景手法，增加了层次感，丰富了园景，达到了拓展空间的目的。

图 2-11　塔影亭

虚实相应的空间处理，同时形成了中国园林的另一特征：小中见大。在空间处理上，中国园林经常采用含蓄、掩藏、曲折、暗示、错觉等手法，并巧妙运用时间和空间的感知性，使人感觉景外有景，园外有园，从而达到小中见大的效果。例如，号称“天府第一湖”的四川新都桂湖原是明代名士杨慎年轻时的寓所，因湖堤种植桂树而得名。院落占地面积并不大，空间基本处于半封闭状态。但是，造园者在狭长的空间地带挖土成湖，湖中种荷，湖堤植桂，桂花飘香，荷叶田田，把无边风月融入了一湖清水之中，使人心旷神怡，情意荡漾，仿佛置身于野外，而忘却身处的只是咫尺之园（图 2-12）。又如，广州兰圃面积虽小，但植物景观丰富，上有古木参天，下有小乔木、灌木和草地，中层还有附生植物和藤萝，使人在游览时犹如身临山野，感受到的空间比实际的大得多（图 2-13）。

图 2-12　四川新都桂湖

图 2-13　广州兰圃

三、隐逸思想与中国园林美学

除了取法自然、虚实相生，道家的隐逸思想也深深渗入了园林之中。从某种程度上说，道家的隐逸思想是在儒家隐居思想的基础上发展起来的，他们提倡“小隐隐于野，大隐隐于市”。道家认为，即使有较大成就者也应懂得功成身退，因为只有身体和灵魂属于他们，而名利只能给他们的身体增添垢痂，如范蠡、张良等人都是在完成大功之后归于自然的。道家的这种“无为”遁世思想对中国“院落文化”

的产生具有直接作用。院落给人在喧嚣的都市开辟一处空间，实现了“安时处顺、乘物游心”的梦想。士人虽身处院落却心怀乾坤，足不出户就能感受到温暖的阳光。这种隐逸心态为后世园林艺术的发展提供了不少借鉴之处。

“濠濮间想”是中国古代哲学史上极为有名的两个典故。《庄子·秋水》中说，有一次，庄子与好友惠子在安徽省凤阳县的濠水边游观，庄子指着水中的游鱼对惠子说：“鱼从容自在地游水，这是鱼的快乐啊！”惠子说：“你不是鱼，怎么知道鱼快乐呢？”庄子反问道：“你不是我，怎么知道我不知道鱼快乐呢？”还有一次，庄子在山东与河南交界的濮水垂钓，楚王派了两个大夫去见他，要把国家大事委托给庄子。庄子手执钓竿，头也不回地说：“我听说楚国有个神龟，已经死了三千多年了，楚王还用锦缎把它包好，放在箱子里，珍藏在庙堂之中。这只神龟愿意死后留下来被珍视呢？还是宁愿拖着尾巴在泥泞里自由自在地活着呢？”两个大夫说它宁愿在泥泞里活着。庄子说：“你们走吧！我将在泥泞里游戏自乐。”这两个典故都表达了隐士退隐林下、自得其乐的情怀。中国古代的造园者把它引用过来，借以表达园主的理想和情操。例如，无锡的寄畅园有知鱼槛，苏州留园有濠濮亭。即便是北方的皇家园林，也有象征隐逸之所，如圆明园有鱼跃鸢飞，北海有濠濮间（图 2-14），承德避暑山庄有濠濮间想、石矶观鱼等景观。

图 2-14　北海濠濮间

第三节　中国园林美学与禅宗思想

作为佛教中国化的典型，禅宗受到了儒、道思想的影响并从中汲取了营养，主张明心见性、顿悟成佛。同时，禅宗还宣扬以追求自我精神解脱为核心的适意人生哲学和自然淡泊、清静高雅的生活情趣。一方面，禅宗奉劝人们要达到一种完全平静安详的精神境界；另一方面，禅宗又劝诫信徒置身于现实社会之中，这与其心即是佛、与世无争的信仰产生了矛盾。为解决现实与信仰的矛盾，佛教信徒或游山玩水，或种花造园，通过感受自然来领悟生活的真谛。园林为他们提供了寻求寂静冥想的场所，便于在一丘一壑、一花一草之中发现永恒，引起禅思。禅宗认为，生活在园林中，既求得了精神的解脱，又达到了皈依佛门的目的。

一、禅宗思想对寺庙园林的影响

寺庙园林是在禅宗思想影响下形成的，一般建在山水皆有、风景优美的地方。“自古名山僧占多”就是对寺庙园林选址的规律性总结。佛家并不是简单地追求清净、避免干扰才在“山”中建寺，而是因为禅宗要排除人为造作，顺应本心的适意，任他世态万变、人情沉浮，一定要做到清净本心、毫无牵挂，一如清风、白云、青山、绿水般自然。

受佛教思想的影响，中国寺庙园林中的色彩更倾向于素雅、恬淡、幽远，而不刻意追求五彩斑斓的亮丽色彩，这是因为，中国古人认为华美容易使人浮躁多欲，淡美则能使人清心寡欲，因而淡雅的环境氛围更适合禅意的表达。无论是历史资料的记载，还是现存的寺庙园林，其山水、建筑、植物等色彩都较素雅，犹如水墨画一般。粉墙灰瓦、翠竹苍松、青苔白莲，这类恬淡色彩要远远多于其他色彩。苏州寒山寺的园林景色就是如此：门前有一照壁，上书“寒山寺”。该寺有一扇月洞门，正好对着白墙灰瓦、明净素雅的六角钟楼。钟楼四周点缀着稀落的红枫、绿树。整个建筑色调为灰、白色，极少使用彩绘。房屋外部的木构部分用褐、黑、墨绿等颜色，与白墙、灰瓦相结合，色彩素雅明净，与自然的山、水、树木等相协调，给人幽雅宁静的感觉。

东晋时期，高僧慧远在《万佛影铭》中说道："廓矣大象，理玄无名。体神入化，落影离形。回晖层岩，凝映虚亭。在阴不昧，处暗愈明。"他认为，自然万物皆是佛影的体现，昭示了"青青翠竹，总是法身。郁郁黄花，无非般若"的境界。同时期的高僧僧肇对自然山水也充满了钟爱之情，他在《答刘遗民书》中对刘程之（字遗民）赞道："君既遂嘉遁之志，标越俗之美，独恬事外，叹足方寸，每一言集，何尝不远喻林下之雅咏，高致悠然……"此外，在僧人眼中，自然不但可供观"佛影"，而且可资证道。因此，禅僧常常借自然静物来喻道说法。例如，有人曾问禅僧善会："如何是道？"他回答："太阳溢目，万里不挂片云。"又问："如何是夹山境？"他答道："猿抱子归青嶂里，鸟衔华落碧岩前。"[1]因为他言语不及禅佛，故自称"我二十年住此山，未尝举着宗门中事。"其实，不是不举宗门中事，而是在青山绿水的自然比附之中，已不知不觉将佛道彰显了。这表明了禅观与园林审美观的深度融合。

中唐著名禅师百丈怀海的《禅门规式》从禅居模式的角度对僧众作出了引导，从而使寺庙园林呈现出山居化、田园化的特征。《禅门规式》具有"佛教社会主义"纲领的性质，集体劳动、自给自足，摆脱了完全依附于官宦、地主及社会民众布施的寄生性寺院经营模式，使山居禅众的禅法修行与田园生活相结合，从而产生了"农禅"的形式。换言之，禅家只站定在"我"的清净本心之内，无牵无挂，一如清风白云、青山绿水，困来即眠，饥来则餐。这种禅居精神与日常的行住坐卧、砍柴挑水在生命的本真深处紧密地契合为一体，形成了寺庙园林精神高度自由且生活化、自然化的洒脱色彩。[2]

二、禅宗思想对皇家园林的影响

中国古代帝王与佛教禅宗的关系是一个饶有趣味又相当复杂的问题。因为在中国历史上，封建帝王与禅宗发生的关联，既涉及政治，又涉及信仰，还涉及哲学美学。一般来说，中国大多数帝王在宗教政策方面都有一个基本原则，即教权不能高于皇权，宗教生活不能干预或破坏国家的政治生活。当然，每个帝王对佛教的理解

[1] 释普济.五灯会元 [M].北京：中华书局，1984：293-295.

[2] 赵晓峰.中国古典园林的禅学基因：兼论清代皇家园林之禅境 [M].天津：天津大学出版社，2016：152.

是不同的。一些帝王是从“教”的角度来认识和理解佛教的，如南朝梁武帝就认为三教（儒、道、佛）同源，但只有佛教是圣英之教。一些帝王则是从“禅”的高度来体认佛教，如痴迷于禅学的清代顺治帝。正是因为历代帝王与佛教、禅学密切而复杂的关系，佛教的禅宗思想才深深地渗透到了皇家园林中。

（一）儒释交融的园林精神

禅佛对皇家园林的影响首先表现在皇家园林中佛教性质建筑的介入、佛僧的介入以及游园审美与参禅悟道的统一上。这表明，禅佛的文化影响力已突破了寺庙的范围，进而深刻而久远地渗透于皇家园林的各种活动中。魏晋之后，随着佛学影响的日益深入，禅佛文化的新因素非常协调地依伴本位儒家文化而生长，首先表现为僧徒的介入。例如，东晋高僧鸠摩罗什曾被秦主姚兴请入西明阁和逍遥园，罗什的高足僧肇与僧叡等也曾被姚兴请入逍遥园。同时期，高僧道安曾被彭城王石遵请入华林园。这时僧人不但进入了园林，而且园主在园林中增建了大量佛教建筑。后来前秦苻坚也十分敬重道安，与之“同乘并载”而游园，可见园林的雅化不仅与文人的介入有关，也与佛僧的介入有关。换言之，此时的皇家园林中除了士人生活情趣、人生品位的追求外，还浸润了一种关乎生命存在哲学的园林文化。

（二）禅意浓厚的园林技巧

魏晋南北朝时期，随着禅佛思想对宫廷文化的深入影响，皇家园林中以寺庙园林为设计技巧的现象愈加普遍了，其中最突出的例子是南朝建康城与北朝邺城内的皇家园林——华林园。华林园是指种植龙华树成林的花园。据说，释迦牟尼佛下凡后，将在华林园的龙华树下打坐成道而成弥勒佛。然后将在园中开三番法会，度尽上、中、下三种根基的众生，这便是能度脱一切成佛的“龙华三会”[1]。由此可见，建康与邺城内将皇家园林命名为“华林园”的实质是把皇家园林比拟成未来佛——弥勒佛的成佛之地。帝王们将“成佛”这一美好愿望寄托于来世，才是建康、邺城华林园的真正喻义。此外，华林园建有清暑殿、光华殿、竹林堂等，开凿花萼池，堆筑景阳东岭。这里，清暑殿是以无暑清凉的佛国净地为原型，光华殿则以赞颂佛陀为主旨，竹林堂毫无疑问是数典于印度佛教关于王舍城中“竹林精舍”的故事，花萼池则托喻佛教的功德池，景阳岭暗合须弥山的意形。

隋唐时，帝王对禅佛的崇奉不在南北朝之下，而且更多地摆脱了宗教形式本身

---

[1] 白化文．汉化佛教与寺院生活 [M]．天津：天津人民出版社，1989：42.

而上升到了义理的高度去理解。隋文帝杨坚建立政权后，第一件大事就是普诏天下，任听出家为僧。还曾下诏立寺造像，修塔写经，使佛教在中国北方得以进一步恢复。有文献称，隋文帝恢复佛教之始，天下之人从风慕仰，仅民间所有佛经就多于儒家六经数十百倍。[1]隋文帝好佛，在位时广兴佛事，修建了四五千所佛寺和约十座舍利塔，真可谓寺塔林立。同时，他还与当时一名叫昙延的僧人相交甚厚，昙延每次来宫讲经时，隋文帝均亲自迎接并自称师儿。此外，隋文帝还请高僧为自己受戒，即请僧人在大兴殿读经。这标志着禅佛文化深入宫廷并进一步渗透皇家园林。

初唐高祖、太宗时期，虽对佛教有一定的限制，但仍保持着禅佛文化对宫廷和皇家园林的渗透力。高僧玄奘西行回唐之后，受到太宗礼遇，李世民曾多次在玉华宫、翠微宫召见玄奘。贞观二十二年（648 年），太宗驾幸玉华宫召见玄奘，玄奘则乘机请太宗为自己新译的《瑜伽师地论》作序（即著名的《大唐三藏圣教序》）。太宗读完玄奘翻译的《瑜伽师地论》后，对原来三教兼容并包的基本政策产生了怀疑，转而尊崇禅宗。高宗武后时期，北宗神秀禅师被请到京师。武后与他一拍即合，并肩上殿，还亲加跪礼，时时问道。尤其要指出的是，麟德年间于大明宫内建造的大型木构建筑麟德殿除了帝王赐宴群臣、以乐为和的功能外，居然是帝王高僧与文士们法筵斋会的场所，且为唐朝后世治用。

此后，禅佛与皇家园林一直保持着持久而广泛的联系，尤其是清代的皇家园林，其与禅佛的关联达到了高峰。

三、禅宗思想对私家园林的影响

禅宗思想对私家园林的影响主要体现在以下几个方面。

（一）“肥遁”与“幽居”的平衡支点

早在西汉时期，东方朔就提出“避世于朝廷间”的主张，西晋的夏侯湛赞其为“肥遁居贞”。南北朝之后“庄老告退”，山水精神解放，士人们不再“心游太玄”或“游心于寂寞”，园林精神也随之走出玄虚幻境或山水悲情，找到了人间现实的快乐。这便引发了隐退于富饶庄园、美丽林泉之中的“肥遁”现象。西晋人石崇“晚节更乐放逸，笃好林薮，遂肥遁于河阳别业”。官僚巨贾的私园如此，帝族

[1] 王志平．帝王与佛教 [M]．北京：华文出版社，1997：85.

王侯的园林更具豪华的享乐生活。《洛阳伽蓝记》载，当时洛阳寿丘里（民间称王子坊）园林景致盛况空前："帝族王侯，外戚公主，擅山海之富，居川林之饶，争修园宅，互相夸竞。崇门丰室，洞户连房，飞馆生风，重楼起雾。高台芳榭，家家而筑；花林曲池，园园而有。莫不桃李夏绿，竹柏冬青。"这种寄情人间的"肥遁"与庄玄式离群索居的"幽居"形成了鲜明的对照。东晋南北朝之后，在禅佛大乘思想的熏染下，"肥遁"与"幽居"奇妙地融合于私家园林的旨趣中。在名士的心中，园林既可不失"幽居"之趣而体悟禅心，又可"肥遁"世间而修身证道。换句话说，能不离世间而证道要比逃离世间净修深刻得多、洒脱得多，也彻底得多。从这个角度讲，禅化了的园林精神以一种豁达的心胸超越了道家化园林精神的狭隘一面。同时，禅化了的园林精神也不同于儒家化园林，而是从山水道德伦理的层面走向了本体存在的境界，功利性的色彩逐渐淡褪，山水园林与生命个体完全交融。可以说，禅佛化的园林精神是对儒、道思想的巧妙融合，它既入世，又出世；既不完全入世，也不完全出世，处于一种不即不离的边界平衡状态。例如，北魏司农张伦在洛阳昭德里的宅园虽结庐于人境，但颇具尘外之姿，是"于世间而出世"的园林宝地。同时代的文士姜质对张伦的宅园十分欣赏，曾作《庭山赋》，明确提出了"进不入声荣，退不为隐放"的禅佛化观点，将"肥遁"与"幽居"的园林精神统一了起来。在这种文化的影响下，隋唐之后的私园逐渐形成了小型化、写意化的禅趣园林。

（二）文人自然山水园林的禅旨追求

与皇家园林相比，私家园林与禅学之间的联系更广泛、更本体、更接近禅学的本质。这是因为士人们无须像帝王那样过多地关注园林生活中"教"的部分，而是可以依照自己的心性在园林审美中自由地体悟"禅"的境界。刘宋山水诗人谢灵运在其园林活动中便显现了这种旨趣。他曾"移籍会稽，修营别业，傍山带江，尽幽居之美。与隐士王弘之、孔淳之等纵放为娱，有终焉之志"。他曾为这个山郊别业作《山居赋》，赋中首先从佛道的高度对园林境界做了形而上的标定："夫道可重，故物为轻；理宜存，故事斯忘。"然后直陈其造园技巧："抚鸥鲦而悦豫，杜机心于林池……钦鹿野之华苑，羡灵鹫之名山。企坚固之贞林，希庵罗之芳园。"有了鹿野苑、灵鹫山一样的山居设计构思以后，谢灵运为其别业赋予了很强的禅宗色彩："面南岭，建经台；倚北阜，筑讲堂；旁危峰，立禅室；临浚流，列僧房。"可见他的园居生活中必然有大修禅心、证佛道的行为。在这样的环境他可以"览明达之抚运，乘机缄而理默"，可以"选自然之神丽，尽高栖之意得"，可以

“眇遁逸于人群，长寄心于云霓”，还可以“谢平生于知游，栖清旷于山川”，最终达到“观三世以其梦，抚六度以取道。乘恬知以寂泊，含和理之窈窕。指东山以冥期，实西方之潜兆”的禅佛境界。对于这类园林而言，园林境界就等同于禅佛境界，二者已很难区分。

隋唐之后，文人对自然山水园林的禅旨、禅境的追求更加自觉。为了较具体地说明这个问题，下面以王维、白居易的自然山水园林旨趣追求为例来论述园林与禅文化之间的关联。

1. 王维的山水园林旨趣

王维，字摩诘，与禅宗有很深的渊源，禅学造诣很高。因此，禅宗的思维方式和人生哲学在他的园林观中打下了深深的烙印。关于此可以从其留下的大量山水、园林景物诗中得到印证。正如明人胡应麟所说：“太白五言绝，自是天仙口语，右丞却入禅宗。”王维在《终南别业》一诗中云：“中岁颇好道，晚家南山陲。兴来每独往，胜事空自知。行到水穷处，坐看云起时。偶然值林叟，谈笑无还期。”由于“好道南山”故而于终南山经营别业，这行云流水般自在的园居生活与高情幽致正与禅道相通。王维对园林禅境的追求是很自觉的，他在《谒璇上人并序》中表明参禅明性与园林生活水乳交融，二者不可分割。这些禅趣在其辋川别业中深有体现。辋川别业位于陕西蓝田县西南的辋川山谷，辋谷之水北入灞水，园林周围山岭起伏，树木葱郁。王维以画设景，以景入画，使辋水周于堂下，各个景点建筑散布于水间、谷中、林下，隐露结合。这可以从其《辋川图》（图 2-15）中窥见一斑。

图 2-15　王维园林画《辋川图》局部

王维《辋川集》中吟咏辋川别业的景物抒情诗《鹿柴》："空山不见人，但闻人语响。返景入深林，复照青苔上。"这正是禅宗虚灵空寂观的形象化和艺术化：山幽林深，空灵超逸，夕阳静静地洒在山间青苔上。这里似乎没有多少对具体山水形态和屋宇建筑的关注（就如谢灵运笔下所描绘的山庄那样），但能直达象外之境、形外之神、韵外之致。园林境界在此更本体地表现为恬静自足、空灵寂幽的精神天地。在这里，山水等客体的形态与意境已同主体的心灵情感融为一体。园林不再是与人相对的物质空间，而成了精神空间。在《山中与裴秀才迪书》一诗中，王维则纯粹地通过对客观景物的描摹而营造出了一种宁静、空灵的幽微禅境："北涉玄灞，清月映郭，夜登华子冈，辋水沦涟，与月上下，寒山远火，明灭林外。深巷寒犬，吠声如豹。"然而，《酬张少府》一诗则反映出王维南宗禅任运自如的洒脱境界："晚年惟好静，万事不关心。自顾无长策，空知返旧林。松风吹解带，山月照弹琴。君问穷通理，渔歌入浦深。"任松风吹带、山月照琴，一切自然而又自由，这同《坛经》中的"无动无静，无生无灭，无去无来，无是无非，无住无往"的无障无碍的境界十分神似。而"君问穷通理，渔歌入浦深"与禅宗的问答"如何是佛法大意""春来草自青"如出一辙。这就是王维所说的"色空无碍，不物物也；默语无际，不言言也"（《谒璿上人并序》）。由于"对境无心"（北宗禅语），所以不必物化而自然能与物同。由于不作"知解宗徒"（南宗禅语），所以不必解说佛教义理，义理自然存在于园林物象及境界之中。"君问穷通理，渔歌入浦深"，妙谛微言，何须解说，"行到水穷处，坐看云起时"，思与境偕，自然觉悟。

王维的"辋川别业"标志着禅旨深远的崭新的文人自然山水园的真正出现，是对东晋、南北朝以来以谢灵运为代表的山居园林模式禅宗境界追求的升华，是禅宗思想与园林境界的真正结合。

2.白居易的山水园林旨趣

中唐文人白居易的庐山草堂同样反映了文人自然山水园林的禅宗归旨。白居易受禅宗（尤其是南宗禅）思想的影响是很深的，他写给好友崔群的《答户部崔侍郎书》说："顷与阁下在禁中日，每视草之暇，匡床接枕，言不及他，常以南宗心要互相诱导。"这里所说的"南宗心要"主要是指马祖道一系的禅法。白居易的诗《读禅经》可以说悟到了南宗的真谛："须知诸相皆非相，若住无余却有余。言下忘言一时了，梦中说梦两重虚。空花岂得兼求果，阳焰如何更觅鱼？摄动是禅禅是动，不禅不动即如如。"此诗中，他不求净土，不依持戒，而是理解了禅的本质，静是禅，动也是禅，履险夷然，安贫乐道，心泰神宁，胸襟旷达，这已完成彻悟了马祖道一所说的“行住坐卧，应机接物，尽是道”。

正因白居易有深厚的禅学底蕴，其庐山营建的草堂成了禅化自然山水园林的又一个典型代表（图2-16）。《旧唐书·白居易传》载：“居易儒学之外，尤通释典，常以忘怀处顺为事，都不以迁谪介意。在溢城，立隐舍于庐山遗爱寺，尝与人书言之曰：‘予去年秋始游庐山，到东西二林间香炉峰下，见云木泉石，胜绝第一。爱不能舍，因立草堂。前有乔松十数株，修竹千余竿，青萝为墙援，白石为桥道，流水周于舍下，飞泉落于檐间，红榴白莲，罗生池砌。’居易与凑、满、朗、晦四禅师，追永、远宗、雷之迹，为人外之交，每相携游咏，跻危登险，极林泉之幽邃。至于翛然顺适之际，几欲忘其形骸。或经时不归，或逾月而返。”可见，白居易于庐山建草堂，不仅是留恋香炉峰下的自然山水景致，更重要的是有凑、满、朗、晦等“诗禅侣友”相伴。在这里可以与他们成为“尘外之交”，以效东晋时期慧远、宗炳、雷次宗等人白莲结社的禅情雅致。在庐山草堂的园居生活中，白居易获得了空灵无扰、澄澈一如的生命境界。白居易在《草堂记》中对庐山草堂有一句总结性的赞美：“郡守以优容而抚我，庐山以灵胜待我。是天与我时，地与我所，卒获所好，又何以求焉？”这来自时间、空间的深层感知是园林审美观照中主、客体冥合于禅道的表现形式。在这样使人“外适内和”“体宁心恬”的山水园林“道场”，白居易找到了贯通释儒的生活情趣：“大丈夫所守者道，所待者时。时之来也，为云龙，为风鹏，勃然突然，陈力以出；时之不来也，为雾豹，为冥鸿，寂兮寥兮，奉身而退。进退出处，何往而不自得哉？故仆志在兼济，行在独善，奉而始终之则为通，言而发明之则为侍。”

图2-16　庐山草堂遗址

总之，王维和白居易的禅悦之趣对后世园林产生了深远的影响。

（三）文人居室园林化的禅趣

明中叶之后，禅悦之风更兴盛地渗透于文人园林中。在文人园林禅化的过程中，有一个十分有趣的园林现象——居室情趣的园林化。

居室情趣的园林化最早可追溯至东晋末画家宗炳的居所。宗炳好山水、爱远游，有三十多年的栖丘饮谷经历。年老时“唯当澄怀观道，卧以游之。凡所游履，皆图之于室”。唐宋之后，居室墙壁上作山水园林性绘画、题字的渐渐增多，如“粉壁画仙鹤”（宋之问）、“粉墙时画数茎看”（林逋）、“曼卿醉题江粉壁”（欧阳修）。明清之后在素雅风尚的影响下，认为于墙壁上点染濡笔“俱不如素壁为佳”（文震亨）。此时，画轴字幅逐渐取代了壁画，而字画的内容中，文人写意山水是重要的组成部分。当然，明清的文人中也不乏喜欢山水壁画的。例如，李渔曾请四位名手在他的居室墙壁上“着色花树而绕以云烟”，而且画中的树枝用铜干装饰成立体的，这样放禽鸟于堂室，它们会栖止在凸出的虬枝老干之上，“画止空迹，鸟有实形”，虚实结合，别有情致。窗的设计也有园林情趣化的体现。李渔曾将不加斧凿的枯木梅枝做成自然形态的“梅窗”，还曾为以纸幅为窗的边框镶边，做成“尺幅窗”，又名“无心画”。观窗外之景，如观活画，十分有创意。此外，李渔还会巧妙地利用窗纱或窗纸来酿造园林意趣，他曾在纱窗上绘以山水花鸟，夜里于屋内窗前悬挂了一盏灯，窗外之人观之就好像在宫灯中看山水之景。这种以虚窗而设景的手法也正与禅宗“空中妙有”的观点暗合。

插花艺术是宋之后又一写意化、居室化、禅致化了的园林性艺术。许多文人都有关于插花艺术的论述。文人们甚至直接从写意性瓶栽中领会禅趣，正如明代支廷训在《涵春君传》所说：“万锦丛中结交，一杯水里涵养。春意虽觉满怀，尘根不留半点。”与盆栽插花类似，盆景则更写意化地微缩了山水园林景观而成为文人居室中的重要陈列品。同地方特点相适应，盆景形成了诸多流派，如兼具北国之雄、南方之秀的扬州盆景，仿巴山蜀水的四川盆景，追求奇古的安徽盆景，注重根、干、枝等线条美的两浙盆景等。

居室情趣的园林化是园林精神进一步泛化的标志，同时也是在禅学影响下使用园林景致写意化、微缩化、工艺化的标志。时至今日，这种精神依旧存在于每个有园林情调的家居设计中。

综上所说，园林艺术作为一种综合艺术，它体现着一个民族的文化精神，儒家思想和道家哲学原则影响了中国园林的总体布局和设计手法，禅宗思想则影响了中国园林的建造目的，但对中国古典园林美学影响最大的是道家精神。与其他各家相比较，道家更富于审美的气质，观照天地万物更多运用审美的眼光，更注重人与自然的审美关系，道家也更显示出朴素的心理倾向。儒、道、禅三家相互融合，共同作用于中国园林美学的发展。

第三章
中国园林之美与传统艺术

中国园林与绘画艺术、古典文学、书法艺术密切相关，同步发展。园画相通、援画入园，是中国园林的一大特征。中国古代造园家们大多借鉴山水画来构思园林，文人园林与文人山水画在艺术上确有许多相通的地方，主要表现为造园家们借鉴山水画的画意、画理和画境来塑造园林景观。中国园林艺术是一门综合艺术，与园林艺术关系最为密切的是中国古典文学、“画中有诗”的中国文人画和书法艺术。中国园林享有“凝固的诗”“立体的画”的盛誉。中国园林书法丰富多彩，书体千姿百态，今人可以观摩、欣赏、涵泳、体味其中的文化美学韵味。此外，虽然园林与书法是两种不同形态的艺术，但两者之间在空间表达上又可以有交叉、渗透和综合。总之，中国园林之美的生成和发展与园林的自然性、艺术性、文化性等特性是密不可分的。

第一节　中国园林与绘画艺术

一、中国园林与画意

中国园林造园在构思立意等方面与绘画创作的理论有内在的一致性。例如，明代计成的《园冶》中有“意在笔先”“相地合宜，构园得体”“片山块石”“构园无格”“园有异宜，无成法”等句子，它们阐述了造园的创作特性，“意在笔先”指构思立意先于施工；“片山块石”说明叠山理水，即以少见多、小中见大，用片山勺水象征自然山川；“构园无格”是在肯定成法的基础上，强调要因地制宜地创新。

（一）意在笔先、相地合宜

唐代王维在《山水论》中说：“凡画山水，意在笔先。”他首次把“意在笔先”作为山水画创作的基本原则，并得到了后世画家的广泛认同。“意在笔先”是指在落笔之前先要有腹稿，如画山水，则宾主位置、起伏开合均已明确；如写花木，则行干、布枝、着花、添叶，都胸有成局。“意在笔先”实为山水画创作的首要原则，艺术创作的基本特点就是先构思立意。中国历代许多画家都要求落笔作画之前要先构思立意。例如，清代邹一桂《小山画谱》写道："意在笔先，胸有成竹，然后下笔，则疾而有势，增不得一笔，亦少不得一笔。"清代唐岱《绘事发微》中说："洪谷子云：'意在笔先。俟机发落笔，心会神融，自然得山之形势也。'"

中国园林的造园也须"意在笔先"。明代计成在《自序》中称自己在为他人造园之前早有腹稿，叠山理水不过是抒"胸中所蕴奇"，把构思实施出来而已。计成的《园冶·借景》写道："似意在笔先，庶几描写之尽哉！"提出造园家安排园林借景要先立意，也就是施工前就要对内外风景胸有丘壑。计成的《园冶·相地》中还总结了因地制宜地构思设计园林的具体方法。清初李渔在《闲情偶寄·居室部·山石》中说，造园如同作文、绘画一样，全局构思很重要。在他看来，园林与文章、书法、绘画一样，要想具有吸引人、打动人的艺术魅力（即"气魄动人"），就必须"先有成局"，在"全体章法"上下足功夫。❶

中国园林"意在笔先"需要先构思园林的要素、风景的主次、开合与前后呼应关系，然后安排观景点和游览路线。游览路线直接关系到游人对园林的印象，所以要仔细斟酌、精心规划。造园家在构思路线时，可以借鉴国画的散点透视法来安排沿线风景，让游人在园中移步换景，获得丰富的审美享受。

1.起承转合、前后呼应

清代许多文人用画理和诗文结构来类比园林布局，认为园林风景相互呼应、全园气脉贯通才算佳构。例如，清代王昱在《东庄画论》中说："凡画之起结最为紧要，一起，如奔马绝尘，须勒得住，而又有住而不住之势。一结，如众流归海，要收得尽，而又有尽而不尽之意。"清代钱泳在《履园丛话》中说："造园如作诗文，必使曲折有法，前后呼应，最忌堆砌，最忌错杂，方称佳构。"绘画如同作文一样要有起、有结。园林也要曲折有法、前后呼应，方成有机整体。园林也有起景、中景和结景，如游人观苏州畅园，入园就进入"桐华书屋"前院，这是一个小而方正的天井，空间窄小，是全园的起景；走过"桐华书屋"后，空间豁然开朗，这就进入了园林主景观区，这是全园的中景；当来到"待月亭"俯瞰全园时，这里就是结景。

❶ 陈志扬，李斌．中国古代文论读本．（第4册）[M]．郑州：河南大学出版社，2019：243.

2.主次有别、相互呼应

画论常谈“势”，清代王夫之在《姜斋诗话》中说：“论画者曰：‘咫尺有万里之势，一势字宜着眼。若不论势，则缩万里于咫尺。’”这里的“万里之势”，是形象的动态趋势，如果没有动势呼应，画就会如地图一般呆板散漫。山水画的整体之“势”，是全局起承转合的呼应关系；局部之“势”，是局部峰峦等形象的起伏开合关系。处理局部之“势”的常用原则是“主景突出，客景烘托”❶，有主有次，通过动势使它们有机联系起来。应该说，这已是许多画家的共识。绘画利用主宾开合之势使物象之间相互呼应，结为一体。不仅画山水讲究主宾开合，画梅竹花鸟亦然。清代蒋和《写竹杂记》说：“幅数竿，有宾主，有掩映，有补缀，有衬贴，有照应，有参差，有烘托。”中国园林的布局也讲究主宾关系，要求主景突出，同时又有配景的烘托和呼应，使主次相得益彰。一座园林或者一片景区之中有不同的主体类型。清代沈元禄说：“奠一园之体势者，莫如堂；据一园之形胜者，莫如山。”❷这概括出园林中最突出的两大主体：建筑主体——厅堂；景观主体——山。

（1）园林建筑的主次和呼应

以厅堂为中心来规划建筑群是江南造园的惯例。例如，拙政园的“远香堂”和留园的“涵碧山房”位于园林正中，山水、花木和亭榭等其他要素都围绕着它展开。计成的《园冶·立基》中说：“凡园圃立基，定厅堂为主，先乎取景，妙在朝南。”厅堂是接待宾客和宴饮聚会的场所，也是主人经常使用的地方，所有的文化活动都可以在厅堂中举行。所以，厅堂是园中的主体建筑物，常位于园林的中心地带。造园要以厅堂为主，先在主景观区安置厅堂，再构思亭榭的布局。造园家应根据观景的需要来安排厅堂地基和朝向，最好坐北朝南，以便于通风和采光。厅堂周围辅以亭台轩榭、花草竹树，或者用曲房回廊围合成庭院。园门须与厅堂方向保持一致，这样，入园后人会面对厅堂走去，吸引人们观赏厅堂的周围美景。

（2）园林山水的主次和呼应

各景点主次呼应，各要素相互衬托，才能形成天然有机的园林整体，也就是实现“宛自天开”的艺术理想。计成的《园冶》指出了山峰布局法：“假如一块中竖而为主石，两条傍插而呼劈峰，独立端严，次相辅弼，势如排列，状若趋承。”要求宾山辅弼主山，似乎在向主山靠拢，运用了山水画的主客动势原则。

❶ 赵思毅，张赟．中国文人画与文人写意园林［M］．北京：中国电力出版社，2006：73.

❷ 陈从周，蒋启霆．园综：新版．下册［M］．上海：同济大学出版社，2011：14.

①以山为主体。苏州耦园“城曲草堂”南面的黄石大假山是全园的主山，造型逼真，东南山脚下的水池是衬托假山的宾体。再往南是“山水间水阁”，中隔黄石假山而与“城曲草堂”南北相对，围合成以假山为主体的风景区，奠定了耦园的基本特征。

②以水为主体。有时候，水池也能成为主体景观。例如，网师园中心大水池周围布置的亭台和山石突出了水池景观，南部的云冈黄石假山看起来气势磅礴，也是用来衬托和强化水景的。不仅景观分主次，小至配树、点石等局部形象也如此。清代笪重光在《画筌》中认为绘画的全局意识表现为：“目中有山，始可作树；意中有水，方许作山。作山先求入路，出水预定来源。择水通桥，取径设路，分五行而辨体；峰势同形，谙于地理，象庶类以殊容。”

中国园林是空间的艺术，比绘画要复杂多了，所以造园除了在施工前要先想好整体风景形态以外，在施工中还要用总揽全局的观念来构思局部景观，使山水、树石、建筑和山路、水脉有关联，而峰峦有类的属性又各异。在施工过程中，造园家由园林整体到局部景观，再到细节形体，在这些构思过程中必须时时保持全局意识。例如，明末清初的张南垣就具有这种造园的整体意识：“经营粉本，高下浓淡，早有成法。初立土山，树石未添，岩壑已具。随皴随改，烟云渲染，补入无痕。即一花一竹，疏密欹斜，妙得俯仰。山未成，先思著屋，屋未就，又思其中之所施设。”❶他从全局出发来推演铺设局部要素，把局部风景做到“补入无痕”，成为有机的整体。

3.散点透视、移步换景

中国山水画虽然是静态的空间艺术，却也表现出动态的时空变化，通过散点透视去组织景物，使画面的内容更全面。北宋沈括在《梦溪笔谈》中用“以大观小”四字来概括中国山水画的布局。“以大观小”是一种俯瞰全局和运动游离的视点。中国山水画构图是把同时空和不同时空的、看得见和看不见的（但可以想象得到）对象，以流动的视角连续展开，容纳于一幅画中，表现出自然山水的整体气势。这是中国画特有的“运动构图法”，又称“散点透视法”。造园家可以借鉴散点透视法安排赏景路线，让游人移步换景，如同慢慢展开赏玩一幅山水画长卷。中国园林是随时空而变化的综合艺术，景观布置呈线性系列，实际上与山水画的连续风景构图相通。这使赏园如同赏画，游人驻足观望时，会看到一幅幅静态的绘画；游人边

❶ 王明贤，戴志中．中国建筑美学文存 [M]．天津：天津科学技术出版社，1997：134.

走边看、移步换景时，感觉像在展开一幅连续的风景卷轴画。

北宋郭熙在《林泉高致·山水训》中详细地阐述过山水形象随视角和距离而变的审美现象："远看取势，近看取质。"远近的差别，使人看到了不同的山水形象。由此，郭熙总结出"三远"透视法。"三远"分别指仰视、俯视和平视三种视角。仰视从下往上看高山，给人的美感是突兀；俯视是从山巅往下看，可以看到重叠的小山头、幽深晦暗的峡谷；平视指平行远望自然山水，有亲切平和之美，如果风景比较开阔和深远，山水又会因云气的变幻而有缥缈含蓄美。计成的《园冶》描写园林风景时采用了这三类视角："杂树参天，楼阁碍云霞而出没；繁花覆地，亭台突池沼而参差。"这句描写仰视和俯视所见到的园景。《园冶》中"湖平无际之浮光，山媚可餐之秀色。寓目一行白鹭，醉颜几阵丹枫。眺远高台，搔首青天那可问"，则运用了平视、仰视和俯视三种视角。

《园冶》书中多处描写了路径和地势的起伏变化，如"房廊蜒蜿，楼阁崔巍""长廊一带回旋""曲径绕篱""两三间曲尽春藏，一二处堪为暑避""开径逶迤，竹木遥飞叠雉；临濠蜒蜿，柴荆横引长虹。院广堪梧，堤湾宜柳"等。这些精辟简洁的论述，充分体现了计成在安排赏景路线上的智慧。中国园林故意把游玩路径修造得曲折蜿蜒，既是为了使风景呈现幽深多姿、层次丰富的视觉美，也是为了便于转换视角，引导游人多角度地欣赏园林风光。中国园林中的观景建筑为游人安排下较好的赏景视角。例如，苏州拙政园中心有一个大池塘，满植荷花，是园中主要景色；临池有一座舫形的"香洲"，可供人贴水近观；北边不远处有小丘，山顶有"荷风四面亭"，可供人从高处俯视水景；对面隔着花径有"倚玉轩"，可遥观池塘。这些建筑提供了不同的观察点，使人们对同一水景产生不同的美感，这些建筑物也成为园林景物的有机组成部分。

（二）无法之法、构园无格

清代石涛在《苦瓜和尚画语录》中说："无法而法，乃为至法。"可以说，这最为典型地表达了绘画大师们的创新精神。所谓"无法而法"，并不是说要乱来，而是说要勇于打破以往的陈规定例，大胆创新，回归自我，回归艺术的本源（即自然造化）。因为，艺术的生命力在于创新和突破。受此影响，中国古代文人造园也提倡"从心不法"[1]。创新性是艺术区别于技术的关键，园林只有出奇创新才有艺术价值。针对明末造园程式化的倾向与由此而来的对造园创造性的扼杀，计成明确

[1] 王凤珍．园林植物美学研究 [M]．武汉：武汉大学出版社，2019：84.

提出了“构园无格”的思想，一方面提醒造园家要勇于创新，一方面则批判了那种抄袭模仿的不良习气。他要求人们既要有效地运用成法，又要不拘泥于成法，与时俱进、随机应变、因地制宜地建造出有艺术个性的园林。园林“有异宜，无成法”[1]，每座园林的主客观条件各不相同，常因地理环境、园主人的变化而风格各异，所以造园要因地、因人而制宜，没有成法可遵循。

1.勇于创新

计成的《园冶》提供了一些有效的创新办法，举出一些例子告诉造园家如何变通和创新。例如，对人工构筑物的创新“探奇合志，常套俱裁”，指的是园林屋宇造型要创新；“惟榭只隐花间，亭胡拘水际”，指的是亭榭布局不必拘泥于水亭花榭的常法；“制式新番，裁除旧套”，指的是窗牖和栏杆的款式要时新；“方胜、叠胜步步胜者，古之常套也。今之人字、席纹、斗纹，量砖长短合宜可也”，指的是庭院铺砖纹样要有新意；“主石虽忌于居中，宜中者也可”，指的是叠山要随宜变化，没有格套，假山布局通常不把主峰石置于中心，但是必要时也可以把主峰设置在中心。计成批评“下洞上台，东亭西榭”的庸笔腐套，还嘲笑生搬硬套建造山亭的行为，说：“人皆厅前掇山，环堵中耸起高高三峰排列于前，殊为可笑。加之以亭，及登，一无可望，置之何益？更亦可笑。”计成在叠山技艺上的创新值得借鉴，他在《园冶·掇山·山石池》中说：“山石理池，予始创者。选版薄山石理之，少得窍不能盛水，须知‘等分平衡法’可矣。凡理块石，俱将四边或三边压掇，若压两边，恐石平中有损。如压一边，既罅稍有丝缝，水不能注，虽做灰坚固，亦不能止，理当斟酌。”

计成称明末用山石筑池的方法是他首创的。做法是用薄如板状的片石为底，稍有孔隙便不能蓄水，所以在上面叠石，要运用“等分平衡法”才行。也就是说，凡是在池边叠石块，应该将做池底的石板四边或者三边压结实、压牢固，如果只压两边或者一边，平铺在池底的石板就容易破裂。一旦产生孔隙和裂缝，日后水池就不能蓄水了，就是用油灰抿缝，池水慢慢地还是会流失。陈植在《陈植造园文集》中对此评价说：“所云‘等分平衡法’，不期与近代学说相吻合，诚可贵也。”

2.批判抄袭

有见识的文人和造园家均反对抄袭，计成、李渔和钱泳都表达了这一思想。计成称呼那些只知雕镂、沿袭旧制的匠人是“无窍之人”，他在《园冶·兴造论》中

[1] 赵农．图文新解园冶[M].南京：江苏凤凰科学技术出版社，2018：16.

说："若匠惟雕镂是巧，排架是精，一梁一柱，定不可移，俗以'无窍之人'呼之，其确也。"面对清初造园抄袭风气的现象，李渔在《闲情偶寄·居室部·房舍》中批评道："乃至兴造一事，则必肖人之堂以为堂，窥人之户以立户，稍有不合，不以为得，而反以为耻。常见通侯贵戚，掷盈千累万之资以治园圃，必先谕大匠曰：亭则法某人之制，榭则遵谁氏之规，勿使稍异。而操运斤之权者，至大厦告成，必骄语居功，谓其立户开窗，安廊置阁，事事皆仿名园，纤毫不谬。噫，陋矣！"

钱泳也批评苏杭工匠只知营造，不懂创新。他在《履园丛话》中说："造屋之工，当以扬州为第一，如作文之有变换，无雷同，虽数间小筑，必使门窗轩豁，曲折得宜，此苏、杭工匠断断不能也。盖厅堂要整齐如台阁气象，书房密室要参错如园亭布置，兼而有之，方称妙手。今苏、杭庸工皆不知此义，唯将砖瓦木料搭成空架子，千篇一律，既不明相题立局，亦不知随方逐圆，但以涂汰作生涯，雕花为能事。"

由此可见，造园与作文、作画一样，有古与今、继承和创新、成法和变革的辩证发展过程。

二、中国园林与画理

园林可以直接运用绘画的艺术法则，如运用山水画的阴阳互生和多样统一法则来处理各部分的关系，叠山模仿画中层峦叠嶂的开合向背关系等。因此，中国园林与画理有着千丝万缕的联系。下面主要从隐显相成、曲直周回和旷奥相兼三个方面探究中国园林造园与绘画理论之间的关联。

（一）隐显相成

中国古典绘画历来讲究隐显结合，以造出含蓄美和无穷意味。画论中，隐与显是指画面中物象的藏与露、遮蔽与显现。藏露之间是互相生发、互相衬托的辩证关系；藏露要符合常识，呈现一定的秩序，"高下得宜""断续有则"；相比于露，藏更具有美学价值，关系到趣味的营造。明代唐志契在《绘事微言·丘壑藏露》中提出："画叠嶂层崖，其路径、村落、寺宇，能分得隐见明白，不但远近之理了然，且趣味无尽矣。更能藏处多于露处，而趣味愈无尽矣。盖一层之上，更有一层，层层之中，复藏一层。善藏者未始不露，善露者未始不藏。藏得妙时，便使观者不知山前山后，山左山右，有多少地步，许多林木，何尝不显？总不外躲闪处高下得宜，烟云处断续有则。若主于露而不藏，便浅薄。既藏而不善藏，亦易尽矣。”

唐代司空图在《诗品二十四则·含蓄》中说：“不著一字，尽得风流。”刘勰在《文心雕龙·隐秀》中提出“隐也着，文外之重旨也”，主张文章要隐秀结合。由于中国古代诗画常常相通并进，因而古典画论也很注重隐显的相生相成。恰当地运用隐显相成法则，是中国古典艺术创作所必须遵循的一条重要规律。

清代布颜图在《画学心法问答》中指出：“吾所谓隐显者，非独为山水而言也。大凡天下之物，莫不各有隐显。显者阳也，隐者阴也。一阴一阳之谓道也。比诸潜蛟之腾空，若只了了一蛟，全形毕露，仰之者咸见斯蛟之首也，斯蛟之尾也，斯蛟之爪牙与鳞鬣也。形尽而思穷，于蛟何趣焉。是必蛟藏于云，腾骧夭矫，卷雨舒风，或露片鳞，或垂半尾，仰观者虽极目力，而莫能窥其全体，斯蛟之隐显叵测，则蛟之意趣无穷矣。”

宋叶绍翁《游园不值》诗云：“春色满园关不住，一枝红杏出墙来。”围墙对园景的遮蔽与一枝红杏的显现（或外露）不仅构成了一种相反相成的奇妙关系，还共同营造了引人入胜的院内景观。因为显露出的一枝红杏动人魂魄，激发了人欣赏园景的冲动和渴望；而墙壁的遮挡，又衬托出那外露的一丝春光是多么地耀眼夺目。唐宋以来，不少画家都参与到了园林的设计和营造中，这使中国园林不同于一般的自然风景区或自然山水园，而是别有一番诗情画意。与此相应，隐显相生相成的法则也被应用到园林规划与设计上。园林艺术上，中国古人常常采用欲扬先抑的手法，巧妙运用隐显相成的形式法则：或曲径通幽、柳暗花明；或花木、山石、屋宇半遮半掩；或用小桥、水流阻隔以形成心理空间；或用漏窗粉墙和长廊分隔空间以形成园中之园，从而使各景物之间隔而不断、掩映成趣。这样一来，不仅可以在较小范围内营造出结构多样、层次丰富的美妙景观，还能创造出含蓄、深远的意境美。

1. 园林植物的隐显相成

明代计成在《园冶·屋宇》中总结道：“奇亭巧榭，构分红紫之丛；层阁重楼，回出云霄之上；隐现无穷之态，招摇不尽之春。”即是说，要在狭窄有限的空间内，通过巧妙地安置亭榭楼阁和花草树木，以有限的景物营造出无边的风景和无尽的景趣。清代张岱在《琅嬛文集》中说：“陶氏书屋则护以松竹，藏以曲径，则山浅而人为之幽深也。”“陶氏书屋”就是运用园林中繁茂的植物和曲折的小径来造出山林般的幽深寂静的一个典型案例。中国园林在植物配置上，或用树木半遮屋宇，沿路种植高大柳树、梅树、竹子来阻挡部分视线，以产生幽深的感觉；或用树木的掩映来增加风景的层次和深度，用植物做遮挡物分隔景色以造成深远幽静之感，此即所谓“竹里通幽，松寮隐僻”“堂虚绿野犹开，花隐重门若掩”[1]。

2.门洞设计的隐显相成

苏州园林的院墙和走廊的墙上常有一些不装门扇的门洞，这些门洞往往形状各异，颇有情趣。大致来说，分隔主要景区的院墙上的门洞常是简洁大方的圆形和八角形，而走廊和小院等的门洞则多采用玲珑轻巧的圭角、长八角、海棠、桃、葫芦、秋叶等形状。在功能上，门洞除了供人出入，还是取景、造景的画框。此外，造园家们还常用门洞来“障景”。所谓障景，即是通过在门洞后面安置山石、栽培竹丛与芭蕉等方式来阻挡视线，不仅可以避免园内景色一览无余，还能达到增加景深和扩大空间的艺术效果。

3.漏砖墙设计隐显相成

中国园林中，漏砖墙是分隔遮蔽风景的最常用要素。墙可遮蔽视线，窗可以透露景物，漏砖墙在时而隔绝、时而连通、藏露变换中，实现了藏露互引、移步景异，为园林增添了不少魅力。明代计成在《园冶·墙垣·漏砖墙》中指出：“凡有观眺处筑斯，似避外隐内之义。”即是说，透过漏窗可以看到墙外的景色，而砖墙又遮蔽了园内的大部分景色，只隐约漏出一点点风景。典型的例子是苏州沧浪亭靠河建造的贴水复廊，一道漏窗粉墙把长廊分成南北两边，北临溪水，南依假山，曲折上下。该复廊既把园林风景分成南北不同境界，又利用漏窗沟通内外山水景色，园林内外似隔非隔，既藏又露。南半廊以赏山景为主，北半廊以看水为主，漏窗使园内的廊榭山林和园外的水面池岸相互衬托、相互呼应、融为一体。

中国园林对隐显相成法则的注重和运用，主要目的在于营造出“庭院深深深几许”的艺术效果，从而把园林变成一座环境幽深、景观丰富的人间乐园。计成在《园冶·立基·书房基》中指出：“书房之基，立于园林者，无拘内外，择偏僻处，随便通园，令游人莫知有此。内构斋、馆、房、室，借外景，自然幽雅，深得山林之趣。”在《园冶·屋宇·斋》中，计成又指出：“斋较堂，惟气藏而致敛，有使人肃然斋敬之意。盖藏修密处之地，故式不宜敞显。”可见，中国园林中隐显法则的运用，较为偏重营造幽深的环境氛围，这尤其表现在书房和斋房的设计上。书房、斋室的主要功能是满足园主人的居住和修养要求，因而它们必须建在幽静偏僻处；但又不能与园中景观完全隔离开来，因而要修建一些曲折幽深的小路，以方

[1] 郭超，夏于全.综艺名著（第62卷）[M].北京：蓝天出版社，1999：46.

便园主人进出和赏玩园中风光。

（二）曲直周回

《园冶》中，计成曾多处谈到“曲”在创造和丰富园林美方面的重要价值。私家园林兴起后，园林中就有曲直变化，但直到宋代，“曲”之妙才逐渐为文人士大夫所认可和接受。例如，唐代常建《题破山寺后禅院》原诗为：“竹径通幽处，禅房花木深。”但在流传过程中，“竹径通幽处”却被修改为“曲径通幽处”，并最终演变为“曲径通幽”的审美风尚。就园林艺术而言，宋人李格非最早把“曲”作为一项评价标准引入园林鉴赏中来，李格非在《洛阳名园记》中指出，富郑公园之所以景物最胜，是因为它“逶迤衡直，闿爽深密，皆曲有奥思”。即是说，该园景观有曲有藏，有深有密，幽雅含蓄，余味无穷。到了明清时期，造园艺术和园林美学臻于成熟，“以曲为美”被确立为造园法则，具体表现在园林设计的许多方面。清代袁枚《与韩绍真书》明确提出：“贵曲者，文也。天上有文曲星，无文直星。木之直者无文，木之拳曲盘迂者有文；水之静者无文，水之被风挠激者有文。”

贵“曲”是中国园林的一大特征。师法自然的造园理念决定了中国园林既不是西方式的几何形状和规整布局，也不是体现儒教森严等级思想的中轴对称布局，而是很不规则、曲折有致、灵活多变的布局。园林是士大夫模山范水，表达归隐旨趣的艺术品，这就决定了园林设计的基本特点是要体现出阴阳变化的奥妙，而曲线构造很有运动之势，最富宇宙生机。中国造园家们认为，园林不同于宫殿或厅堂建筑，不需要强调对称和均衡，而是要自由布局、注重曲直变化，或曲中寓直，或以曲带直，重心始终在“曲”。譬如说，要于曲水中见出沧海之浩瀚，于曲廊中见出梯云之绵延，于曲栏中见出生命的节奏和韵律，要在曲折变幻中见出天地万物生生不息的勃勃生机。

1. 曲廊的曲直周回

计成在《园冶·屋宇》中对廊做出了非常精辟的总结：“廊者，庑出一步也，曲宜长则胜。”“廊一带回旋，在竖柱之初，妙于变幻。”园林中，人为的曲直变化体现在道路、房屋和装修上面，如曲径、曲岸、曲堤、曲桥、曲廊和曲室等。造园家们常常建造波形廊、高下廊等长廊，以增加园林的空间深度和宽度。例如，苏州留园的长廊达七百多米，自大门口起，一条长廊几乎环绕了留园的整个中部和东部，将园内一个个景点串联起来，犹如一条导游线，于不经意间引导游人遍览全园。游人循廊前行，忽登高眺望，忽临水观鱼，忽穿堂入室，忽渡桥越涧，总有美景映入眼帘，令人目不暇接。计成在《园冶·装折》中说："惟园屋异乎家宅，曲折有条，端方非额，如端方中须寻曲折，到曲折处还定端方，相间得宜，错综为妙。"曲廊之妙，关键在两点：一要长，二要多变。与此同时，园林中的房屋造型和装修也很注意曲折变化。

2.曲径的曲直周回

中国园林常常采用曲径通幽的造园手法。例如，《园冶》中的"曲径绕篱""蹊径盘且长"，李渔《闲情偶寄·居室部·房舍》中的"径莫便于捷，而又莫妙于迂"。中国园林中的道路既要有曲之美、曲之妙，还要保证畅通无阻，否则，便会陷入误区，"路类张孩戏之猫"[1]，非但不美，还如同迷宫，妨碍通行。李渔在《闲情偶寄·居室部·房舍》中指出："凡有故作迂途，以取别致者，必另开耳门一扇，以便家人之奔走。急则开之，缓则闭之，斯雅俗俱利，而理致兼收矣。"园林虽贵"曲"，但并非毫无章法可依。实际上，园之曲的设计既要因循自然的地形，又要考虑实用的功能。关于这点，计成在《园冶·屋宇·廊》中将其总结为："随形而弯，依势而曲，或蟠山腰，或穷水际，通幽渡壑，蜿蜒无尽。"充分体现出中国园林效法自然的根本特征。

3.入口的曲直周回

中国园林设计的一个常见手法是把曲径设在入口处。中国园林的入口之所以设计为弯弯曲曲的羊肠小径，而非十字打开的笔直通道，其主要目的在于，不仅要避免一览无余、了无兴致的局面，还要营造出山重水复、柳暗花明的新奇感。宗白华《美学与意境》中所言："中国的园林就很有自己的特点。颐和园、苏州园林以及《红楼梦》中的大观园，都和西方园林不同。像法国凡尔赛等地的园林，一进去，就是笔直的通道……中国园林，进门是个大影壁，绕过去，里面遮遮掩掩，曲曲折折，变化多端，走几步就是一番风景，韵味无穷。"清代文震亨在《室庐·海论》中提出："凡入门处，必小委屈，忌太直。"曲径设在入口处不仅能引发人们寻幽探胜的闲情雅致，还能不时造出些惊奇和欣喜，为游园活动平添不少乐趣。例如，《红楼梦》第十七回写道："大观园一进门有一条羊肠小道，被贾宝玉题名为'曲径通幽'。"借宝玉之口，曹雪芹讲出了园林入口设计的奥妙所在，即这里并非主山正景，原无可题，不过是探景的一进步耳。

[1] 赵农.图文新解园冶[M].南京：江苏凤凰科学技术出版社，2018：203.

（三）旷奥相兼

旷奥作为一对美学范畴，最早是由柳宗元于山水游记中所提出。柳宗元《永州龙兴寺东丘记》写道："游之适大率有二，旷如也，奥如也，如斯而已。其地之凌阻峭，出幽郁，寥廓悠长，则于旷宜；抵丘垤，伏灌莽，迫遽回合，则于奥宜。"

大意是站在山巅，视野寥廓，空间悠远，感到"旷如"；潜隐山坞草莽之中，空间迁回局促，感到"奥如"。在他看来，山林之美有两种类型：空阔（或空旷）和深奥（或幽深），二者不分高下，各有其趣。这种观点典型地体现出文人士大夫的山水与园林审美情调——既要有令人心旷神怡的宏大开阔之景，也要有远离尘嚣、超绝凡俗的空山幽谷之美。陶渊明《桃花源记》写道：

"林尽水源，便得一山。山有小口，仿佛若有光；便舍船，从口入。初极狭，才通人，复行数十步，豁然开朗。土地平旷，屋舍俨然，有良田美池桑竹之属；阡陌交通，鸡犬相闻。"

陶渊明笔下旷奥二景的交织变换，营造出令人心驰神往的世外桃源：对外隐蔽深藏，难以觉察；对内空间开阔，宜于安居。

1.园林闭塞与开朗之中旷奥相兼

山水游赏和园林设计上，最好是能把旷与奥这两种看似矛盾、实则相生相成的景致有机地连接起来，以造成新奇多变、时有惊喜的艺术效果。旷奥相兼是中国古典园林美学的一大特征。园林中的旷奥毕竟是人工建造的，不仅在空间规模上小于自然之景，而且还要依赖想象。沈复在《浮生六记》中说："将及山，河面渐束，堆土植竹树，作四五曲，似已山穷水尽，而忽豁然开朗，'平山（堂）'之万松林已列于前矣。"显然，这种山穷水尽、豁然开朗的美感，都是先奥后旷，违反人的预期心理，再给人以出乎意外的惊喜，并造成强烈深刻的印象。计成在《园冶·园说》中总结道："信足疑无别境，举头自有深情。"这是中国古代造园的又一条空间法则。在苏州园林中，有许多类似的成功案例。例如，网师园的主景区山池开朗，而几处深奥小院"躲"在廊、榭之间，由形式多样的门洞透出几分消息，引人去寻幽探胜。正是旷奥相兼的艺术效果，使网师园咫尺空间显得跌宕起伏、变化无穷。

2.园林空间变换之中的旷奥相兼

计成在《园冶·园说》中言："竹坞寻幽，醉心既是。"便是形容树木掩映而成的幽奥环境。涧壑悬崖也能营造出幽深感，特别是隐蔽在园内最为幽暗静寂之处的山洞。计成在《园冶·掇山·池山》中说："洞穴潜藏，穿岩径水；峰峦飘渺，漏月招云。"山脚幽暗，属于"奥"；山巅空明，属于"旷"。实现"奥"的主要方法之一是围合、阻挡与曲折，以使景观富于层次和深度。园林中旷奥美感的形成，常与园林要素的聚散配置有紧密联系。密集的空间会显得深奥，稀疏的空间则显得空旷。旷奥也与曲直变化密切相关。"曲径通幽处，禅房花木深。"曲则深，直则浅，曲折掩映的风景显得"奥"，一眼望穿的风景则显得"旷"。用曲径、树木、墙壁、建筑物来阻挡视线，会营造出风景的深奥感。明末郑元勋的扬州影园的基本格局是南湖中有岛，岛中有池，园内外水景浑然一体。郑元勋在《园冶·题词》中说："即予卜筑城南，芦汀柳岸之间，仅广十笏，经无否略为区画，别现灵幽。"所谓"灵幽"是空灵幽深的含义，指毗邻借助护城湖和瘦西湖水面的灵动空旷感，是"旷"；幽深指园内假山有幽深山谷气象，是"奥"；旷奥共在，相得益彰，造就了影园丰富多样的空间美感。可见，园林各景区之间大小、开合、高低、明暗等的空间变化，也能造成"旷奥相兼"的效果。

苏州拙政园的园门，正门如同石库门，入门后是一条夹弄曲巷，两边都是高墙，不仅没有景色可看，还使人产生压抑和神秘的感受。到腰门后，迎面一座黄石假山，如屏障一样挡住视线。假山后面有小池，循廊绕池而行，渐入主景区，顿时觉得地广树茂，疏朗开阔，江南水乡风貌尽收眼底。这种一抑、一藏、一露的造园手法，是中国古典园林大小空间转换的典型。苏州留园的入口是综合运用各种方法营造深奥含蓄感的典型。留园的内部曲径回廊有移步换景之妙，各式建筑以华丽精雅闻名，但是园门只是一座普通人家的石库门，门两侧也无装饰，极为朴实。入门后，要走过曲折长廊通道和两重小院，到达古木交柯小厅才可透过漏窗隐约看见园中层次重重的风景。留园的入门通道处理得含蓄深邃，在一隐一显、一藏一露中深化了美感，游人如同一个通往桃花源途中的武陵渔夫，充满了期待和寻幽探奇的乐趣。

"旷奥相兼"属于风景的两大美感，"奥"给人"信足疑无别境，举头自有深情"的感受，反映出中国人喜欢寻幽探险、奇趣别境的心理。中国古典园林深受诗画等艺术的影响，认为露则浅、藏则深；为求意境深邃、余味无穷，常常使空间和风景虚实相生；并采用欲露而藏的手法，把某些精彩的景观藏在偏僻幽深之处；为了创造幽深的意境，使景观极尽曲折变化，不仅广泛地运用于曲廊，而且水、驳岸、路径、桥、墙垣、洞壑、山石也求曲折，忌平直规整。虚实、隐显、幽曲，都属于欲扬先抑、欲露先藏的艺术技巧，能够使人们在空间和景物的变换中产生出乎意外、柳暗花明的美感。中国园林中，一个景区往往兼有许多成对的旷奥关系。例如，拙政园中部的水体景观，水面和“荷风四面亭”所在的树木和建筑稀疏处是“旷”，“小沧浪水阁”和“香洲”等景物密集处是“奥”。

三、中国园林与画境

《园冶》把园林定性为一个隐居静修的地方。中国古代文人画也多以桃源仙境和山林江湖为艺术主题，尤其是宋代以后，山水林泉更是文人画家普遍采用的主题。因此，文人画与文人园林有着共同的意境主题（即林泉隐逸）。但园林毕竟不同于绘画，同样是表达隐逸主题，园林与绘画之间仍有不容忽视的差异。

（一）中国园林与画境的相似处

中国园林著作中常把园林比作仙境和山林隐居环境，前者是虚构的神仙隐逸的环境，后者是现实中文人隐逸的环境，都是脱离世俗生活的尘外之境，文人画也常以此为画题。

1. 神仙隐逸的仙境

仙境是古代山水画的主题之一。明代仇英有《桃源仙境图》《玉洞仙源图》《桃源草堂图》等，皆是大青绿山水的杰作，色彩清艳、笔力刚健，工细中有雄伟崇高的山林气势。明代吴彬有《仙山高士图》，周臣有《桃花源图》等。中国园林中有关仙境的题名有些受到佛教的影响，如“小祇林”（祇林为释迦牟尼讲经处）、“西归津”（佛教的西方净土）和作为第一洞天的“隔凡”等。在明清的文学作品中，这类例子更是不胜枚举。中国本土的道教依神话构筑了一个神仙乐园，集人间最美的事物于园中。计成在《园冶》中把园林比喻为瀛壶、鲛宫、洞天、瑶池等仙境：“境仿瀛壶，天然图画。”“莫言世上无仙，斯住世之瀛壶也。”“池塘倒影，拟入鲛宫。”“多方题咏，薄有洞天。”“何如缑岭，堪谐子晋吹箫？欲拟瑶池，若待穆王侍宴。”人们经常依据想象中的仙境景象来塑造园林，园林也被视为人间仙境，反过来启发对仙境的艺术虚构。仙境美丽祥和，仙人长生不死，生活和谐安乐，集古人的美好愿望于一体。园林也是如此，园林是享福的地方，需要强大的经济实力作为后盾，园林优美的自然风光可以帮助协调人的生理和心理，令人身心愉悦，从而增进健康、延年益寿，是理想的居所。

2. 文人隐逸的林泉

林泉隐逸是古代山水画的又一常见的主题。例如，山居生活图、渔隐图、琴室图、雪景图等。从历代文人园记、园名和匾额对联可以发现，隐逸也是文人园林意境的主题。《园冶》把园林的隐逸意味抒发得非常充分，其中描绘的园林与生活情景就是一幅幅山水季相图和山水隐逸图。例如，《园冶》描写的“渔樵耕读”园林景象是绘画常描绘的内容：“阶前自扫云，岭上谁锄月。千峦环翠，万壑流青。欲藉陶舆，何缘谢屐。”这是“归农隐逸图”。赵左画的《山居闲眺图》刻画的就是这些山居读书的生活场景，画中有层层峰峦，山脚溪流旁，在古松的掩映下，露出三间茅屋，不远处一座小石拱桥，一文人倚窗而立，眺望远方。沈士充的《秋林读书图》画的也是此场景：河岸、山脚、篱笆，古木下两间茅屋，门大开着，室内桌边一位隐士正冠危坐、读书沉思。

（二）中国园林与画境的相异处

1. 中国园林与画境在主题上的差异

文人用绘画表现超脱一切功名利禄甚至天下道义的自在感，因此，文人画中，山水固有的世俗性被淡化，文人笔下画出的是被艺术加工过的理想境界，即使是世俗的田园生活，在文人笔下也变成了意味隽永的世外桃源。虽然园林也以隐逸为艺术主题，但是比起文人画不食人间烟火的理想性，用作日常居住的园林更具亲和气息。建造的园林最终还是日常居住环境，有富足恬静的生活气息。这从园林的规划与设计思想中也可看出，如园林对于园址没有刻意的要求，山林、城市、村庄、郊野和江湖，只要偏僻、安静就可以。尤其是在城市住宅旁边建园，把园林和住宅连成一片，成为居住环境的一部分。园林中有较多的建筑，生活设施完备；园林生态良好，人与自然的关系非常和谐；园林与周围风景关系非常融洽，这些都说明园林是日常居住的环境，园主人并非真的离世隐逸，而是生活在他人的近旁。

2. 中国园林与画境在意境上的差异

园林比文人画的意境要丰富多了。虽然《园冶》中描写的是理想中的园林意象，一些句子的隐逸意味很浓厚，但是文中许多富于生活乐趣的描写，又使园林的出尘意境回到现实。例如，《园冶·相地·村庄地》中的：“围墙编棘，窦留山犬迎人。曲径绕篱，苔破家童扫叶。秋老蜂房未割，西成鹤廪先支。”狗洞、粮仓、养蜂等繁华热闹的世俗生活，在文人画中很少见到，它们是民俗画和年画等表现的对象，可见，植根于生活的园林意境比文人画的意境类型要多。

3. 中国园林与画境在美感上的差异

园林比绘画的美感更丰富、生动，这是由园林意境的审美特点所决定的，如下。

（1）移步换景的季相变化性

人在园中可以欣赏近景，也可以品味远处的缥缈烟景；可以漫步其中动态游览，还可以驻足静观。观赏角度和方式不同，所见景色各异，移步换景，景凭人取，园林美景宛如取之不尽的画幅，让人目不暇接。不仅“观”的方式使园林景色发生变化，四季更替也使景色大为改观。园林主要由自然山水、花木鸟兽组成，它是一个有生命的生态环境，寒来暑往会使园林景色不停息的变化，使一座园林有数不尽的景致，从而人就能体会到不同的意境。

（2）人生经历的历史场所性

《诗经》曰：“维桑与梓，必恭敬止。”因为树是其父所植的，所以这首诗的作者对树也很尊敬。《史记·燕召公世家》：“召公巡行乡邑，有棠树，决狱政事其下。自侯伯至庶人各得其所，无失职者。召公卒，而民人思召公之政，怀棠树不敢伐，歌咏之，作《甘棠》之诗。”

居住在园林中的人一旦回忆起逝去的岁月，园林的意境中就充满了往事悠悠的情感纠葛，只有曾经在这里生活过的人，才能深刻地体味到园林蕴含的亲情、爱情、友情，从而陷入无限虚幻而又真切的情感体验中。园林是园主人生活的场所，是人事更替、世事沧桑的环境，一草一木都见证了说不尽的陈年往事。对于园主人来说，亭榭房廊甚至一棵树、一块石头都可以引起对逝去的经历、亲人的追忆；对于游客而言，园林的意境总是和历史上此处曾发生过的名人韵事紧密相连。正因为园林审美体验具有睹物思人的联想特点，园林意境才具有区别于诗画意境的场所性。

游苏州古朴的沧浪石亭，人们会想起北宋诗人苏舜钦坎坷而短暂的人生，想起当年文坛领袖欧阳修的《沧浪亭》长诗；游绍兴兰亭，人们必然联想到晋穆帝永和九年，暮春三月三日，王羲之、谢安、许询、支遁和尚等文人士大夫在兰亭饮酒赋诗的雅事，以及千古传诵的《兰亭集序》。园林是历史事件发生的场所，所以园林的意境具有场所性。古典园林的历史丰富了园林意境。虽然诗画也能通过题材“用典”的方法增加境界的悠久感，但是此种历史感只是单一的几个不变的典故。园林的历史场所意味着则将随岁月的变更而不断生成，一座园林存在多少年，就见证多少年的人世沧桑。所以，作为历史遗产，中国古典园林不仅自身像一个久经风霜的老人，具有一种古朴的格调，而且在新时代，还会在使用中产生更多的逸闻韵事，焕发新的意义和意境。

（3）心境不同的主观体验性

对欣赏者而言，园林意境比诗画意境有更宽泛的再创造性，所以园境比诗画意境更加不可捉摸、更丰富多样。体验是主体对客体的一种情感性的感受、体察与体悟，体验是主观的、感性的，以形象思维为主。意境是一种高层次的审美体验，欣赏者对诗画意境的体验没有园林意境多样。诗画艺术是经创作者主观情感加工过的艺术，意境总具有一定的基调，或激昂、婉转，或愉快、悲伤，不可能依接受者的主观发生太大的变化。然而，园林中大量的自然景观是激发审美想象的原生态艺术，接受者因时、因心境不同，可以体会出多样的意境。例如，柳宗元流放永州，内心十分痛苦，总是不自觉地将风景与自己的身世、遭遇联系起来，或借景抒怀，或借物自比。在他写的《至小丘西小石潭记》文末："坐潭上，四面竹树环合，寂寥无人，凄神寒骨，悄怆幽邃。以其境过清，不可久居，乃记之而去。"隐约体现出落拓悲凉的心情。同样面对这类幽深的自然景色，白居易却感到："仰观山，俯听泉，旁睨竹树云石，自辰及酉，应接不暇。俄而物诱气随，外适内和，一宿体宁，再宿心恬，三宿后颓然嗒然，不知其然而然。"[1]表达了他沉浸在自然中的喜悦和陶醉、流连忘返，幽静的景色是让他忘却人间俗务烦恼的良药。

（4）多种感官体验的丰富性

园林意境丰富，还因为园林是多感官体验的艺术。元代散曲作家张可久写欣赏西湖的散曲《金字经·湖上书事》，其中说道："六月芭蕉雨，西湖杨柳风。茶灶诗瓢随老翁。红，藕花香座中。笛三弄，鹤鸣来半空。"写出了自然审美的各种感觉：视觉（花红柳绿），听觉（笛声鹤鸣），嗅觉（茶香），肤觉（风拂雨滴），味觉（茶味），园林审美就是这类多感官的活动。正因为环境的多种感官体验性，西湖自身的美用一篇诗文是不能传达得尽的，一座园林的美也不是一篇游记、一幅园林图所能全部记载表达的。绘画没传达出的物象，以及触、听、嗅、味觉等体验虽然可运用想象补充，但是对于没有多少山水经历的人，所看到的只是一幅山水画而已。所以园林远远比绘画意境生动感人。

（5）众美荟萃的审美综合性

园林的物质建构相当丰富，有雕梁画栋、古玩字画、家具器皿、匾额楹联，有多姿多彩的珍贵花卉、名木珍禽，有千姿百态的假山叠石、蜿蜒曲折的潺潺溪流。

[1] 文昌荣．隐括词曲评注［M］．武汉：武汉大学出版社，2019：114.

园林集工艺美、绘画美、诗词美、音乐美、自然美于一体，共同营造出美轮美奂的意境，因此，园林意境具有多元艺术的丰富性。例如，音乐美，园林中既有自然的水流、鸟兽、风声等天籁之音，也有人工演奏、浅吟低唱的人声。人工和自然的音乐节奏萦绕在园林一年四季的美景之中，使视觉的美感更加气韵生动。又如工艺美，园中的工艺美术用品、家具门窗和建筑造型，或错金镂彩、或古朴雅致，它们与人工山水一起组成了园林的艺术形象，丰富着园林的意境。

综上所述，园林之所以能够与绘画艺术相互借鉴和促进，是因为它们有共同的艺术对象、艺术源泉和艺术追求：画家和造园家都以山水风景为艺术对象，不同的是，画家是在平面上描绘山水物象，造园家是在空间中建造出立体的山水艺术。园林与绘画的创作过程都是源于自然又高于自然，以“合道”为核心理念，用艺术来妙造自然，都呈自然风格；而且文人园林与文人画的创作者都是文人，所以具有共同的审美意趣和价值追求，作品题材和艺术意味也类似。中国绘画艺术一直延续着美化现实、制作幻象的艺术传统。在观看古代大画家所作的全景山水图时，人们可以感受到许多理想化色彩。画中的渔樵耕读之人的活动趋势会把人们的视线引导到画的亭屋处，充满静谧安宁的祥和之气的画面使山水不像人间的景象，更像仙山和世外桃源。园林造园与绘画的创作理念一样，中国古典园林的艺术设计方针也是从外师造化中得心源，艺术目标是妙造自然的自然式山水园林，也就是《园冶》提出的“虽由人作，宛自天开”的造园艺术理想。园林山水是理想化的艺术山水。因为有共同的创作对象、源泉和境界追求，所以绘画中直观的、似乎触手可及的山水形象能够直接作为蓝本塑造成园林。园林造园借鉴画意、画理和画境，这些方面其实是不能截然分开的。比如，常用的山水画构图，往往既是符合文人意趣，也符合形式美规律的典型形象；既是文人喜欢的题材，能够展示文人的高雅品质，也是美的山水形象，合乎艺术规律。

第二节　中国园林与古典文学

中国园林与中国古典文学盘根错节，难分难离。研究中国园林应先从中国诗文入手，求其本，究其源，然后许多问题可迎刃而解。如果就园论园，则所解不深。具有文学内涵的园名题咏、富有文采韵致的景观立意、文采飞扬的名人园记、中国文学名著中描绘得精美绝伦的园林……中国园林笼罩在文学的光辉下，飘溢着中国古典诗文的馨香。

一、古典文学下的构园思想

中国古典文学为园林“文心”，园中景致也洋溢着这些文学意境，这就把文学带进景中，使景的意蕴更深永；也把优美的景带进文学里，使诗文形象更丰富、更精妙。

（一）文学思想下的造园主题

中国古典园林是立意深邃的“主题园”，置景构思大多出于古典文学。中国文学史上许多著名文学家的思想和诗文意境，成为古典园林与园中景点立意构思的主要艺术蓝本，即造景依据。

1. 庄周思想下的园林

庄周思想在园林造园中起着难以估量的作用。撷自《庄子》文中语言与意境的园名俯拾皆是，如“濠濮亭”“濠濮间想”“集虚斋”“虚白堂”“至乐亭”“安知我不知鱼之乐”“鱼乐国”“知鱼”等。

（1）一枝园

“一枝园”取自庄子的《庄子·逍遥游》：“鷦鹩巢于深林，不过一枝。”后代文人表示寡欲知足时，常将“一枝”比喻为栖身之地。杜甫《宿府》云“强移栖息一枝安”；曾巩《次道子中书问归期》云“一枝数粒身安稳”；方文《庐山·玉帘泉》说“小楼暖可居，他日借一枝”；晋张华《鷦鹩赋》称“其居易容，其求易给，巢林不过一枝，每食不过数粒”。

（2）壑舟园

“壑舟园”取《庄子·大宗师》：“夫藏舟于壑，藏山于泽，谓之固矣。然而夜半有力者负之而走，昧者不知也。”比喻在不知不觉中事物不停地变化。

（3）芥舟园

“芥舟园”取意《庄子·逍遥游》：“覆杯水于坳堂之上，则芥为之舟，置杯焉则胶，水浅而舟大也。”芥即小草，后比喻“小舟”，如李渔筑小园名“芥舟”，便夸张地描绘出庭园的小巧。

（4）抱瓮轩

苏州拥翠山庄的“抱瓮轩”，即出《庄子·天地》篇。子贡见老人抱瓮灌园，用力甚多而见功寡，就劝其用机械汲水，老人认为这样做了人就会有机心，故羞而不为。后以“抱瓮”比喻安于拙陋、弃绝机心、闲游天云的淳朴生活。

2. 田园派思想下的园林

开创中国田园诗流派的诗人陶渊明，其思想与诗歌辞赋对中国园林的意境构思产生了巨大影响。陶渊明洁身守志，追求纯真和质朴，诗亦情真意真，冲淡高古。《归园田居》诗五首和同时写下的《归去来兮辞》，是他告别官场的宣言书，在诗辞中，他畅抒心怀，表达出回归自然之后的身心俱适。陶渊明的审美情趣、人格理想，对中国园林意境产生了巨大而深远的影响，成为许多园林构园的主题意境。从主题园名看，苏州就有“归田园居”“五柳园”“耕学斋”“三径小隐”等；扬州有“寄啸山庄”“耕隐草堂”“容膝园”等；另外有南浔的“觉园”，上海的“日涉园”，苏州、海盐的“涉园”，常熟的“东皋草堂”，杭州的“皋园”，广东的“人境庐”等。

摄取陶渊明的诗文意境融入园中各种景物形象的例子，更是不胜枚举。明代顾大典的“诸赏园”，全园构思以陶渊明隐逸思想为内涵，园中“载欣堂”“静寄轩”等景点，就是以陶渊明上述诗文为设景依据的。圆明园的“武陵春色”、留园西部的山水林木风光，是陶渊明《桃花源诗及记》的理想再现。拙政园与狮子林的“见山楼”，取“采菊东篱下，悠然见南山”诗句意境，园内诸多景物，以及它们与园外天地宇宙大自然的融合关系，使园林审美者从静中“无意得之”，身临其境，忘记自身存在；狮子林五松园砖刻“怡颜”“悦话”则取自“眄庭柯以怡颜”“悦亲戚之情话”；耦园的“无俗韵轩”取“少无适俗韵”诗意；“吾爱亭”则取“吾亦爱吾庐”意；留园“还我读书处”、半园的“还读书斋”取自“既耕且已种，时还读我书”句；留园“舒啸亭”取自“登东皋以舒啸”；颐和园“夕佳亭”取自“山气日夕佳”意境；颐和园的“湖山真意”和网师园殿春簃“真意”砖刻门宕，也使人想到陶诗“此中有真意，欲辩已忘言”的高远诗境和深邃哲理。[1]

3. 兰亭派思想下的园林

晋王羲之、谢安、许询、支遁等四十一人曾于会稽山阴之兰亭饮酒赋诗，王羲

[1] 夏惠．园林艺术 [M]．北京：中国建材工业出版社，2007：43.

之为之写下千古传诵的《兰亭集序》，文中描绘了文人们大规模集会的盛况。“崇山峻岭，茂林修竹”的自然胜景，以及流觞曲水、水畔进行“文字饮”的形式，成为中国古典园林中建园置景的蓝本，如隋炀帝曾建“流杯殿”、圆明园有“坐石临流”、中南海有“流水音”、故宫乾隆花园有“禊赏亭”、潭柘寺有“猗玕亭”、恭王府有“流杯亭”等；江南也很多，如苏州东山的“曲溪园”，利用其地“有崇山峻岭，茂林修竹”，于流泉上游拦蓄山洪，导经园中，再泄入湖中，造成“清流急湍，映带左右，引以为流觞曲水”的实景。苏州园林中还有“流觞曲水”的景点，如留园的“曲溪”楼，曲园的“曲池”“曲水亭”“回峰阁”等均取“曲水流觞”之意。[1]

（二）文学意境下的园林景观

1.景点命名的诗源

中国园林中，以历代诗文意境设置的景点不胜枚举。仅以唐宋为例，略举一二。例如，嘉兴烟雨楼的“楼台烟雨堂”出自杜牧“江南四百八十寺，多少楼台烟雨中”诗意；颐和园后山“看云起时”景点，用王维著名诗句“行到水穷处，坐看云起时”的意境；杜甫诗云“碧梧栖老凤凰枝”，怡园主人以此诗意在园内筑“碧梧栖凤”榭，榭北面的小院中植梧桐、凤尾竹，榭南面的院中，点缀假山，植山茶、紫薇、梧桐等植物。微风吹来，梧叶沙沙引凤尾，碧梧萧萧接栖凤；拙政园“留听阁”用李商隐“留得枯荷听雨声”诗意造景；颐和园“云松巢”景点，用李白“吾将此地巢云松”诗意，传说凤凰栖宿于碧绿青翠的梧桐树上，隐藏在宽阔的梧桐叶中。[2]

2.园名背后的文思

（1）退思园

“退思园”水园笼罩着宋代词人姜白石的词的艺术氛围，水园中有三处景点意境是从姜白石《念奴娇·闹红一舸》一词化出。词序所描写的：“薄荷花而饮。意象幽闲，不类人境。秋水且涸，荷叶湖地寻丈，因列坐其下。上不见日，清风徐来，绿云自动。”俨然一幅幽雅高远的风景画。词中的荷花成为姿态袅娜的美女，她的微笑弥漫着高洁的情调和清新的气息，从而激发了词人的诗兴。荷花的零落犹美人迟暮，实乃词人自伤情怀，以景结情，给人留下不尽的余意。全词构成的冷寂

[1] 曹林娣.中国园林艺术论[M].太原：山西教育出版社，2001：189.
[2] 马海英.江南园林的诗歌意境[M].苏州：苏州大学出版社，2013：75.

清远的意境和含蓄的画面，正是“退思园”的艺术境界。石舫径称“闹红一舸”，取的是《念奴娇·闹红一舸》词上阕的意象：荷花盛开的时候，几只鸳鸯在荷叶间嬉戏，那无数的荷花荷叶，似玉佩，似罗衣，在清风绿水间摇曳，碧绿的叶子散发着凉爽的气息，美玉般的花朵，带着酒意消退时的微红。这时，一阵密雨从丛生的菰蒲中飘洒过来，荷花优美地舞动着腰肢，诗人薄荷而饮，诗兴勃发，诗句上顿时染上了一股迷人的冷香。此石舫似船非船，船身由湖石托起，半浸碧波，夏秋之际，荷花绕舟，列坐舟中，清风徐来，绿云自动，耳闻水声潺潺。

（2）研山园

南宋岳珂所筑“研山园”，因园址为酷爱奇石的米芾“海岳庵”遗址，即以奇石“研山”为园名，园中景点均以米芾诗文中的妙语题写，诸如“抢云”“宜之”“春漪”“英光”等，独辟意境，逸出尘表，书写的字迹也都临摹园主收藏的米芾书迹。

3.园景与诗文集成

有的园林造景设计是集多篇诗文意境而成，最典型的是天平山庄的构园置景。张岱《天平山庄》记道：“山之左为桃源，峭壁回湍，桃花片片流出；有孤山，种植千树；渡涧为小兰亭，茂林修竹，曲水流觞，件件有之。”

山左之桃源设计，乃取陶渊明《桃花源记》与诗的意境，今存“桃花涧”。昔时，涧边桃树成林，暮春时节，桃花盛开，“桃花逐流水，未觉是人间”，令人恍如置身于桃源仙境。“孤山”，即拟取北宋诗人林逋隐居植梅之地——杭州西湖孤山。林逋恬淡好古，不慕荣利，于孤山结庐，隐居二十年不入城市，一生不娶，惟喜梅养鹤，有“梅妻鹤子”之称。林逋所写《山园小梅》诗，乃千古传诵的咏梅绝唱。“小兰亭”自有东晋王羲之等文人雅集的会稽山阴兰亭之遗韵。

（三）掌故雅士下的园林置景

历代高人雅士、文学典故，也是园林置景的一个重要依据。

1.掌故与园林置景

宋代文人造园，特别喜欢用古人故事。司马光的《独乐园七题》中谈道，“读书堂”取汉董仲舒专心读书，“下帏讲诵……三年不观于舍园”之意；“钓鱼台”以取汉严子陵富春垂钩之故事；“采药圃”借汉韩伯休“常采药名山，卖于长安市，口不二价”的佳话而设；“种竹斋”融晋王子猷暂时借居也要种竹，以“何可一日无此君”的千古韵事而造；“见山堂”为晋陶渊明《饮酒》诗“结庐在人境，而无车马喧……采菊东篱下，悠然见南山”的意境而筑；“弄水轩”取唐杜牧《池州弄水亭》诗意而建；“浇花亭”寓唐白居易韵事而造。[1]

2.雅士与园林置景

园林主人常模仿心仪的古人所设景点。例如，颐和园有一条用叠石构成的石涧，苔径缭曲，护以石栏，寻幽无尽，用唐李贺寻诗的故事，称“寻诗径”；松江顾大中的私园“醉白池”，是园主仰慕唐代诗人白居易晚年醉酒吟诗的风度而造，以池为主，环池布景；被人视为“米颠”的宋书画艺术家米芾爱石成癖，《宋史·米芾传》载：“无为州治有巨石，状奇丑，芾见大喜曰：‘此足当吾拜。’具衣冠拜之，呼之为兄。”颐和园的“石丈亭”、苏州怡园的“拜石轩”等均本此典。宋理学家周敦颐隐居濂溪，植荷花，并写出了脍炙人口的《爱莲说》一文，成为圆明园“濂溪乐处”“映水兰香”、避暑山庄“香远益清”、拙政园“远香堂”等景点的依据。颐和园的“邵窝殿”、苏州耦园的“安乐国”是以宋哲学家邵雍隐居之所命名的。

二、古典文学下的诗化景观

古典文学与园林的景观空间环境相融合，已经成为中国古典园林艺术的有机组成部分，也是中国古典园林的独特风采。中国园林中，匾额、楹联是建筑物典雅的装饰品、园林景观的说明书，也是园主的内心独白。它透露了造园设景的文学渊源，表达了园主的品格心绪，是造园家赖以传神的点睛之笔。它将园林景观意境做了美的升华，是园林景观的一种诗化、不可多得的艺术珍品，具有很高的审美价值。

（一）古典文学下的匾额

匾和额本是两个概念，悬在厅堂上的为匾；嵌在门屏上方的称额，叫门额。后因两者形状性质相似，所以习惯上合称匾额。中国古典园林中的匾额题刻（包括砖刻、石刻等）主要被用作题刻园名、景名，陶情写性，借以抒发人们的审美情怀和感受，也有少数被用来颂人旌节的。中国建筑用匾，最早见于南朝宋《笔阵图》：“前汉萧何善篆籀，为前殿成，覃思三月，以题其额，观者如流。”《世说新

[1] 马海英.江南园林的诗歌意境 [M].苏州：苏州大学出版社，2013：88.

语·巧艺》篇中记载了曹魏时期韦仲将登梯题榜的故事。但题额有深刻的寓意、鲜明的文学形象则始于中唐以后，如白居易题“虚白堂”“忘筌亭”等，借《庄子》语以见志；宋代题额多撷历代诗文名篇、名句之意而成；石峰题字也于此时大量出现，宋徽宗在艮岳石峰上题了很多字，后遂蔚为风气；颐和园“青芝岫”上除刻有乾隆题字、题诗外，还刻有汪由敦、蒋溥、钱陈群等人的题字。

1. 匾额在园林中的作用

匾额是一种独立的文艺小品，内容涉及形、色、情、感、时、味、声、影等，读之有声，观之有形，品之有味。而且，这些匾刻大都撷自古代那些脍炙人口的诗文佳作，能引发游人的诗意联想，显得典雅、含蓄、立意深邃、情调高雅。它融辞、赋、诗、文的意境于一体，使诗情画意系于一词。

（1）境外之景

匾额可帮助游人将视野、思路引向外在的广阔空间，使物景获得象外之境、境外之景、弦外之音，进一步向精神空间升华，从而产生一种特殊的审美享受——艺术意境，使小小的建筑物获得了灵魂，有了生气，人们涵泳其中，在有限的空间中看到了无限丰富的空间内涵。诗文题额牢固地把握住了厅前景象特征，调动人们的艺术想象加以深化，孕育出耐人品味的意境，使人涵泳其中，神游境外。例如，留园楠木厅悬有清代著名金石学家吴大澂的篆书匾额“五峰仙馆”，人们便会不由自主地把注意力放到厅南的湖石峰峦上，想到庐山五老峰。庐山，巉岩苍苍，树茫茫，山峦云遮雾绕，在古人心目中，是隐士和仙人的乐园，非凡夫俗子之居所。五老峰，岩削立，高峻挺拔，远望如五位老人端坐在那里静赏云光山色，他们的背后连成一片，像巨大的芙蓉，伸向鄱阳湖的万顷烟波。五老峰的峻伟奇特，引起无数文人墨客的向往。网师园中一座造型轻巧舒展而又飘逸的四面厅，悬一块“小山丛桂轩”匾额，它将人们的视线引向轩南湖石叠砌的小山和山间的桂树上，想到浓香四溢的金秋，或更进一步想到淮南小山《招隐士》赋的意境，从而通过实景见出空灵。

（2）景观点睛

匾额往往也为游人点出景观的美学特点，将自然景观艺术化。由于文学题名的藻绘点染，赋形铺采，可“使游者入其地，览景而生情文”[1]，使游移的景观意境得到凝固，便于为更多的人明确其经营的旨趣，与游观者进行一番审美交流，使游

[1] 陈从周．园林谈丛[M].上海：上海人民出版社，2016：84.

人把握其表现的境界，从而获得绵绵无穷的深永意蕴。例如，避暑山庄“南山积雪”“锤峰落照”“西岭晨霞”，都是指导游人欣赏远处天景的；圆明园“上下天光”，同样是观赏那上下天光一色、水天上下相连、一碧万顷的湖天风光的；避暑山庄“月色江声”、网师园“月到风来”旨在观赏月色笼罩下的朦胧美；还有专赏天光云气、朝晖夕阳引起的虚幻的风景信息的园林，自水底观山形，依然千岩万壑，如拙政园“倒影楼”、耦园“听橹楼”欣赏声景，避暑山庄“曲水荷香”、狮子林“双香仙馆”、沧浪亭“闻妙香室”欣赏香景，拙政园“绣绮亭”“沧浪亭”“翠玲珑”欣赏色景等；专赏植物风姿的，如赏竹子的潇洒可爱的有怡园“四时潇洒亭”，赏梅花的攲曲之美的有网师园的“竹外一枝轩”；赏梅之倩影、闻梅之幽香的，有狮子林的“暗香疏影楼”等。

（3）写意题咏

匾额有不少催人遐思的写意式的抽象题咏。似舫舟的建筑物，如拥翠山庄的“月驾轩”、沧浪亭的“陆舟水屋”、避暑山庄的“云帆月舫”；似彩虹的桥亭，如耦园的“宛虹杠”、拙政园的“小飞虹”“倚虹亭”等。以上匾额，点出了虚、实或虚实相济的园林欣赏空间的主题，为风景传神写意，对游人起着一种“导读”作用。

2. 园林匾额的审美特征

匾额蕴含着创作者的思想感情、审美意趣和人生态度，是他们思想情感的艺术升华，给人以审美快感。园林匾额主要具有以下审美特征：

（1）哲理美

网师园“集虚斋”是富于道家思想色彩的读书养心之所，名出自《庄子・人间世》：“气也者，虚而待物者也；惟道集虚，虚者，心斋也。”庄子认为要用专一的意志去排除感觉经验和理性思维，因为运用感觉经验和理性思维的目的都在于主动地认识世界，通过这样的途径是不可能获得真知的，真知只能靠专一的意志在排除思虑的过程中自然获得。意志的动力是气，即人的原始生命力。只有修持真道，才能至虚静空明的境界，才能使自己成为真而不伪、善而不伐、美而不骄的人，也就是真善美统一的人、完全保持了自己自然本性的人。留园书房匾额“汲古得绠处”，语出《荀子・荣辱》：“短绠不可以汲深井之泉，知不几者不可与圣人之言。”短绳难以汲取深井之水，故荀子将其比之于钻研古人学问：汲取深井之水需要用长绳子，汲取古人深邃的学问，也必须找一根长绳子。此外，圆明园“鱼跃鸢飞”、留园“活泼泼地”，都是讲天机活泼、怡然自得的心理。理学家也将鱼跃鸢飞这类充满天真的自然生机的景象，视为宇宙本体与表象之间必须具有的境界，从中可以见出“天理流行”之妙，感受到永恒而和谐的宇宙韵律。《诗经·大雅·旱麓》：“鸢飞戾天，鱼跃于渊。”《景德传灯录四·无住禅师》：“真心者，念生亦不顺生，念灭亦不依寂……活泼泼平常自在。”《朱子语类》称鸢飞鱼跃恰似禅家云：“青青绿竹，莫非真如；粲粲黄花，无非般若”之语。

（2）理想美

①生活理想。传统的生活理想以儒立身，重视“藏修息游”，心常怀抱学业，修习不废，游玩之际，亦在于学。《礼记·乐记》中言：“悦亲戚之情话。”这是儒家关于学习修性的格言，狮子林据此取名“悦话”；陶渊明《归去来兮辞》中言“眄庭柯以怡颜”，主张尽情享受人间欢乐，狮子林据此取名“怡颜”。此外，传统的生活理想还有夫妇偕隐，如耦园的“枕波双隐”；眠云卧石，如退思园的“眠云亭”；与清风明月为伍，如拙政园的“与谁同坐轩”。

②社会理想。士大夫们希望自己生活在陶渊明笔下的桃花源里，如留园“小桃坞”、近代诗人黄遵宪的“人境庐”；皇帝也想生活在“如意洲”，或欣赏“武陵春色”。

③宗教理想。留园“小蓬莱”、拙政园“荷风四面亭”“雪香云蔚亭”“待霜亭”都象征海中“蓬莱”“方丈”“瀛州”三神山，在那里，园主感到蓬莱烟景仿佛宛然在目。留园有“伫云庵”“参禅处”“亦不二亭”等礼佛建筑，还有“闻木樨香轩”这类出自禅宗公案的题名，怡园的“面壁亭”，取禅宗第一祖菩提达摩在嵩山少林寺面壁十年，静坐参禅的故事。

④政治理想。颐和园排云殿后檐额“天乐人和”，取自《庄子·天道》“与人和者，谓之人乐；与天和者，谓之天乐”，体现了帝王们希望风调雨顺，国泰民安，天上人间皆和畅。如圆明园“万方安和”“九洲清晏”，颐和园“四海承平”等均属此类。帝王们希望能使江山稳固，长享富贵。

（3）人伦美

有不少园名题咏和景点题咏中，含有表示娱老、怡亲、乐亲之意，闪烁着中华民族特有的人伦美，如上海的“豫园”就为娱悦老亲而筑，豫，即愉快、欢乐；苏州“耦园”则处处表现了“耦园住佳偶”的夫妇情爱；“怡园”重名的不少，大多表现怡性、养亲、娱亲。苏州“怡园”，园主顾文彬给其子顾承的信中说：“园名，我已取定‘怡园’二字，在我则可自怡，在汝则为怡亲。”[1]园中原有“可自

[1] 曹林娣．苏州园林匾额楹联鉴赏[M].北京：华夏出版社，2011：219.

怡斋”和“看到子孙”堂匾额。狮子林今天犹能见到敦宗、睦族、宜家受福等砖额，希望大家族的人们和睦相处；或者和朋友们一起，东园载酒西园醉，在厅中“诗酒联欢”，如耦园大厅的“载酒堂”；或者高朋胜友，聚饮于南雪亭梅花下，醉扶怪石看飞泉，如怡园的“南雪”等。

（4）朴野美

中国园林反映田园、草原、山林野趣、劝耕重农的题额，展现了优美的耕乐图或田园草原风光。颐和园“如意庄”主体建筑“乐农轩”，崇尚农事；“豳风桥”就是欣赏田园风光之桥，原桥西有仿江南乡村风景的一组风景点，如延赏斋、蚕神庙、织染局、水村居等。圆明园“多稼如云”，是以农村为题材的造景。承德山庄有天然草原，平原上绿草如茵，佳木成林，有石碣口“万树园”。绿树丛中散点着洁白的蒙古包。山庄东南部，地肥土厚，康熙时曾开辟为农田、瓜圃，真是桑麻千顷绿，草树一川明，自然朴野。圆明园还有“北远山村”。私家园林中也有反映田园野趣的题名，如拙政园绿漪亭，名劝耕亭，只见水流从亭边流过，水边几片芦荻、数竿苇叶，亭北棚架爬满木香花，棚下花径蜿蜒，一派田园风光。祁彪佳的寓山园建有山村“丰庄”，有田畴可耕作，另有“豳圃”，种有桑树与梨、橘、桃、杏、李等果树。

此外，中国寺庙园林中大量的匾额，除了并不具有文学韵味的寺庙标识性匾额外，带有题撰者主观认识与情感的题额，也都颇富文学色彩，如四川云阳张飞庙壁匾“江上清风”，刻画了寺庙临江坐落的别致布局，醒人耳目。有的题额巧妙地包容了许多内容，如杭州灵隐寺的匾额题“灵鹫飞来”，令人遐思：灵鹫山结集了佛教盛事，印度僧人慧理迢迢东来创建灵隐寺，寺庙恰恰坐落在飞来峰前，言简意赅，堪称妙思巧构。其他如“养心若鱼”“即景遐思”“香国庄严”“风流天下闻”等，或刻画置身寺庙时的情感，或描写环境，或蕴含哲理，也足以令人回味。

（二）古典文学下的楹联

悬挂在厅馆楹柱上的叫楹联。楹联是随着骈文和律诗成熟起来的一种独立的文学形式，对仗工稳，音调铿锵，朗朗上口，融散文气势与韵文节奏于一炉，浅貌深衷，蓄意深远，为骚人墨客所醉心，也为广大群众所喜爱，既具有工整、对仗、平仄、相谐的形式美，又具有抑扬顿挫的韵律美、写景状物的意境美和抒怀吟志的哲理美，是具有民族传统性的一种文学样式，有人称之为中国文化的名片。楹联是从古典诗词发展而来的，滥觞于刘宋时期；五代时出现了题景对联，于宋代发展；元代，楹联已经悬于殿堂、酒楼，明人选唐代诗句为联已成为普遍风尚，到清初，李渔的《闲情偶记》中列“联匾”专篇，论及“大书于木”“匾取其横，联妙在直”。乾隆间，盛极当时的扬州园林，就凡是建筑物都有楹联。用悬匾挂联的形式，在建筑艺术上，不仅有重点的标志作用，而且已经成为界定室内视觉空间的特殊手段之一。园林文学楹联的内容很丰富，最大的特点有二：一为大量采用古代诗文名句，借助古代诗文中的优美意境深化景观文化内涵、加大美学容量，使人们获得尽可能丰富的美感；二是喜欢用典故。园林对联既有律句联，也有散句联，形式活泼，颇多巧构。有采用双关、象声、叠字，或者嵌字、拆字、回文等形式和修辞手法的，含蓄俊逸，成为一种清新奇巧的文化娱乐，人们不禁为它的新颖构思和深远意趣所折服。

上海豫园的对联是一副回环联，仿效杭州西湖花神庙联，顺读、倒读都合韵律，自然流利。联中语词来自人们熟悉的诗文，这些诗文意境也增加了联语的韵味和含量。“莺莺”是唐元稹传奇小说《会真记》中的女主人翁；“燕燕”，最早见于汉代童谣，又成为后世不少小说、诗歌、戏剧爱情故事中的女主人公。下联写的是风风雨雨之中的花草，一岁一枯荣，略带因时光流逝引发的惆怅。其中的“朝朝暮暮”则来自宋玉的《高唐赋》，言巫山之女，“旦为朝云，暮为行雨，朝朝暮暮，阳台之下”，引起对男女情爱的联想。联语曼调柔情，连绵回环，极富情味，且情景恰当。全联用十四对叠字组成，节奏鲜明，如美玉双叩，声声入耳，极富音乐感。联文把形、色、声、情集于一体，以状艳冶之景：莺莺娇软，燕子轻盈，红花绿叶，男欢女爱，一派明媚秀丽的风光。[1]上海豫园对联曰：

莺莺燕燕，翠翠红红，处处融融洽洽；

风风雨雨，花花草草，年年暮暮朝朝。

拙政园“荷风四面亭”抱柱联蕴含“一、二、三、四”序数：“一房”“半潭”“三面”“四壁”，堪为二巧。联语描绘了一年四季之景：“房山”，指树叶枯谢、山形倒影于池中之冬景；“半潭秋水”，指秋色；“三面柳”，可视为春景；“四壁荷花”乃夏景，可称三绝。拙政园“荷风四面亭”处于广阔浩淼的水池之中，月牙形的池面被两桥分割为三部分，夏日四面皆荷花，假山位于亭的东北角。楹联将造园者的经营旨趣巧妙地透露给了游人，写景如绘，贴切允当，是为四美。拙政园“荷风四面亭”抱柱联的上联仿济南大明湖“历下亭”刘凤诰所撰名联：“四面荷花三面柳，一城山色半城湖。”下联化用唐李洞《山居喜友人见访》诗名句：“看待诗人无别物，半潭秋水一房山。”然妙趣相同。移花接木，堪为一

[1] 天人．名联妙联精粹 [M]. 呼伦贝尔：内蒙古文化出版社，2009：10.

妙。[1]拙政园“荷风四面亭”抱柱联曰：

四壁荷花三面柳，半潭秋水一房山。

怡园“石听琴室”一副嵌字联的联语为园主顾文彬从辛弃疾词中集出。上联写隐逸之趣，跌宕潇洒；下联以琴为中心，室内主人弹琴，窗外二石听琴，高山流水得知音，且嵌进“听琴”二字，既表达了园主的造景意图，又显得典雅、婉转，韵味澄彻。[2]怡园“石听琴室”一副嵌字联曰：

素壁写归来，画舫行斋，细雨斜风时候；

瑶琴才听彻，钧天广乐，高山流水知音。

从题材类型看，中国园林楹联主要有以下几种：

1. 生平业绩类楹联

纪念性建筑的对联围绕所纪念名人的生平、业绩展开，有正面颂赞的，也有侧面描写的，以景衬人、以景感人，令人联想翩翩，诗意陡生。成都杜甫草堂的主体建筑“诗史堂”，回廊围环，曲溪小桥，梅影竹韵，松柏掩映，草阁浸润在诗一样优美、雅洁的环境中，诗圣杜甫在溪边吟诗觅句，衬托出诗人高洁的情怀；再从草阁处远观，暮色笼罩下，野梅丛丛，柳条摇曳，缀以楼台亭阁，与美丽的春城连接成一片。景色由近而远，视野开阔，展示了一幅天然图画。[3]成都杜甫草堂“诗史堂”对联曰：

水石适幽居，想溪外微吟，翠竹白沙依草阁；

楼台开暮景，结花间小队，野梅宫柳接新城。

2. 历史人物类楹联

人物题材的楹联评说历史人物，传赞并用，数语关情，使人感发怀古幽思，缅怀历史人物，受到传统历史文化的熏陶。苏州沧浪亭上原有清代齐彦槐的一副对联，全联洋溢着怀古幽思，先哲风范跃然纸上。此联化用了宋欧阳修《沧浪亭》诗句“清风明月本无价，可惜只卖四万钱”，咏沧浪胜景与苏舜钦当年买园的故事，镶嵌得恰到好处。对句歌颂了先后在沧浪亭住的苏舜钦和韩世忠。苏舜钦是个有倜傥高才的北宋著名诗人，遭诬被黜以后，在苏州买园，筑沧浪亭以寓其志；南宋绍兴年间，百战沙场、威慑金兵的名将韩世忠因怒斥秦桧杀害抗金英雄岳飞而被罢

[1] 曹林娣．苏州园林匾额楹联鉴赏 [M]．北京：华夏出版社，2011：19.

[2] 天人．名联妙联精粹 [M]．呼伦贝尔：内蒙古文化出版社，2009：15.

[3] 陈从周．中国园林鉴赏辞典 [M]．上海：华东师范大学出版社，2000：198.

黜，遂以山水自娱，沧浪亭一度成为他的宅第。名人名园，相得益彰。[1]苏州沧浪亭对联曰：

四万青钱，明月清风今有价；

一双白璧，诗人名将古无俦。

3.铭言述志类楹联

濯缨“水阁”对联则借古人铭言以述志。出句集自苏辙的《上枢密韩太尉书》，意思是说，以前交游的只是“邻里乡党之人”，范围太窄；所见的仅是“数百里”，无“高山大野”之乡，空间太小；遍读的百氏之书，皆古人之陈迹，都不足以激发其志气。做人应如司马迁一样，行天下，周览四海名山大川，求天下奇闻壮观，以知天地之广大；应该尽识天下之秀杰。也就是说，人们不但要有内在文化修养，而且更要有广泛的交游和见闻。“读万卷书，行万里路”，最佳的文化积累和对自然万物的凝神观照是获得成功的重要条件。对句集自苏轼的《超然台记》：“凡物皆有可观。苟有可观，皆有可乐，非必怪奇伟丽者也。”意思是说，果蔬草木，皆可以饱；粗菜淡酒，皆可以醉，以此类推，“吾安往而不乐”！物皆有尽，人欲无穷，必然导致失意与痛苦，只有心志不为外物所诱，逍遥于物外，超脱一切，随缘自适，才能达到安恬潇洒的生命境界，安然自得，表现了作者旷达乐观的人生态度。濯缨“水阁”对联曰：

于书无所不读，凡物皆有可观。

4.兴衰之感类楹联

人文景观的联对，除了咏赞历史人物，还因联语蕴含的兴衰之感，引发出对历史事件的联想、追思，领悟出某些哲理，因而成为后人凭吊不已的永恒主题。临潼华清池对联作于清光绪年间，出句发沧海桑田之感。临潼华清池是唐代著名的山水宫苑，其中的温泉尤富盛名，当年，唐明皇李隆基，带着宠妃杨贵妃在此，十分风光；如今锦绣如画的骊山，已经荆棘丛生，豪华的宫苑也只剩下留宾的“堠馆”了，人们只能对着温泉，空吟白居易的《长恨歌》，对李隆基发出历史的叹息。对句写环园所建的新舍，据说是唐宫旧址，当年，李白曾在兴庆宫的沉香亭北依栏杆，写出诗歌，如今又有谁的高雅之才可继承李白呢？全联借景抒情，吊古伤今，饱含忧患。[2]临潼华清池对联曰：

---

[1] 曹林娣．苏州园林匾额楹联鉴赏 [M]．北京：华夏出版社，2011：73.

[2] 陈从周．中国园林鉴赏辞典 [M]．上海：华东师范大学出版社，2000：102.

绣岭委荆榛，只余堠馆留宾，记当年赐浴池边，长恨空吟白传；
环园新结构，云是唐官旧址，问我辈沉香亭北，雅才谁嗣青莲。

5.哲理意蕴类楹联

园林中不少风景联对以深永的哲理意蕴令人玩味不尽。例如，怡园“玉延亭”内有一副明末杰出的书画艺术大师董其昌的草书对联。全联表达的是禅理和与之相应的艺术情趣。如果人们小坐亭中，一面吟诵这副情味深永的对联，一面聆听那风摇翠竹发出的清音，一股清雅洒脱之情自会油然而生。联语对句抒写作者的艺术志趣，说从禅理的论辩中获得了无限的审美愉快。“谭”与“谈”通，“清谭”即“清谈”，清雅的言谈议论，指玄谈。玄谈，本为魏晋间名士何晏、王衍等崇尚老庄、竞谈玄理的一种风气，这里应指禅宗说法讲道、相互驳难。这本是哲理的探讨、智慧的竞争，是一种颇具审美性质的文化娱乐活动。它要求出言自有新意，拨妙理于他人之外，要以敏捷的才思、深微的论证、简洁优美的辞藻去进行哲理的探求，从中发现美、展示美、欣赏美，这样，哲理的论辩成了一种能给人以审美愉悦的游戏，因此，成为深得名士们推崇的时尚。怡园“玉延亭”对联曰：

静坐参众妙，清谭适我情。

静静地坐着细细研讨各种深微的道理，悟出妙趣；禅理的论辩使人感到愉悦。联语表现了董其昌的审美理想。出句讲观察自然时，能参透表象，静观内涵，从而顿悟真知，化入妙境，渗透着禅宗哲理。这与李白的“静坐观众妙”、苏轼的“黄香十年旧，禅学参众妙”诗句是同一韵致。禅宗是一种南宗禅学，它是以印度佛学为基础，吸收了老子、庄子等中国传统哲学而成的新的佛学思想体系，为唐后佛教主流。董其昌主张以佛学的静观方式观察自然，不以眼看，而用“意”会，领悟自然真趣，认为静以观之，方能由表及里，获得内美，所谓“意远在能静”“内美静中参”才能将“我”之神参入造化，变无我之境为有我之境，升华造化，发现自我，进入审美妙境。[1]

6.精神内涵类楹联

园林风景对联还着意进行文学意境的创造与开拓，赋予景观以高层次的精神内涵，因而具有“化工”之神韵。

沧浪亭“锄月轩”的对联直抒胸臆，出句自《论语·雍也》篇化出，所谓仁者乐山，智者乐水。万虑洗然，方可获得真正的静趣。对句取自宋辛弃疾《鹧鸪

[1] 曹林娣.苏州园林匾额楹联鉴赏（增订本）[M].北京：华夏出版社，1999：277.

天》词："书咄咄，且休休，一丘一壑也风流。""一丘一壑"，则源出《汉书叙传》："渔钓于一壑，则万物不奸其志；栖迟于一丘，则天下不移其乐。"后以"一丘一壑"表示隐栖山林。《世说新语·品藻》篇载："明帝问谢鲲：'君自谓何如庾亮？'答曰：'端委庙堂，使百僚准则，臣不如亮；一丘一壑，自谓过之。'"此联与轩额之意相得益彰。沧浪亭"锄月轩"的对联曰：

乐山乐水得静趣，一丘一壑自风流。

网师园"琴室"的联语将言志、抒情、状景交融为一，充满佛理禅机，表现出高人逸士那种脱离尘世、浮游于万物之上的心境和隐适情调，意境淡远怡美。上联与王维《终南别业》诗中的"行到水穷处，坐看云起时"同一韵致；下联则有苏东坡《放鹤亭记》的神采："鹤归来兮，东山之阴。其下有人兮，黄冠草履，葛衣而鼓琴，躬耕而食兮，其余以汝饱。归来归来兮，西山不可以久留。"人在大自然中，任意停留观赏那山光、松影、飞鹤、白云，清闲惬意，悠然自得。倚杖、横琴，风神超迈。此情此景，"如蓝田日暖，良玉生烟，可而可不可置于眉睫之前也"。[1]网师园"琴室"对联曰：

山前倚杖看云起，松下横琴待鹤归。

7.园林风景类楹联

园林中的风景联对，往往用诗一般的文学语言写景状物，切景着墨，可使游者入其地，览景而生情文。这样，联对成为美育辅导的生动指南。颐和园南湖岛"月波楼"对联全联写景聚焦在虚景"影"上：竹影、云影、花影、月影，天地之"影"浑融，催人遐思，意境幽邃，形象超妙，给人以无尽美感。上联写楼外之景，特写竹阴云影徘徊的园林小径，丛丛幽篁、朵朵行云，幽雅、宁静、清朗，环境静谧。下联则将视线移往楼内：门帘半卷，可纳天地清旷，花影月色嵌入窗框，恰成一幅朦胧清冷的图画。[2]颐和园南湖岛"月波楼"对联曰：

一径竹阴云满地，半帘花影月笼沙。

承德山庄"宿云檐"对联全联意境缥缈，境界开阔，如宿檐之白云，出没无定。写景的对联妙在切景，移他处不得，方称佳构。"宿云檐"地势高敞，云气往来，故联语出句写云态：舒卷自在，飘忽往来，可悟陶渊明"云无心以出岫"的妙谛；对句写山色，在烟云笼罩下，远山茫茫，朦朦胧胧，若浮若没，可体会到王维

---

[1] 曹林娣．苏州园林匾额楹联鉴赏（增订本）[M]．北京：华夏出版社，1999：279.

[2] 天人．名联妙联精粹上 [M]．呼伦贝尔：内蒙古文化出版社，2009：65.

"山色有无中"的深韵。[1]承德山庄"宿云檐"对联曰：

云容自在舒还卷，山色何妨有若无。

网师园"小山丛桂轩"南边湖石灵秀、桂树丛植，另有蜡梅、海棠、丁香、竹子等花木；北面是古拙雄浑的黄石"云岗"假山，假山的叠置，借鉴了国画山水画中云岗山体的趣味，并按"腹虚而无翼"的画论，筑成外轮廓横阔竖直的巨大岩体，俨然一幅立体云岗山体画。窗外假山一角恰如镶嵌在窗上的一幅天然图画：但见山势盘旋曲折，重峦叠嶂，乔木丛生，画意横生。这正切合联语出句所咏之景。对联悬挂在"小山丛桂轩"北面正中一扇正方形大窗的两侧。[2]网师园"小山丛桂轩"北窗对联曰：

山势盘陀真是画，泉流宛委遂成书。

写景抒情结合的楹联，别有一种人文的美感。坐落在广东梅州市杨桃墩小溪边的"人境庐"是清著名诗人黄遵宪的私园，黄自撰对联一副，悬于庭。上联写园中山水、植物与自然风月，下联写园内的建筑与远借长江之景色。该园原有假山、池沼、五步楼、十步阁、息亭、无壁楼、卧虹榭、藏书阁诸胜景。联语巧用奇数字联结，虚实之景相互映衬，"七分明月""百步长江"，给人以境域浩淼连广宇的开阔之感，同时感受到主人欣喜自得的心情和开朗的襟怀。[3]"人境庐"对联曰：

三分水，四分竹，添七分明月；

五步楼，十步阁，望百步长江。

8.园主写照类楹联

名人名园的对联，往往映照出园主人的影子。南京袁枚的随园有这样一条对联，全联并未一字实写园景，而是以虚衬实，以古人名句相衬、以园主的饱学相映，既突出了名园幽雅宜人的环境，又令人想及园主人的风采。上联用王羲之《兰亭集序》中的句子描写随园园景美色，下联写在这样的园林美景中可以尽情饱览中国古代的经典著作。"三坟"，传为伏羲、神农、黄帝所作；"五典"传为古代少昊、颛顼、高辛、唐尧、虞舜所作；"八索"指八卦；"九丘"乃中国九州志书。南京袁枚的随园对联曰：

此地有崇山峻岭，茂林修竹；

是能读三坟五典，八索九丘。

---

[1] 天人.名联妙联精粹上[M].呼伦贝尔：内蒙古文化出版社，2009：88.

[2] 天人.名联妙联精粹上[M].呼伦贝尔：内蒙古文化出版社，2009：57.

[3] 王存信，王仁清.中国名胜古迹对联选注[M].长春：吉林人民出版社，1984：378.

9. 园名内涵类楹联

有的对联紧扣园名内涵，也颇耐咀嚼。例如，承德避暑山庄对联的上联扣“避暑”之意：六月徐徐清风，毫无暑热，清爽可人；下联切“山庄”之景：山峰重峦起伏，峰回路转，曲径通幽，花木深邃，一片清凉世界，读之也觉遍体生凉。避暑山庄对联曰：

六月无暑，九夏生风；

峰回路转，曲径通幽。

10. 教育意义类楹联

有些楹联含有一定的教育意义，对今人也不无启发。苏州网师园有一条清郑板桥的对联，全联言简意赅，蕴含生活哲理，发人深省，修身励德，不无教益。八个字讲了四位历史人物的故事：曾参每日三省吾身，颜渊恪守“四勿”信条，大禹珍惜光阴，陶侃勤奋苦读。苏州网师园郑板桥的对联曰：

曾三颜四，禹寸陶分。

此外，园林许多门洞有砖刻题名，四字分刻两首，或刻在门宕的正反门楣上，也有三字、四字的，文采飞扬，内涵丰富：有的点景、引景，如“入胜”“通幽”；有的点出厅堂方位特色，如“迎旭”“延爽”“东灾”“西爽”；有的抒情写志，如“可以栖迟”“岩扉”“松径”“缘溪”“开径”等。大多撷自古诗文名句，蕴含着极为丰富的审美信息，耐人咀嚼。当然，建筑物本身还必须具有一定的符合这种取之象外的艺术氛围，诗境和物境相通，才能使审美意境融为一体，从而获得绵绵无穷的深远意境，如拙政园中部野水回环的小岛西北角土山上有“雪香云蔚亭”，亭旁梅影摇曳，枫、柳、松、竹掩映生辉，禽鸟飞鸣山巅，溪涧盘行，温馨新鲜的山野气息扑面而来。

三、古典文学下的园林文化

中国园林与文学素有不解之缘，历史上，文人墨客凭借自身的文学修养与诗画功力造园，寄情山水、花木之余，将文学引入造园过程中。而那些历经沧桑而颓圮的园林或名胜，往往通过文学的描述薪火相传，流芳千古。

（一）文学作品中引入园林景色

园林中，雅洁精美的景物为诗词的创作提供了取之不尽的意象群，在园林中闲适优雅的生活也成为诗词创作题材和主题的依托。古代文学作品常常把园林景色写入文章中去，将其作为人物刻画、情节发展的主线。例如，《红楼梦》中大观园里所述的“牡丹亭”都是作者创作的重要景点场景。文学评论家评价曹雪芹对庭园小说创作的一大贡献时说道：“小说中引进中国园林艺术，使作品充满园林的审美艺趣和文化意识。让小说具有园林空间的流动性、多变性与灵活性特点，小说的时间结构也具有了园林中时间移步换景的运动性和流逝性。”[1]此外，园林中的植物造景艺术一直是文人雅士寄托精神、表情达意的重要手段。在中国园林中，梅、兰、竹、菊“四君子”是艺术家、诗人千古歌颂的对象；《荀子》中，“岁不寒无以知松柏，事不难无以知君子”，将松、柏的耐寒特征比作君子的坚韧不拔，成为傲世风骨、刚直不阿的拟人写照。

（二）文学作品在园林中找灵感

好的园林艺术设计应能促进作家写出诗情并茂的好文章。从古至今，游园而歌咏作诗现象非常普遍。“雷峰夕照”“柳浪闻莺”“断桥残雪”“曲院风荷”“花港观鱼”“平湖秋月”“南屏晚钟”“双峰插云”“三潭印月”“苏堤春晓”，杭州西湖十景能够流传至今，和古代诗画名家对景色命题中所表现出来的意境是有着一脉相承关系的。而杭州西湖正是在这些无形的诗情画意的烘托、渲染下而显得更加瑰丽。文人常把园林艺术作为文学塑造的背景，园林从而构成文学作品的重要组成部分。例如，明清时期的散文小品，就常常将带有浓厚园林艺术情趣的内容写入文学创作中去。史料记载，清代乾隆帝六下江南，就饱赏了江南园林艺术和各地的奇观美景，写下众多诗篇，不遗余力地赞赏江南园林艺术的鬼斧神工。古代文人写园、造园，促进了江南园林的发展，这也就是所谓的诗因景生，景因诗发。

综上所述，园林与古典文学有着千丝万缕的联系。其一，古典文学深刻地影响着园林造园。造园如作诗文，诗文又每每离不开园林，前面提到的众多园林著作，既是优美的文学作品，又对造园理论、审美情趣、接受美学等方面的建构起着重要的作用。文学作品中描写的园林布局、景观等，也是对中国造园理论的生动图解，文学作品中出现的“名园”，往往也成为造园家构园的艺术蓝本。中国古典园林有“崇文”的特点，也讲究“雅趣”，即表现知识与高雅的文艺修养，诗词歌赋、琴棋书画、竹林玄谈、曲水流觞、收集古董、考据文物、钻研金石、潜心印章、参禅证道、顿悟因缘、醉心泉石、品茗论诗、焚香抚琴等，这样的审美情趣，只有在园

[1] 葛静．中国园林构成要素分析 [M]. 天津：天津科学技术出版社，2018：43.

林里才能充分展开与发挥。其二，园藉文存，园借文传。中国古典园林到今天已经十不存一，唐园至宋已经难寻，或遭兵车蹂践，废为丘墟；或被烟火焚燎，化为灰烬。今存园林，包括寺庙园林中，有不少是借历代诗文、小说、戏剧等文学描写、渲染而留存的，或者因诗文作家的声名使其闻名遐迩的。园林环境是文人们文艺创作活动的最佳场所，是灵感之源，园林环境与园林艺术活动必须相互协调。文人园记、小品文等参与了园林创作的理论建构，而园林艺术氛围是中国古典小说塑造人物性格、渲染气氛的典型环境之一。

第三节　中国园林与书法艺术

中国园林与中国书法都是我国具有浓郁民族特色的艺术门类。在漫长的历史长河里，它们并进互补，共存共荣，经历了几乎相同的发展历程，又具备着秀逸风雅、疏放简约、自然天成等共同特色。书法艺术因园林流传至今，园林也因书法艺术而得到升华。中国古典园林墨宝丰富多彩，书体千姿百态，今人可以观摩、欣赏，涵泳、体味其中的文化美学韵味。

一、历代园林中书法的美学特征

鲁迅在《汉文学史纲要》中指出了汉字具有三美之特性：“意美以感心，一也；音美以感耳，二也；形美以感目，三也。”堪称至论。汉文字是由点、横、竖、撇、捺等多种笔画，按照美的规律不断建造和改进的产物。我国最早成熟的文字是产生于殷代后期的甲骨文，其笔画瘦劲，结构匀称而富于变化，已经具有对称、均衡、节奏、韵律、秩序、和谐等书法艺术具备的形式美。书法是一种点、线艺术，它作为形象艺术、抽象符号，是以富于变化的笔墨点画及其组合，在二度空间范围内反映事物的构造和运动规律的美的艺术，本身具有审美价值。书法又是自然精神和人的精神的双重结合，它同时反映了人的情感，如以“竖画”表现力度感、“横”表现劲健感、“撇画”表现潇洒感、“捺”表现舒展、“方画”表现坚毅感、“圆”表现流媚、“点画”表现稳重、“钩画”表现韧性感等。线条的运动节奏，形成于“势”而表现为“骨力”；墨色的淋漓挥洒，蓄积着“韵”，表现出“气”，通过骨势气韵的流动变化，又透露出作者情感的波动、个性的阴阳刚柔、人格的刚正斜佞、理想的追求寄托、生活的进退浮沉等精神信息。

西汉的扬雄在《法言·问神》中说：“言，心声也；书，心画也；声画形，君子小人见矣。”东汉蔡邕在《九势》中倡“书肇自然”说，他认为构成书法艺术美的基础是“形”与“势”，故必须将人或自然的某种形态化入字体之中：“为书之体，须入其形，若坐若行，若飞若动，若往若来，若卧若起，若愁若喜，若虫食木叶，若利剑长戈，若强弓硬矢，若水火，若云雾，若日月。纵横有象者，方得谓之本矣。”将笔画都看作有生命的个体，成为书法观物取象的著名论点，后世遂衍生为书法艺术的人化审美评价。几千年来，中国人所创造出的各种、各样多彩多姿的书法艺术，是人们的思维、性格、气质、品德、意志、情感、理想等精神因素的物化形态，集中了数不胜数的中国古代知识分子的智慧，既反映了个人时代的遭际，也是民族性格气质的体现。一个时代的书法作品，反映了该时代的群体学识修养，是时代文化发展的体现，也反映了不同社会时代的韵味风流：两周金文之遒朴、秦汉瓦当之古拙、魏晋风度、隋唐法度、宋人之意、元人之态、明清之纷呈。中国古典园林中的书法丰富多彩，书体千姿百态，今人可以观摩、欣赏、涵泳、体味其中的文化美学韵味。

（一）六朝时期园林书法的美学特征

六朝书法的代表作者为三国魏人钟繇和东晋王羲之、王献之，世称“钟王”。“二王”书法正是晋人书法的典范。被后人尊为“书圣”的王羲之，书法承钟繇风骨而自辟新境，为南派书体的创制者。王羲之的字超妙入神，刚健婀娜兼之。其楷书改钟繇翻笔为曲笔，字字如珠玉圆润，标志着楷书的成熟。他的《兰亭集序》，流美而静，风姿俊秀，世称“天下第一行书”，人们称它如“清风出袖，明月入怀”“不激不厉而风规自远”，显出平和静穆、飘逸清远之美。[1] 今西安碑林公园所藏《法帖第七王羲之书二》的书法挺秀超群，遒丽健美，为历代书家推崇。王献之世称“小圣”，风格笔意和其父属同一类型，世称其书“墨彩飞动，英雄豪迈”。古人云：“晋人以风度相高，故其书如雅人胜士，潇洒蕴藉，折旋俯仰，

[1] 郎绍君，蔡星仪，水天中，等.中国书画鉴赏辞典[M].2版．北京：中国青年出版社，1994：876.

容止姿态，自觉有出尘意。”[1]钟繇是书法南派的开山祖。历代书法家都称其所书“高古纯朴，超妙入神”[2]。钟书楷体用的是隶书的笔法、篆书的结构，非规矩楷画。钟繇西安碑林公园的《淳化阁帖选》，端和茂密，各随其形，行列之间顾盼相生，一行之内呼应有情，含蓄高古。总的来说，六朝书法神韵潇洒，气韵生动，平和含蓄，重视对前人书写经验的继承和自己实践工夫的积累，强调探求事物之真，注意文字的美化和装饰效果，刻意求工，精雕细琢，而排斥情感表现。

（二）唐代园林书法的美学特征

唐代书体发展到行草、狂草，由初唐的娟秀变为盛唐的肥壮、中唐的瘦劲，但都重法，涌现出一批书法大家。唐人从儒家伦理教化观出发，强调了书法的社会作用和伦理意义，书尚法，且以“楷法遒美”为选官条件之一，体现了更多的社会与时代情感的类型化色彩，主体情感得不到充分展现。

1.初唐园林书法的美学特征

初唐书法都是以王羲之为标准的，风流潇洒，工整流丽，遵循和谐、平衡、严谨、华丽的优美风格和美学传统。欧阳询的书法刚劲遒逸、笔法谨严。虞世南早年学书于王羲之第七世孙智永，笔法秀润。褚遂良少年时学书虞世南，后直追王羲之，字体疏瘦劲练。三人都是学王书而稍有变化。

2.盛唐园林书法的美学特征

盛唐颜真卿初从张旭处学得王派书法，后自创新体，世称“颜体”，摒弃了虞、褚等人书体的娟秀之习，加强了腕力，字体壮严端正，具有冠冕垂笏的庙堂气。

3.晚唐园林书法的美学特征

晚唐柳公权创“柳体”，吸取了“欧体”的方和“颜体”的圆，成为方圆兼有的形体，结体险怪，骨力清劲。张旭和怀素为唐代草书之冠冕，他们是狂草派。张旭挥毫落纸如云烟、如流星，变动犹鬼神，不可端倪；怀素笔力精妙，飘逸自然。两人的笔势和气韵，具有一种阳刚之美，然草法仍不离王派规矩，狂而有法。

---

[1] 曹林娣．中国园林艺术论[M]．太原：山西教育出版社，2001：258.

[2] 郎绍君，蔡星仪，水天中，等．中国书画鉴赏辞典[M]．2版．北京：中国青年出版社，1994：859.

（三）宋代园林书法的美学特征

南宋皇家园林中，许多匾额为精于书法的宋理宗等人所书。宋人尚意，书法一变晋唐面目，极力发掘和强调书法艺术的超功利性，具有很强的消遣、抒怀的表现功能。书作注重笔势，大多是攲侧取势、大小参差、出奇制胜的恣意之作，流露出强烈的情感和个性。宋"苏黄米蔡"四大家，东坡居首，他首先废弃晋唐人的"悬腕法"，用腕枕着纸写字，其字既有颜体之丰腴，又有"二王"之流畅秀劲。他学习古人书法时不尚形似而重神韵，书法自然富有天趣，毫不造作。黄庭坚擅长草书，取法颜真卿与怀素、张旭，亦受杨凝式的影响，尤得力《瘗鹤铭》，但其笔意更多的是旨在表现他的个性，他创立了一种"中宫敛结，长笔四展"的风格，人称"辐射式"。米芾以晋唐人墨迹为先路，受"二王"和褚遂良影响较深，然善于博采众长，自成一格。钱咏《论书》称"米书笔笔飞舞，笔笔调动，秀骨天然"。蔡襄，字君谟，擅长各种书体，蝌蚪篆籀、正隶飞白、行章颠草，靡不精妙，尤长于行，笔甚劲而姿媚有余，有龙飞凤舞之势。

（四）元代园林书法的美学特征

元、明、清三代刻意恢复晋人的注重神韵，三代均以"钟王"为师，重帖学，尚复古，也有所突破。元人书法首推赵孟頫，其笔画圆润秀丽，结构端正谨严，行书流利娟秀，别有一种妩媚之姿，是模仿"二王"一派的风韵又加以变化而成的，秀逸典雅，一反宋人尚意之风，力追晋唐法度。他的楷书与颜、柳、欧同列，与之并称中国"书法四大家"。

（五）明代园林书法的美学特征

明书法气氛虽比元代活跃，然"钟王"笔法仍占指导地位。第一书法家刘基取法王羲之七世孙智永和尚。董其昌书学赵孟頫，后自成一家，书风潇洒超逸、淡泊清雅，是追踪华亭派书系传统的最后一位大家，其书为康熙酷爱，曾风靡清代，名闻海外。"吴门四才子"之一的文徵明，书法清丽古雅，集"二王"、欧、虞、褚、赵等名家之长。"吴门四才子"之一的祝允明，五岁即能作径尺大字，学书宽广，行草皆工，既有平和清逸之作，又有狂放颠逸之作，小楷精绝，直逼"钟王"，狂草承张旭、怀素、黄庭坚之笔意。

（六）清代园林书法的美学特征

从清初到中期的书法家，大多是写帖的：钱南园学颜体，王文治楷书学褚、草书学王，刘石庵则集帖学之大成。碑学兴起，突破了帖学的一统天下。何绍基探源隶篆；俞曲园以隶笔作楷书；吴大澄以秦篆参古籀；赵之谦以写碑受法；吴昌硕专工石鼓；郑板桥少工楷书，晚杂篆隶，间以画法，自称“六分半书”。

二、中国园林书法的代表作品

林语堂在《中国人》中有这样一段耐人寻味的话：“通过书法，中国学者训练了自己各种美质的欣赏力，如线条上的刚劲、流畅、蕴藉、精微、迅捷、优雅、雄壮、粗犷、拘谨或洒脱，形式上的和谐、匀称、对比、平衡、长短、紧密，有时甚至是懒散或参差之美。这样，书法艺术给美学欣赏提供了一整套术语，我们可以把这些术语所代表的观念看作中华民族美学观念的基础。”书法艺术的笔墨线条、结构组合、章法布局，都积攒着丰富的思想感情、审美意识、形式美感以至意境韵味，它是无声之音、无形之象。遍布大江南北的园林寺观，荟萃了历代名家的书法杰作，欣赏观摩园林中历代名家的书法真迹，犹泛舟于中国书学史的长河中，流观书学美的历程。苏州园林是书法艺术与园林艺术结合得最完美的典范。园林的碑刻和书条石质量高、数量多、内涵极为丰富，包括了我国自晋及清的名人书法，展示了篆、隶、行、楷等书法字体的美的历程。书条石以留园、怡园和狮子林最为丰富，有“留园法帖”“怡园法帖”之专称。

（一）留园的书法作品

留园现存书条石三百七十多方，包括了自书法南派开山祖三国魏人钟繇始，至晋、唐、宋、元、明、清各时期的“南派帖学”诸家一百多人的作品，翻刻自《停云馆帖》《淳化阁帖》《仁聚堂法帖》《一经堂藏帖》、明董刻《二王法帖》等，成为“南帖”的集大成者，被誉为“帖学”的百科全书。留园的四个景区以曲廊作为联系脉络，廊长七百多米。循长廊至中部的西南景区，沿壁嵌有书法石刻九十五块。“二王”一百五十一帖，五十八石，卷首第一帖为《破羌帖》，又名《王略帖》，被赞为“天下法书第一”，收自米芾宝晋斋法帖。

“闻木樨香轩”北面的游廊，有王羲之《鹅群帖》七十一块、王献之的《鸭头丸帖》《地黄汤帖》等，颇为壮观，足可饱人眼福。“曲溪楼”下东边的廊壁上，分布着褚遂良、欧阳询、虞世南、薛稷、颜真卿、李邕、杨凝式以及张旭、怀素、孙思邈、李怀琳、狄仁杰、毕缄、陆柬之、韩择木等人的法书，如褚遂良的《随清娱墓志》，虞世南的《孔子庙堂碑》《汝南公主墓志铭》，颜真卿的《送刘太冲叙》，李邕的《唐少林寺戒坛铭有序》。

“留园法帖”还保存了“宋四家”与韩琦、范仲淹、欧阳修等近八十家的法书。在“还我读书处”有九十九块“宋贤书家六十五人”；爬山廊北头“墨宝”处的“宋四家”中，有苏东坡的《赤壁赋》，其字庄严稳健、意气风发；蔡襄的《衔则》，其字潇洒俊美、超然遗俗；米芾为蔡襄《衔则》写的跋，其字沉着飞翥、骨肉得中；黄庭坚为范仲淹《道服赞》写的跋，其字清劲雅逸、古淡超群。另有米芾行楷书旧刻四种与“宋名贤十家帖”等。

（二）怡园的书法作品

怡园主人的“过云楼”珍藏名闻江南的《过云楼集帖》，“怡园法帖”就是当年园主顾文彬父子从过云楼收藏的五十多种历代名人书法中精选出来的精品，刻成书条石九十五方。其中有王羲之、怀素、米芾等名家墨迹。相传，王羲之《兰亭集序》墨迹已为唐太宗殉葬，宋代的贾似道得到与真迹无二的用纸蒙在墨迹上的摹本，由工匠花了一年半时间精心镌刻在玉枕上。今嵌于怡园“四时潇洒亭”墙壁的玉枕《兰亭集序》石刻，就是根据宋拓本钩摹复刻的。怡园“玉延亭”中有董其昌的一副草书石刻对联：“静坐看众妙，清谭适我情。”可以看出董大字草书那种“龙蛇云扬，飞动指腕间”的笔意和境界。[1]怡园还有明文徵明《苍山十咏》《南山十咏》《前山十咏》等诗帖，褚遂良《千字文》，明末被魏忠贤迫害的东林党五君子的手札等。

三、中国园林书法的空间表达

书法是以点线为基本构成元素集合而成，当点线组合成了字，就成了点线所框进的一块空间。书法中线条的变化，黑与白的相互穿插，形成了书法艺术中特有的空间变化。园林与书法是两种不同形态的艺术，但两者之间在空间表达上又可以有交叉、渗透和综合。园林可以通过廊、桥、亭、台、榭等元素将建筑群联系起来构成空间体，并配以乔木、灌木、藤、草本，加以山石、水体以达到空间的变化。

---

[1] 曹林娣．中国园林艺术论［M］．太原：山西教育出版社，2001：254.

（一）空间的对比

书法作品中存在着大量对比关系，如黑与白、实与虚、大与小、轻与重、正与侧、俯与仰、向与背、浓与淡、干与湿、疏与密、放与收、缓与急、上与下等，书法的创作过程就是在统一中寻求对比关系。在书法作品中可以清楚地看到，作者可以运用不同的运笔方式，将草、楷、行不同字体融合到同一作品中，字体可以通过其自身的轴线，将侧、偏、正统一到一起。例如，苏轼的《黄州寒食诗帖》，与其他作品风格迥然不同，出现了许多其他作品所没有的特点，如轴线的弯折、字结构的欹侧和大小错落、空间的疏密对比等，使人一眼便能将之与其他作品区分开。在中国传统的建筑中，可以看到造型常常让位于精彩绝伦的空间转换，拆掉了四面无承重作用的隔墙，中国的建筑原来只是一个开敞的厅或廊，它实有的部分使人感觉只是暂存的假象，而一切的实都是指向空白。园林以建筑、山水、植物来组成控制空间，建筑与植物形成硬软的对比，山与水形成阴阳的对比、虚实的对比。而植物的配置及其空间组合也有“疏可走马，密不通风”之说。

（二）韵律与章法

园林与书法在其韵律和章法中都是在空间里追求创作上、审美上的协调统一，而在技法和表达方式上不难找到它们的相似之处。书法艺术中另外一个显著的特征就是章法，主要指字与字之间的大小比例，行与行之间的间隔距离，题款的位置，上下、天地大小与左右两边空白的宽窄等。在书法的全篇布局中，纵横各有自身统一的轴线，文字与书写载体相得益彰，浑然一体，重心平稳，布白匀称，气韵生动，如诗，如画，如音乐，令人赏心悦目，心旷神怡。章法的布局中，“均衡”是第一位的，是章法的和谐与整体美的重要体现。若一幅书法作品在章法上失去了平衡，就会由视觉上的重心偏离而造成心理上的重心偏离，自然也就失去了和谐之美。均衡大体上分为两类：动态平衡与静态平衡。静态平衡是指沿着中心轴左右构成对称的状态，两侧相同或相似；动态平衡是指在变化中求得平衡的形式。静态平衡在心理上偏于严谨和理性，因而具有庄严肃穆之感；而动态平衡则偏于感性，因而具有生动活泼之感。轴线的变化、布白的疏密，字内、字外空间的相互渗透、相互融合，使书法作品中的空间节奏感更为强烈，在大的统一中，既有自身的独立性，又具有个体的独立性。

园林韵律常指构图中的有组织的变化和有规律的重复，变化与重复形成有节奏的韵律感，从而给人以美的感受。在园林设计中，常用的韵律手法有多种形式，如连续的韵律、渐变的韵律、起伏的韵律、交错的韵律等。例如，在我国古典园林中就有许多这样的设计手法，北京故宫建筑群的三重空间组合起伏跌宕，给人一种层层推进的感受，传达出起伏的节奏和韵律美；南方园林中以院落空间的穿插，借助厅、廊、水榭等进行连接，表现的是一种交错的韵律感；徽州民居的白墙黑瓦，表现的是一种错落有致的节奏感和韵律美。园林的节奏和韵律还表现为园林内部空间之韵。一座园林的内部由许多小的空间组合而成，空间的形状、大小、明暗、开合等变化万千而又整体和谐。人们在欣赏园林时，从一个空间到另一个空间，步移景异，一方面保留着对前一个空间的记忆，另一方面又怀着对下一个空间的期待，从而充分显露出园林艺术的空间理性的时间化特征。即人们只有置身于空间序列的时间变化中，才能真正感受和体悟园林艺术之神韵。

（三）时空的关系

书法空间的性质的真正特殊之处在于它的第二类空间——由用笔的复杂运动而带来的三维空间，这里，时间和空间已不是一种引带关系、先后关系，而是一种共生，它们互为依存，互为制约。去掉时间特征，空间立即消失；去掉空间特征，空间不留下任何痕迹，时间和空间的变化共同制约着书法整体布局的变化。书法空间是一种完整的视觉空间，时间则是相对线条地流动。从空间到时间的感觉转换，意味着书法的欣赏将从复杂多变的形式构成转向单一线条地流动。这种转换使人们的视点由多方位的收缩引向一种单线条的流动；使观赏者的审美心理进程在张与弛、紧与松等方面不断地变化。而且，书迹无论以甲骨、金、竹简、石碑、绢、纸哪种形式留存，均能理清其历史痕迹，并感悟其弥久弥美。

园林如同书法一样，有前序、有发展、有高潮、有结尾，意蕴丰富，韵味无穷。在中国传统的园林设计中，可以看到亭、台、榭等通透的建筑物。在传统建筑实体中，结构形式采用梁柱式、穿斗式等，除去起到承重作用的墙、窗，它们可以使外部空间与内部空间任意地流动、穿透。文人雅士为了在园中创造出和自然相像的山水，巧妙地利用景观，将石、水、植物各个不同的景观元素结合在一起，利用借景、对景、隔景等手法，来布置各个景观元素；通过实体的围合，围绕着园中“空白”的主题来组织空间、布置空间、创造空间和扩大空间。园林的又一特质为其四季，即其植物的花、叶、果、枝干所表现出的季相变化。并且随着园林时代的久远，其所呈现的林相景观也有所不同，生态系统更趋完善。

综上所述，中国古典园林，有山水诗的意境、山水画的美景，又是书法艺术的宝库，成为“活”的艺术、美的佳作。中国古典园林中的书法艺术，使园林于自然美中更增添了人文美、历史美和艺术美，翰墨书香使园林格外古朴典雅。书法还有其特殊的审美价值，书法家们的敏思流于胸中，巧态发于毫端，通过一支笔既表达着文学的内容，又表达着书法家深层的笔意，从而和物质性建构组成综合艺术形态的景观。在园林中，书法往往是建筑、山水等景观的点缀，它点醒了建筑、山水等沉重庞大的物质躯体，使之分外精神。缺少了它，园林美的物质性建构就眉目不清，或不易显现其精神内涵和艺术风貌。

中国古典园林是体现了形式的综合性艺术的人文之美，它是以建筑和山水花木的组合作为主旋律，以文学、书法、绘画等门类艺术作为和声协奏的，既宏伟繁富而又精丽典雅的交响乐。它是把各种不同门类的作品有机地荟萃在一起，从而给人以丰富多样的审美感受的综合艺术博览馆。绘画、文学、书法对园林艺术的影响，或表现为“形”的摹绘，或表现为“神”的陶铸，中国古典园林成为诗画艺术载体，也是历史的和艺术的必然结果。

第四章
中国园林美的创造

美是人类通过创造性的劳动实践，把具有真、善、德品质的本质力量在对象中实现出来，从而使对象成为一种能够引起爱慕和喜悦感情的观赏形象的活动。园林美源于自然，又高于自然，是大自然造化的典型概括，是自然美的再现，随着人类活动的发展而发展，是自然景观和人文景观的高度统一。中国园林美具有多元性，既表现为情、意、境融合的意境之美，又表现为和谐适宜的结构形式之美与博大精深的人文之美。园林是一个由若干相关相生、互渗互补的元素所构成的“形有尽而意无穷的”深邃审美系统。

第一节　园林的意境美

一、园林意境之美概述

中国园林中，“意境”这个概念的思想渊源可追溯到东晋至唐宋年间。《世说新语》中记载东晋简文帝入华林园“会心处不必在远，翳然林水，便有濠濮间想”，他在游赏自然景观时联想到庄子、惠子两位古人当年在水上观鱼以及他们之间“鱼乐”的哲理辩论，这是历史上第一次关于游赏园林而产生联想与想象的记载。王国维在《人间词话》中描写：“文人造园如作文，讲究鲜明的立意，使情与景统一，意与象统一，形成意境。”中国传统园林中的“意境”可理解为造园中所创设的各种物象的场景同创作者与游览者思想感情的交融。创作者通过对自然景物的典型概括和提炼，赋予景象以某种精神情感的寄托，然后加以引导和深化，使观赏者（包括园主人在内）在游览观光这些具体的景象时触景生情，产生共鸣，激发联想，对眼前景象进行不断的补充与拓展，感悟到景象所蕴藏的情感、观念，甚至直接体验到某种人生哲理，从而获得精神上的一种超脱与自由，享受到审美的愉悦。这是所要达到的景外之景、物外之象的一种最高境界。[1]

美学理论界对中国古典园林所创造的意境美给予了很高的评价，认为中国园林

[1] 夏惠．园林艺术[M]．北京：中国建材工业出版社，2007：108.

在美学上的最大特点是重视意境的创造，“中国古典美学的意境说，在园林艺术、园林美学中得到了独特的体现。在一定意义上可以说，‘意境’的内涵，在园林艺术中的显现，比较在其他艺术门类中的显现，要更为清晰，从而也更易把握”[1]。园林意境是中国园林美学思想所独具的一个范畴，是中国园林独有的精神性建构。园林意境美是衡量园林整体美的一个标准，所以，中国园林之美和高度的艺术成就，不仅体现在物质性建构，更主要的是创造了不是自然胜似自然的园林意境。园林意境是通过园林形象的塑造而表现出来的富于“诗情画意”的园林艺术境界和情调。观赏者可按照各自的想象和联想，去领略这种境界和情调，从而使心灵受到艺术的陶冶和感染。

“情景交融”是园林美欣赏的最理想境界，在中国传统美学中，这一境界便称作意境。园林意境的构成包含“意”与“境”，即“情”与“景”这样一对相辅相成的要素，其间是心与物的关系。意、情属于主观范畴，而境、景属于客观范畴，因此，意境是主客观相融合的产物。园林意境的具体表现为“情景交融”，它是造园家所追求的高水准的园林艺术境界，也是观赏者用以衡量园林艺术美的尺度和标准。在园林意境中，“境”之所以是诱发人的情感的景物，是因为造园家通过造园艺术，在园林景观中首先注入了思想感情，使景物具有了“情”，故可称为“情中景”，即“艺术意境的创构，是使客观景物作我主观情思的象征”。而“意”与“情”是在“境”与“景”的基础上产生的，可称为“景中情”。

二、园林意境的审美特征

中国园林对意境的追求和创造，化景物为情思，变心态为画面，从而使之意象含蓄，情致深蕴，以特殊的美的魅力，引人入胜，成为园林美观赏的最高审美境界。

（一）虚实相生的景境美

宗白华在《美学散步》中说：“化景物为情思，这是对艺术中虚实相生的正确定义。以虚为虚，就是完全的虚无；以实为实，景物就是死的，不能动人；唯有以实为虚，化实为虚，就有无穷的意味，幽远的境界。”宋代画家郭熙在《林泉高致·山水训》中总结出“三远”，即“山有三远。自下而仰山颠，谓之高远；自山

[1] 刘天华.园林美学 [M].昆明：云南人民出版社，1989：114.

前而窥山后，谓之深远；自近山而望远山，谓之平远。高远之色清明，深远之色重晦，平远之色有明有晦。高远之势突兀，深远之意重叠，平远之意冲融而缥缥渺渺。其人物之在三远也，高远者明瞭，深远者细碎，平远者冲淡”。势是山水的动势和气势，远势表现为虚和无，山水的形质则是实和有。要表现出山水的意境，就必然同“远”的观念联系起来。郭熙通过“三远”，把山水的形质延伸出去，由实有到虚无，从有限到无限，让山水的形质烘托出远处的无，又让山水远处的无反过来烘托山水的形质，使观赏者产生了无尽的联想，进而生成了“情”与“景”交融的意境。

1.私家园林的虚实相生

宋代范希文在《对床夜话》中说“不以虚为虚，而以实为虚，化景物为情思，从首至尾，自然如行云流水”。苏州拙政园从东园进入中园，首先看到的是实景“梧竹幽居”的园亭及其周围的花木，从亭往西是一片水面，是虚景。水面南岸有“海棠春坞”、假山上的“绣绮亭”、中心建筑“香远堂”“南轩”等建筑群落，又是实景。水面的中心有两个小岛，岛的假山上有“待霜亭”“雪香云蔚亭”与水面堤上的“荷风四面亭”，在虚景中含有实景。这样，拙政园的中部园景，虚虚实实，实中有虚，虚中有实，相互依存，相互衬托，构成了虚实相生，意味无穷的景境，使观赏者游实景时不感到闷塞，观虚景时不感到空旷。

2.皇家园林的虚实相生

北京颐和园的万寿山和昆明湖构成了颐和园的骨架。山为“实”，水为“虚”。这样，在全园形成了以万寿山等组成的实景，以昆明湖与环绕万寿山的水系组成的虚景。在前山、前湖景区，山屏列于北，湖横卧于南，形成北实南虚的园景。东堤以外是田畴平野，西堤之外则是一片水域，又形成东实西虚的形势。南面的虚景一直往南延伸到无限远的天际，而西面的虚景则延伸到远处的玉泉山和西山群峰。正是由于山水园林具有如此开阔的虚实相生的景界，所以在园林的任何部位，都能观赏到“虚则意灵”的优美景观，从而也创造出无穷的意味与幽远的境界来。

（二）意与境浑的情境美

意与境的结合必须达到完整统一、和谐融洽，自成一个独立自在的意象境界，才会引起以景寓情、感物咏志的情境美。意和境的结合，可以是意与境浑，也可以是意以境胜，或境以意胜。意与境的结合，即“意”中必含有情，情是意境的基本要素，无情不能成意境。至于“境”，清王国维在《人间词话》中说：“境非独谓景物也，喜怒哀乐，亦人心中之一境界。故能写真景物，真感情者，谓之有境界。否则谓之无境界。”所以，“境”不仅仅是“物”，也是“物”在心中的反映，是心中之境。“意”是阐述一个情理，情理自然地融化在形象中并与其完美结合，不尽之意蕴含在整个意境之中，景物灿然，幽情远思，动人心境。

例如，杭州有“玉泉观鱼”一景，其中观鱼的建筑叫“鱼乐园”，并挂有一副对联：“鱼乐人亦乐；泉清心共清。”[1]这一景区，由于对联、园名的点化而引起游赏者一些蕴含哲理的情思。鱼乐、泉清也影响了观鱼者的心境，使之达到超尘皆忘的境界。至此，园林美的欣赏已达到了情景交融的地步。“鱼乐园”更深层次的审美理念是来自《庄子》秋水篇中“鱼乐我乐”的一个典故。这是鱼乐园这一景区主题所要表达的意蕴，即逍遥出世，与鱼鸟共乐的无为思想。庄子的无为浪漫、逍遥悠游，一直为后人所尊崇，其“观鱼知乐”这一富有哲理的浪漫故事，也成了园林风景中由提升人们情思到理念的引信和意境创作的题材。

颐和园有“知鱼亭”，谐趣园有“知鱼桥”，上海豫园有“鱼乐榭”，无锡寄畅园有“知鱼槛”等。濠梁观鱼还引发出避暑山庄的“濠濮间”，北海的“濠濮间”，苏州留园的“濠濮亭”等。这些园景中，不但蕴含着对庄周的敬仰之情以及由此而产生的人生的哲理思考，而且比人鱼共乐更为深刻的是一种情景交融的情景美。苏州怡园有园林建筑“画舫斋”，拙政园有舫形建筑“香洲”，南京煦园有“不系舟”。晋陶潜在《归去来辞》中也曾写道：“实迷途其未远，觉今是而昨非。舟摇摇以轻飏，风飘飘而吹衣。”宋欧阳修在《画舫斋记》中说：“凡入予室者，如入乎舟…盖舟之为物，所以济险滩而非安居之用也。”反映出视官场为险途，坐在船上要居安思危，以“不戚戚于贫贱，不汲汲于富贵”的理想抱负来抗拒险恶风波。所以，园林中的画舫建筑，不仅可供游者饮宴小憩，还有“济险滩而非安居之用”的深刻含义，这正是画舫所引发出的情与景的意境。

（三）深邃幽远的韵味美

“韵”说的是有余意，即言有尽而意无穷，韵味产生于意境，产生在直接意象和间接意象的和谐统一之中。唐朝诗人李白的诗《黄鹤楼送孟浩然之广陵》：“故人西辞黄鹤楼，烟花三月下扬州。孤帆远影碧空尽，惟见长江天际流。”诗中，有烟花、天际、孤帆、碧空、江流等意象构成直接境象，有巍峨壮观的黄鹤楼、滚滚

---

[1] 张德强．西湖天下：西湖楹联 [M]. 杭州：浙江摄影出版社，2011：100.

东流的长江水、水天一色的天际线等景境，但唯独没有李白和孟浩然的依依惜别之情景。然而，这些直接境象，却引发、导向比直接境象更为广阔、丰富的间接意象，使人不仅仿佛看到了送别的场面，而且深切感受到离别之情的深沉。正是这种直接境象与由它所引发出来的间接意象的结合，构成了诗的意境。由远影碧空尽，长江天际流的又高又远的宏大空间，让人可以从中看出两人的友情是深切的、真挚的、永恒的。别离是痛苦的，但从这别离的痛苦中，却又引发出一种超越哀愁痛苦的心情，那就是由于旁观友情的真挚而使人欣感愉悦。

清刘熙载在《词概》中说："一转一深，转一妙，此骚人三昧，自声家得之，便自超出常境。"说明了每经过一次曲折，便可以产生一种新的境界，而随着境界的层出不穷，便会使人产生一种玩味不尽的妙趣，因为曲折会导致意境的深邃。含蓄就是有余味，或者说有韵味。中国造园十分善于含蓄地表现景物美，常用的造景手法有"欲扬先抑""曲径通幽""柳暗花明""山重水复"等。这些曲折幽深的手法，是通过布局上的分隔、转折、封闭、围合达到藏而不露、曲折周回的效果。例如，苏州留园入园先进入小门厅，正中是一幅《留园全景图》的漆雕。绕过漆雕一直北行，几经周折，过门厅西街来到"长留天地间"的古木交柯门。这时，光线由暗渐明，空间也由窄变宽；北侧光影参差的漏窗横列眼前，窗外紫藤、桃花、古树、假山、溪流、亭台若隐若现；西望，透过窗格可看到明瑟楼和绿荫小院；西行，则穿过涵碧山房，才见一泓碧池，至此，全园景色，尽收眼底。留园入门的空间处理手法，给人造成"庭院深深深几许"的视觉感受，同时也会产生一种寻幽探芳的兴味和渐入佳境的乐趣。

三、园林意境的表达方式

园林意境的表达方式有直接表达方式和间接表达方式这两种。

（一）园林意境的直接表达

园林意境的直接表达是在有限的空间内，凭借山石、水体、建筑与植物等，创造出无限的言外之意和弦外之音。

1.典型性表达

园林因有一定的地域范围，故要有精炼的艺术表达形式，因此常选择典型性的表达方式。堆山置石亦如此，中国古典园林中的堆山置石，并不是某一地区真山水的再现，而是经过高度概括和提炼出来的自然山水，用以表达深山大壑、广亩巨泽，使人有置身于真实山水之中的感觉。

2. 游离性表达

游离性的园林空间结构是时空的连续结构。园林设计者巧妙地为游赏者安排几条最佳的导游线，为空间序列戏剧化和节奏性的展开指引方向。整个园林空间结构此起彼伏，藏露隐现，开合收放，虚实相辅，使游赏者步移景异，目之所及与思之所致莫不随时间和空间而变化，似乎处在一个异常丰富、深广莫测的空间之内，妙思不绝。

3. 联想性表达

园林在设计中使人能由甲联想到乙，由乙联想到丙，想象越来越丰富，从而收到言有尽而意无穷的效果。例如，扬州个园中的四季假山，以石笋示春山，湖石代表夏山，黄石代表秋山，宣石代表冬山，在神态、造型和色泽上使人联想到四季变化，游园一周有经历一年之感，周而复始，体现了空间和时间的无限。

4. 模糊性表达

一切景物不要和盘托出，才能给游赏者留有想象的余地。模糊性即不定性，在园林中，人们常常看到介于室内与室外的亭、廊、轩……在自然花木与人工建筑之间，有叠石假山，石虽天然生就，山却用人工堆叠；在似与非似之间，人们看到有不系舟，既似楼台水榭，又像画舫游船。水面上的汀步是桥还是路？粉墙上的花窗欲挡还是欲透？圆圆的月洞门，是门却没有门扇，可以进去，却又使人留步。整个园林是室外，却园墙高筑与外界隔绝，恍如室内？而又阳光倾泻，树影摇曳，春风满园。几块山石的组合堆叠，是盆景还是丘壑？是盆景，怎么能登能探，充满着山野气氛？是丘壑，怎么又玲珑剔透，无风无霜？回流的曲水源源而来，缓缓而去，水的源头和去路隐于石缝矶凹，似有源，似无尽。在这围透之间、有无之间、大小之间、动静之间、似与非似之间以及矛盾对立与共处之中，形成令人振奋的情趣，意味深长。模糊性的表达发人深思，往往可使一块小天地因局部处理变得隽永耐看，耐人寻味。

（二）园林意境的间接表达

1. 比拟联想

陈毅有诗：“大雪压青松，青松挺且直，欲知松高洁，待到雪化时。”松树遇霜雪而不凋，历千年而不殒，人们常把它比作富贵不能淫、威武不能屈的英雄人物。竹子虚心有节，古人有诗两首，一为“未出土时先有节，到凌云处也虚心”，二为“虚心竹有低头叶，傲骨梅无仰面花”。[1]这两首诗皆是称颂竹子“虚心亮节”的。扬州个园的园中广种修竹，就是黄至筠为仿效苏轼“宁可食无肉，不可居无竹。无肉令人瘦，无竹令人俗”的诗意，以竹表示清逸脱俗，而竹叶形状恰像“个”字，于是此园便称“个园”。也有人认为“个”字是“竹”字的一半，故有孤芳自赏的含意。

2.气候

气候是产生深广意境的重要因素。同一景物在不同气候条件下，会千姿百态，风采各异。同为夕照，有春山晚照、雨霁晚照、雪残晚照和炎夏晚照等，上述各种晚照中，人的感情反映是不一样的。扬州瘦西湖的“四桥烟雨楼”是当年乾隆下江南时欣赏雨景的佳处，在细雨中遥望远处姿态各异的四座桥，令人神往。

四、园林意境的创造方法

园林意境是通过园林形象的塑造而表现的，具有创造性。园林意境通过有限的园林形象的塑造表现出富于“诗情画意”的园林艺术的境界，去引发人们无限的想象和联想，进而达到“情景交融”“意境深远”的境地。

（一）师法自然

中国造园艺术与传统山水画艺术，都是源于自然山水、表现自然山水的，所以有“诗画同源”“园画同源”之说。清唐岱在《绘事发微》中说，山水画“欲求神逸兼到，无过于遍游名川大山，则胸襟开豁，毫无尘俗之气，落笔自有佳境矣”。唐柳宗元在其散文《小石潭记》里这样描绘自然景象：“从小丘西行百二十步，隔篁竹，闻水声，如鸣佩环，心乐之。伐竹取道，下见小潭，水尤清洌。全石以为底，近岸，卷石底以出，为坻为屿，为堪为岩。青树翠蔓，蒙络摇缀，参差披拂。潭中鱼可百许头，皆若空游无所依。日光下澈，影布石上，佁然不动，俶尔远逝，往来翕忽，似与游者相乐。潭西南而望，斗折蛇行，明灭可见。其岸势犬牙差互，不可知其源。坐潭上，四面竹树环合，寂寥无人，凄神寒骨，悄怆幽邃。以其境过

---

[1] 程耀，刘红伟，陈琳娜．园林艺术 [M]. 北京：中国民族摄影艺术出版社，2013：75.

清，不可久居，乃记之而去。”

作者通过对小石潭的描写，让人们看到了篁竹、清潭、卷石、青树、游鱼、日影、曲岸等自然景物和由这些自然景物组合而成的“不可知其源”的无限之境。小石潭的周围环境是“四面竹树环合”“斗折蛇行，明灭可见”，说明景物的层次重叠幽远，深不可测。由小石潭的“无限之境”和“深不可测”而表现出小小溪潭的“悄怆幽邃”的意境，创造这样的意境是“师法自然”的成果。

唐代画家张璪在总结自己绘画创作经验时，提炼了一句画理名言，即是“外师造化，中得心源”。中国传统园林以模仿自然为特点，同样要以“外师造化，中得心源”为创意指导。“外师造化”是深入观察、体验，领悟自然的本性和真谛，才能有创作的泉源。所以，“外师造化”是园林造景的基础和前提。同时又要“中得心源”，即园林造景不能停留在自然主义的模仿上，要通过内心的融会贯通，提炼升华，用创造性的想象构思出有意境的园林艺术形象，提高审美价值。

北宋时，宋徽宗建皇家园林艮岳，这是一座叠山、理水、花木、建筑完美结合的具有浓郁诗情画意的大型人工山水园，它代表着宋代皇家园林的风格特征和宫廷造园艺术的最高水平。艮岳把大自然生态环境和各地山水风景加以高度的概括、提炼，典型化的缩移摹写，是一座以自然景观为主体的园林。宋徽宗在《艮岳记》中这样描写道：“岩峡洞穴、亭阁楼观、乔木茂草，或高或下，或远或近，一出一入，一荣一凋。四面周匝，徘徊而仰顾，若在重山大壑、幽谷深岩之底，不知京邑空旷坦荡而平夷也，又不知郛郭寰会，纷萃而填委也。真天造地设、神谋化力，非人力所能为者。”“东南万里，天台、雁荡、凤凰、庐阜之奇伟，二川、三峡、云梦之旷荡。四方之远且异，徒各擅其一美，未若此山并包罗列，又兼其绝胜。飒爽溟涬，参诸造化，若开辟之素有。虽人为之山，顾岂小哉。”

艮岳这座巨大宫苑，山水秀美，林麓畅茂，奇峰叠石，成为“天造地设，神谋化力”的绝胜。游之，如置身名山大壑，深谷幽岩之中，是因为“参诸造化”即“外师造化”的成果。

（二）意在笔先

造园家或画家创造审美意象，应根据客观形象，按照一定的审美规律和法则，不能随意和凭空构思。创造审美形象时应事先融进艺术家的审美意识和观念，才能产生丰富并有审美意境的作品来。清郑板桥的《题画竹》中有“意在笔先者，定则也；趣在法外者，化机也。独画云乎哉”。明计成在《园冶》中说：“然物情所逗，目寄心期，似意在笔先，遮几描写之尽哉。”立意在先，是要胸有全局，对主题、意境、构图等有确定的意向，才能以意统率全局，使园林一气呵成，神全气足。园林造景也遵循这一规律，通过叠山、理水、花木、建筑的组合，和构成这些物质要素的各自具有的表达个性与情意的特点，来表现园林意境。

1.以水景立意

造园家用水的审美特性来创造的意境有向往自然、回归自然、与自然成为一体的含义。例如，有隐喻意义审美观的“濠濮间想”；有表现回避尘世，追求自然情趣的“知鱼之乐”；有表现清高、隐逸的“沧浪之水”。北京北海的“濠濮间”、无锡寄畅园的“知鱼槛”、苏州园林的“沧浪亭”，都是造园家运用水的审美特性和历史典故，创造出来的不同意境的水景景观。

2.以建筑立意

造园家多用建筑的造型和题名来共同体现意境。例如，苏州网师园的“集虚斋”，三楹二层，前后有院。斋名取自庄子“惟道集虚，虚者，心斋也”[1]之意，是园内修身养性之地。“集虚斋”前后有建筑屏障，自身有院落的清静之地，表达了以虚心的审美态度去追求真道的人生境界。园主在“集虚斋”内读书养心，去除尘世烦嚣，心境澄澈明净，悠闲自得，展示一种清雅超逸之美。苏州拙政园的“与谁同坐轩”，平面扇形，亭内景窗、门、桌、椅均为扇形。这里三面临水，一面靠山，位置适中，是观水赏月、迎风小憩的佳处。亭名来自苏东坡词中名句“与谁同坐？明月、清风、我”[2]。造园家为了表现大自然中天光云气之景，借助景点题名对游人进行暗示，“与谁同坐”即是较为含蓄地点题，所表现的却是一种自然之美。

3.以天象立意

造园家利用明月、日出、云霞和风雨、冰雪等天象景色，可以创造出视觉、听觉的意境感受。

（1）月境

《园冶》中对月境之美有这样的描述：“溶溶月色，瑟瑟风声；静抚一榻琴书，动涵半轮秋水，清气觉来几席，凡尘顿远襟怀。”例如，苏州网师园有一处园林建筑名为“月到风来亭”，突出在水面，是赏月听风的最佳处。每当晴空月明时，池水若镜，天光、明月、屋廊、树影一起倒映池中，高下虚实，云水变幻，使

❶ 孔正毅，唐少君，张荣明．心通庄子［M］．合肥：安徽人民出版社，2016：183.

❷ 马海英．江南园林的诗歌意境［M］．苏州：苏州大学出版社，2013：175.

人联想到宋代诗人邵雍《清夜吟》中的诗句："月到天心处，风来水面时。"在月清、水清、风清之境中，人心自然是"凡尘顿远襟怀"的清静之境。

（2）雨境

园林中，美和雨总是分不开的。雨可以使园景产生动静、虚幻、声响、清新之美，与人的情感相融合，构成一个美妙的境界。例如，苏州拙政园有两处著名的雨境景观，一处是"听雨轩"，另一处是"留听阁"。"听雨轩"前后植芭蕉，每当雨天，就像宋杨万里在《芭蕉雨》诗中说的那样："芭蕉得雨便欣然，终夜作声清更妍。细声巧学触作纸，大声锵如山落泉。三点五点俱可听，万籁不生秋夕静。"通过"雨打芭蕉"展示一种别具雅兴的、舒心的声响美。而"留听阁"是引自唐李商隐的"留得残荷听雨声"的著名诗句，创造出秋塘枯荷风雨飘落的冷寂清幽之美。

4. 以植物立意

园林植物更是用其独有的个性来表现一种意境美。例如，表现刚直美的有松柏，"岁不寒无以知松柏，事不难无以知君子也"；表现高洁美的有梅花，具有"凌霜雪而独秀，守洁白而不污"的高贵品质；表现雅逸美的有荷花，"出淤泥而不染，濯清涟而不妖"，香远益清、端严清丽是荷花的品德；具有潇洒之美的有竹子，"万物中潇洒，修篁独逸群"是其写照；表现隐逸美的有兰花，被人誉为"兰生幽谷，不为无人而不香"；被誉为"花中君子"的菊花，具有高洁、韵逸和凌霜不凋的高贵品质而受到人们的喜爱。[❶]用这些具有个性和寓意的园林植物进行配置，可以创造出不同审美意味的空间。烈士陵园多植松柏、梅花，可创造一种庄严、肃穆的氛围，给人以庄重、高洁、刚直之感。

（三）写意造境

以石体象征万壑，以池水代表沧溟，即"片山多致，寸石生情""一峰则太华千寻，一勺则江湖万里""一勺水亦有曲处，一片石亦有深处"等写意造境手法，使人游之大有涉身岩壑之想、云水相忘之乐、小中见大、咫尺山林之感。[❷]写意是中国传统美学的主要范畴之一，是源于中国传统绘画的一种表现技法或方式，其特点是用概括、简练、潇洒、奔放的笔墨，来描绘物象的主要特征，并借以抒发感情和寄托意志，表现作者的艺术个性和审美理想。造园艺术借鉴"写意"这种传统绘

❶ 王玉晶，冯丽芝，王洪力．园林美学 [M]．沈阳：辽宁科学技术出版社，2005：233.

❷ 张承安．中国园林艺术辞典 [M]．武汉：湖北人民出版社，1994：96.

画技法的精神，始于魏晋，而高度发展是在中唐以后，经两宋明清，在园林创作中的运用也日益普遍和丰富，最后完全渗透到理水、叠山、建筑、题额、室内装饰、盆景等一切园林艺术之中，而所有这一切具体方法的关键都在于中唐以后“壶中天地”园林基本空间原则。

张家骥在《中国造园论》中对园林写意有精辟的论述，他说：“园林艺术的写意，就是以局部暗示出整体，寓全（自然山水）于不全（人工水石）之中，寓无限（宇宙天地）于有限（园林景境）之内，其奥妙就在于：中国园林艺术是立足于贯通宇宙天地的道去观察和表现自然的。所以咫尺山林的小小园林却给人以一种深邃的无尽的时空感。”“写意”是我国园林的独特内涵和艺术创作手法，是中华民族思维方式在园林艺术中的反映，是中国古典园林艺术创作的重要法则，也是中国古典园林饮誉中外、历久不衰的原因。园林造景艺术中，写意园林的原则是传神。重神轻形，是与我国西周以来哲学中重道轻器、重体轻用、重气轻质、重无轻有、重虚轻实、重意轻象的倾向一脉相承的。这一理论在造园艺术中与写意、抒情紧密融合，要求模仿自然山水时要追求神似而不能只求形似。以小见大必然要求高度概括提炼，这也是传神的客观要求。园林造景中，写意的主要表现有以下几个方面。

1.布局写意

园林布局多以山水画为蓝本，以冷洁、超脱、透逸的高超意境为园林的主题，刻意追求山水画提倡的“竖画三寸当千仞之高，横墨数尺体百里之回”[1]的意趣。

（1）秦汉园林的布局写意

秦汉园林以天地宇宙为艺术模仿对象，以神话中的仙山神水为构图模式，创制一种规模庞大、蕴含万物，布局上“体象天地”“经纬阴阳”的艺术，通过蓬莱神话系统所提供的仙海神山想象景观，确立山水体系布局的“一池三山”模式，作为统一大帝国与集权大王朝的象征。

（2）隋唐园林的布局写意

隋唐园林的类型、数量、质量与艺术风格都达到了高峰。私家园林讲究意境创造，力求达到“诗情画意”的艺术境界。“巡回数尺间，如见小蓬瀛”[2]成为叠山艺术的发展方向，“写意”手法完全渗透到园林营造的各个方面，“壶中天地”的空间原则基本确立。皇家园林仍沿袭仙海神山传统，但在以山水为骨架的格局中，水体景观更为突出。李德裕平泉山庄的疏凿模仿巫峡、洞庭、十二峰、九派，迄于

[1] 彭赟．“大工程观”的风景园林专业概论 [M]．长春：东北师范大学出版社，2017：62.

[2] 夏咸淳，曹林娣．中国园林美学思想史．隋唐五代两宋辽金元卷 [M]．上海：同济大学出版社，2015：179.

海门江山景物之状，都是按“写意”原则布局的园林。

（3）两宋园林的布局写意

两宋园林以有限的地域创造变化丰富的艺术空间、组织精美细腻的园林景观体系为特色。“小中见大”的造园理论和手法，已成为园林布局的主导思想和造园技法。像皇家园林“艮岳”、私家园林“沧浪亭”在叠石、堆山、理水、花木上都十分考究，构景日趋工致，空间变化上愈见丰富，处处体现“多方景胜，咫尺山林”的写意之风。

（4）明清园林的布局写意

明清园林为中国古典园林发展的又一高峰。清朝康乾盛世时，皇家园林有北京西苑三海、西郊的三山五园、承德的避暑山庄；江南、岭南私家园林数以千计。有“万园之园”之誉的圆明园，其造景以水为主题，因水成趣；其次是约占全园面积三分之一的假山、土埠与岛屿洲堤，它们与福海、后湖及大小宽窄不等、变幻无定的水系相结合，构成了山重水复、层叠多变的百余处园林空间，既是天然景色的缩影，又是烟水迷离的江南水乡风景的展现。这一时期的私家园林，尤其是古典园林，更是“小中见大”，有若天然之境，成为不离轩堂而共履闲旷之域，不出城市而共获山林之胜的理想生活居所。

2. 山石写意

明计成在《园冶》中说：“或有嘉树，稍点玲珑石块；不然，墙中嵌理壁岩，或顶植卉木垂萝，似有深境也。”以几片山石再配置数枝藤萝，表现出高山茂林的深境，这就是山石写意的审美展现。造园家以山石写意，构建富于林壑景象的山体，是园林造景的基本内容。中国古典园林中的一些大型山体，如北京北海琼华岛的“烟云尽态”一带的湖石假山，运用写意手法来表现一种趋向自然野致的意态和趣味，来表现审美者的情感，表现园林与宇宙和谐相融的境界。而一些中小型园林，以有限的天地塑造出颇具自然意态的山体，如苏州耦园的黄石假山、网师园的黄石假山“云冈”、留园池心小岛“小蓬莱”、扬州个园分别以湖石、黄石、宣石、石笋，采用“分峰用石”的手法叠成风格不同的四季假山，这些石景都带有“小中见大”“以拳石体象万壑”的写意性。

3. 水景写意

宋曾巩咏盆池：“苍壁巧藏天影入，翠奁微带藓痕侵。能供水石三秋兴，不负江湖万里心。”[1]通过写意，在盆景中可以体会出江海沧溟之趣，由有限到无限，

[1] 上海书画出版社. 名人楹联墨迹 [M]. 上海：上海书画出版社，1999：153.

表现审美者对奇伟雄阔的山水境界的审美情感。用园林有限的水体，表现出自然水体的宏大气势和丰富景观效果，进而引出曲水幽深的意境，就只能通过写意的手法来实现了。清代学者钱大昕在《网师园记》中说："沧波渺然，一望无际。"这里除了对园中理水艺术的赞誉外，更主要的是说明"池小境深，水令人远"的写意手法和审美意味。苏州网师园水池，面积四百平方米左右，池岸略近方形但曲折有致，在西北角和东南角分别做有水口和水尾，并架桥跨越，把一泓死水化为"源流脉脉，疏水若为无尽"的活水。

4.植物写意

明计成在《园冶·立基》中说："曲曲一湾柳月，濯魄清波；遥三十里荷风，递香幽室。编篱种菊，因之陶令当年；锄岑栽梅，可并庾公故迹。寻幽移竹，对景莳花；桃李不言，似通津信；池塘倒映，拟入鲛宫。一派涵秋，重阴结夏……房廊蜿蜒，楼阁崔巍，动'江流天地外'之情，合'山色有无中'之句"。这里，柳塘月色、十里荷风都是虚境，而菊、梅、桃、李、池塘又都是实境，由菊、梅而联想到陶渊明和梅鋗；由桃、李而联想到"有情人"；由池塘而联想到龙宫，最后用王维的两句名诗句来归结构想充满诗情画意的风景，使园林提升到一个高的艺术境界。运用不同的植物品种，按照四季的不同要求进行配置，不单单满足了景观需要，还能创造出富有画意的意境。宋韩拙在《山水纯全集》中，对四时山景的园林植物提出"春英、夏荫、秋毛、冬骨"。

（1）春英

春英者，生机盎然，英姿勃发，一派欣欣向荣的景象，是最活力的季节。在这个季节里，万木复苏，春花怒放，如桃、李、杏、木兰、迎春、连翘、牡丹、芍药等花木，花色浓艳，枝挺叶茂，一派生机，达到了"烟云连绵人欣欣"的"如笑"的审美效果。

（2）夏荫

夏荫者，绿环翠盖，繁茂蓬勃，绿荫遮日。浓荫匝地，苍翠欲滴，是夏荫的集中表现。所以，夏季一片浓荫，具有"嘉木繁荫人坦坦"的清凉世界之意味。

（3）秋毛

秋毛者，指"叶疏而飘零"。但秋高气爽，树势"明净如妆"，加上叶色丰富多彩，果实结满枝头，可以说是个繁荣的季节。秋季叶变红的有枫香、鸡爪槭、五角枫等；变黄的有乌桕、银杏、白桦等。远望群山"万山红遍，层林尽染"，大有"霜叶红于二月花"的美感。

（4）冬骨

冬骨者，“叶枯而枝槁”，是为树木之冬态。在园林中，应以落叶树为基调，适当栽植常绿树。这样，不仅配置景观好，而且冬态中突出树落叶后的“冬骨”效果，更能体现冬季景观的画意特点。

5.建筑写意

园林建筑与园林的主题相一致，往往通过其造型和题名表现出浓郁的写意色彩。其中最有写意特色的是一种意构的旱船，如苏州怡园的“画舫斋”，就是一种舫式建筑，大有一舟在岸，随时可以起航之意味。“画舫斋”，取名于“欧阳公有画舫斋”，它三面临水，形式轻巧玲珑，装修精致，线条明快，宛如飘浮水上的一叶轻舟，非常轻逸舒展。苏州沧浪亭的“面水轩”，虽然名之为“轩”，按其所处的三面临水位置，却像停泊在水边的船，轩内匾额悬有“陆舟水屋”，使人看了便产生坐船远航的联想。

第二节　园林的结构形式美

一、园林结构形式的对比照应

（一）动静对比

形式美表现的节奏和秩序，就是在由运动到静止，再由静止到运动的循环反复之中体现的。动和静既有相对的独立性，又是一对不可分割、相互依存的矛盾双方。动和静是自然界中一切事物所表现的必然形态，没有动，事物就得不到发展；没有静，也就没有平衡。艺术也表现动静，但它们有着不同的侧重。一般说来，绘画雕塑的形式美是静态的表现，电影戏剧之美又依靠动态的序进，而园林的风景形式是静寓动中，动由静出，这一变化和对比是其他艺术所没有的。

1.园林总体布置的动静划分

园林艺术形式美的动静对比首先体现在总体布置上动静游览区的划分，如供人攀登的大假山、供人穿越的山洞，进行一些较大规模起居活动的厅堂，演戏唱曲的戏台等区域，都含有较多的动态因素。不少园林还设有一些文雅的戏娱项目，如临清流而赋诗的流觞曲水，水面上的射鸭活动（用藤圈套鸭子）以及北方帝王花园冬天的冰嬉等，这些更是属于动的游览区域。而置于山凹的书斋，让人小坐览赏的临水亭台，据园一隅供休憩、品茗、弈棋的小筑，又是宜于静观欣赏的相对静的区域。这些景区，每每设有一些供仔细品察的景物，如抽象含蓄的石峰，姿态苍古的松柏，或者能借景园外，远眺大自然的山水林泉。在总的结构布局中，这些动静的观赏景区又很自然地由曲径、小桥、廊等串在一起，从而使游览活动也现出一种节奏上较快和舒缓的对比。

2.不同规模园林的动静侧重

动静对比又因园林规模大小有不同的侧重。一般稍大的园林，游览路线长，有回旋的余地，往往以动观为主，以静为辅；小园则相反，以静为主，动相辅。这是根据不同的环境条件，对比双方矛盾转化。像苏州的一些小园，如畅园、壶园，甚至再大一点的网师园，主要景色都沿着中心水池布置，绕池一周，随处可坐可留，或槛前细数游鱼，或亭中待月迎风，或斋外看花竹弄影。景色也好，结构也好，都是以静为主而辅以缓步吟赏的小园。

3.园林特定风景的动静对比

园林的风景结构中，特定的风景形象也会表现出变幻的动静对比。例如，假山石峰、建筑亭台等实的造园景物是相对静止的；而水体、树木花草则根据不同的条件，既表现出静态，又常常会显出美妙的动态；至于园内的气候景观，如风雨雾雪、小鸟昆虫则又多以动态的形式美表现出来。这种种形象汇合交混，使艺术结构中的每一个部分都富含着动静的对比。并且，这种对比又常常发生转化。例如，游赏者坐石上小憩，或依栏静观，那么，所见的行云流水、鸟飞花落，都是动的，这是以静观动。时而，游赏者缓步循径漫游，或者泛舟湖上，在动的状态下赏景，所见静止的峰峦建筑、高亭大树，就变成以动观静了。再者，园中各种风景形象本身又有动与静的对比交替。山静泉流、水静鱼游、石定树摇、树静影移，无论是以动观静、以静观动、以静观净，还是以动观动，其形式美的表现均有所不同。这些转化又在一个方面反映了动静对比的统一，没有孤立的动，就没有孤立的静，两者的既相对又协调的特性，构成了风景结构的框架，又增添了景色的活泼天真的气氛。

（二）以曲带直

单一的“直”只能形成简单的重复空间，唯有“曲”才能带来各种变化，使空间现出抑扬顿挫的韵律。从观赏学上来看，曲廊、曲径和曲桥可以增大游览路线的距离，延长了赏景的时间宽度，扩大园林的空间感。同时，风景连续空间的曲又为游赏空间序列的节奏感、音乐感创造了条件。一般说来，游廊曲路两侧常常安排有不同的主题，当游人循廊径而游，视线不时进行着小角度的转换，两边不同趣味的景就交替出现在游览者的面前。例如，拙政园的柳荫曲路景，是一条随地形高下曲折的游廊，从直通见山楼二楼的爬山廊一直伸展到中西部相隔的“别有洞天”半亭。当游人沿着廊子或上或下、或左或右地漫游，东边透过绿幕似的垂柳是波光闪烁的水面和青葱的山岛，景观比较自然开朗；而西边因是游廊的曲势，衬以分隔中部和西部的花墙，形成了数座大小、形状各异的不完全封闭的小院；小院有选择地栽植了松、梅、乌桕等观赏树木，又随便点缀了一些小石峰，雅小而精致，和东边景色正好是个对比；信步游去，迎面的风景随着廊子之转曲在不断地变换，使游赏者倍感园林形式美得多样。

宋人李格非在《洛阳名园记》中这样来评论他所记述的“景物最胜”的富郑园林：“郑公自还政亨归第，一切谢宾客，燕息此园凡二十年，亭台花木，皆出其目营心匠，故逶迤衡直，闿爽深密，皆曲有奥思。”这里说的逶迤衡直，就是园林布局结构形式上的曲直对比，要使园林景观含蓄有味，不一览无余，就必定要有曲有藏，有深有密，唯其如此，艺术所创造的景色才能达到“曲有奥思”的美妙境界。造园理论中的“水必曲，园必隔”“不妨偏经，顿置婉转”等都是古代艺术家对园林的曲奥布局的经验总结。人们在园中漫游，到处看到的是曲折高下的假山，迂回盘绕的磴道；循山脚的转折蜿蜒流淌的小溪，以及平缓的池塘曲岸。那些作为园林结构联系脉络的廊、路、桥等也要随形而弯，依势而曲，或蹑山腰，或穷水际。这些在结构形式上现出的曲，增加了景物的层次，使艺术家有可能在较小的面积中表现出较丰富的风景画面，又能使园景更富有自然山林气息。例如，苏州的环秀山庄是占地仅三亩的小园，但以补秋山房为赏景中心，水有二次曲折萦回，山也有三面穿插，使假山假水现出自然雄浑的姿态。可见，古典园林结构的曲直对比中，矛盾的主要方面在于“曲”，是以曲带直。

曲的另一层含意是使风景曲而藏之，不让所有的景都暴露出来。这里，曲直之对比又可以引申为藏露的对比。园林的布局章法常将一些重点的风景形象曲而藏之，使游赏者在经过一段时间的游赏之后，在“山重水复疑无路”的情况下，一转身，一抬头，出其不意地发现“柳暗花明”的风景主题。这种安排能使整个游赏过程呈现出一种戏剧性的跳跃，给人的印象是很深刻的。这一种技巧即是造园家常说的“景贵乎深，不曲不深”[1]。凡构思精奥的园景必须是由曲至直，由隐到显，这一结构形式美的对比是增大景深，丰富园景的有效方法。山水布局结构的“溪水因山成曲折，山蹊随地作低平”是直中求曲折，平中见高低，不违反自然的造景规律。否则将会使园景失去自然天真的风貌，给人以虚假扭曲的不舒服之感。这里面包含着丰富的艺术辩证法。园林结构中的曲和直是既对立又统一的，既然是以曲带直，就还要包含着直的因素，而不能随意地乱曲。路、桥和廊的曲，曲中寓直，直中有曲，虽然迂回曲折，但总有一定的行进方向，或供渡水，或作联络。

（三）山水开合

清人蒋骥的《读画记闻》论曰：“山水章法，如作文之开合，先从大处定局，开合分明，中间细散处，点缀而已。”山水开合的概念借用于绘画艺术理论。我国传统山水画的画幅构图很讲究开合结散。开合的对比即是聚散的对比，是园林艺术结构形式美对比法则中较为特殊的一对。园林中的开合将绘画中的平面布局定位的开合方法发展到空间中，用于三维风景形象的布局对比。从形式美法则看，开合包括面积、体量、高度、质地和颜色等的集中和分散，整体和局部的均衡和照应。因而，对于园林结构和造景来说，开合对比也是很重要的一条。自然风景的形成也是有开有合，山有石脉，有峰峦起伏，两山之间必有沟溪，由于地壳的运动，又有悬崖绝壁；而较低的凹地汇集水流，便成了湖池……都很明显地表现出开合结散。因此，园林结构中开合法则的运用也保证了艺术所创造的山水能更自然、更富有生气。就拿堆假山来说，要是合而不开，则势必浑然一体，如粘合在一起的土石堆。如果只开不合，就散而零落，没有主景而趣味全失。

开合对比法则应用于较大的水池和湖面，就成了聚与散的对比。同假山的开合一样，池水也要有聚散的对比，否则，一眼望到四边的方圆规整的水面会让游赏者感到单调和呆板，水体的处理也必定要有合有分，有聚有散，景观才变化多样。通常来说，聚散的对比因园林的规模大小而有不同的侧重，小园水面小，应该以聚为主，以显得宽广连续。比较大的园林，其水面可适当分散些，有主有次，而使水面显得弥漫连绵，有不尽之意。但不论大园小园，不论如何聚散，都要因宜自然，不

[1] 彭丽.现代园林景观的规划与设计研究[M].长春：吉林科学技术出版社，2019：151.

能“板、结、塞”。聚者可设置水口，远远望去，小桥架其上，仿佛水面未断；散者不能使水面琐碎零乱，可在水中置岛，以桥联结，似分又合。例如，苏州拙政园中部水面较大，约占全园的五分之三，古代造园家便在池中偏北堆叠两座岛山，并以若干空透小桥相连，整个水面有聚有散，萦回环绕，增加了风景的进深和层次。

（四）小中见大

园林艺术的创作过程每时每刻都在进行由小到大的转化。“三五步，行遍天下；六七人，雄会万师”[1]，这是古典戏曲小中见大的形式对比。同样，园林艺术也要以少胜多，以小见大，精炼地、概括地使园中一拳一勺现出自然山水林泉的情趣。假山不能太高，但要涧壑俱全；池面虽小，也要现出弥漫深远之貌；一些风景建筑的尺度，在不影响使用的条件下，要尽可能做得小巧，所谓低楼、狭廊、小亭，如廊的宽度不过三尺，高也多为五六尺；亭子的体量也要与假山、小池相配，以矮小为宜，如拙政园的笠亭，留园之可亭、冠云亭，都以小巧玲珑著称，与景色配合得很是默契。可见，古典园林要以有限的面积造无限的空间，在大小对比中，其主要矛盾方面是小。

园林的分隔常常采用大园套小园、大湖环小湖、大岛包小岛等形式。艺术家在这些小的观赏空间内，每每设置很有特色的主题，能给观赏者很深刻的印象，产生较好的对比效果。例如，颐和园后山的谐趣园，北海的画舫斋、静心斋都是大园中的很有名的小园。南浔嘉业堂藏书楼花园是岛中之岛格局的花园，大园四周绿水相绕，是一浮于水面上的大岛，而园中又凿池筑岛，形成大岛包小岛的别致结构。杭州西湖的三潭印月是一湖上小园，小岛没有沿用一般园林曲径通幽、山水交融之章法，而是易陆地为水面，成为大湖环小湖的形式；极目望去，青山环抱，苏白两堤上桃柳成行，亭台依稀；潋滟的西子湖水轻轻拍打着小岛，眼前则是一池平似镜的内湖，几座精巧的建筑错落掩映在绿树中，是结构形式美中大小、远近、动静对比很好的实例。园林范围虽小，但在布局结构时还要再度分隔，使之更小，从而强化对比之效果，这也可以说是应用了某种艺术夸张。园景中，比较大的主要山水游赏空间与自由布置的重重小院有机地结合，已成为园林结构形式大小对比的一种特色。大的游赏空间景观自然多野趣，小的庭院则“庭院深深深几许”，使游人不知其尽端之所在，增加了园景的幽趣。留园东部的重重院落和拙政园从枇杷园到海棠春坞的一组以植物主景的小院均是较典型的例子。

---

[1] 陈从周．中国园林鉴赏辞典 [M]. 上海：华东师范大学出版社，2000：1002.

（五）收、放、阻、畅

园林艺术要创造自然形式的游览空间，也受到许多条件的制约，存在着多种矛盾。为了强调某一特定的效果，造园家常常采用激化矛盾、反衬对比的方法，欲放先收，欲畅先阻，欲明先暗，从而在新的放、畅、明的基础上达到矛盾的统一。在具体应用中，这三者常常相互渗透和交混。作为一种空间效果，每每收就是阻和暗；放则类同于畅和明。例如，苏州留园从大门到园中的主要山水景区要经过很长的走廊，是空间抑扬对比的好例子。一进园门是一个较宽敞的前厅，厅右伸出一小廊引导游人入园，小廊间壁无窗，光线晦暗，经三四折，又入一个面对天井的半明半暗的偏厅，厅壁有画，游人至此可暂缓行进，舒展观赏片刻。再行又入狭小的暗廊，转折数次后，眼前才渐渐亮起来，待到步入“古木交柯”小庭院，对面花墙的漏窗处，明秀的园景才隐隐透出来。回首，只是一壁粉墙前一株古木、一坛素花，上嵌一块点明景名的砖刻匾额，淡淡的几笔迎接着千万游人，点出了此园的幽雅气息。然后西折至绿荫轩，这是面向大观赏空间的敞开小轩，到此，游人会感到山池分外明丽灿烂。以晦暗、闭塞狭小来反衬园景的明快、开敞，对比效果非常强烈。

许多古园进门处常设有“障景”的山石树木之景，从结构形式美来看，也是先阻后畅，先收后放原则的应用。当然，山石障景不只是简单的“一石障目”，而要根据不同条件创造出不同的景观。例如，北京恭王府花园入口先抑后扬的处理就很别致。此园园门深藏在两侧土山的余脉所环抱而成的一个进深十八米的闭合小空间的底部，好像是夹在大山幽谷之中。这里障景并非全然遮挡，而是将游人的视野限制在很小的空间范围之内，除了正中的厅堂能透过山石洞门约略看到之外，其他山水景是被围起来的，只能根据过去的赏景经验进行猜测。只有穿过门洞，山池亭榭才渐次展现于面前。像这类进入园中主题景区之前约略让游人看到少许景色，称作泄景，每每引起游人的联想和猜测，加强了他们对于被围阻风景的审美兴趣。

二、园林结构形式的多样统一

多样即指事物之间的差异性和个性，是指构成整体的各部分要素的变化；统一则是指个性事物间所蕴含的整体性和共性，是指各种变化之间要有一致的方面。多样统一规律是对形式美其他一切规律的集中概括，也是艺术创造辩证法思想的体现。多样统一，一方面展示出形象的诸种形式因素的多样性和变化，同时又在多样性和变化中取得与外在事物联系的和谐与统一。多样统一就是在丰富多彩的变化中保持一致性，故又称“寓变化于整齐”。事物的发展变化构成了世界的多样复杂，事物的平衡协调又构成了世界的统一，多样统一即事物对立统一规律在人们审美活动中的具体表现。多样统一又称和谐，是一切艺术形式美的基本规律，也是园林形式美的总规律。多样统一是对立统一规律在艺术上的运用。对立统一规律揭示了一切事物都是对立的统一体，都包含着矛盾，矛盾双方又对立又统一，充满着斗争，从而推动事物的发展。

世界上万事万物之间都有着错综复杂的和千丝万缕的联系。在园林艺术的领域中，一件好的、令人身心愉悦的、具有美感的造园作品，必定是造园各种要素组成的有机整体结构，形成一个理想的环境空间，体现出一定的社会内容，反映出造园艺术家当时所处的社会的审美艺术和观念，达到内容形式的和谐统一。多样统一规律是一切艺术领域中处理构图的最概括、最本质的法则。园林从全园到局部，或到某个景物，都是由若干不同部分组成，这些组成部分的形态、体量、色彩、结构、风格等要有一定程度的相似性或一致性，给人以统一的感觉。但要注意，如果园林的各组成部分过分相似一致，虽然能产生整齐、庄严之感，也会使人感到单调、郁闷、缺乏生气；反之，没有整体统一，会使人感到杂乱无章。因此，园林构图要统一中求变化，变化中求统一，实现形体的变化与统一。

（一）园林结构形式的多样

宋代大文学家欧阳修在一次游赏园林风景后写作了酬唱诗。《欧阳修全集》中，诗人以特有的敏感，十分细致地捕捉了园林风景中丰富而多样的美：“园林初夏有清香，人意乘闲味愈长。日暖鱼跳波面静，风轻鸟语树阴凉。野亭飞盖临芳草，曲渚回舟带夕阳。所得平时为郡乐，况多嘉宾共衔觞。”这里有吹拂树枝的轻风；有在枝头叽喳歌唱的小鸟；有平静而偶然泛起几丝波纹的小湖；曲岸边还泊着几艘小舟；绿丝中又露出茅亭的一角，所有这些景致，带着初夏时分大自然中散发出的清香，汇成了园林特有的自然而真实的美。那形形色色的风景形象，从水中的游鱼到空中的飞鸟，可以说是巨细皆备，应有尽有。它们均很完整地保留了自然景物所具有的美的形态，仿佛是自然生成的，丝毫没有流露出人工雕琢的痕迹。除了实的风景形象之外，还有众多的虚景的辅助，那风轻鸟语、鱼跳波面、天光云影、夕阳晨曦、野花幽香，以及溪水声、松涛声等活泼多变的风景美信息，更是纯自然之物，它们无时无刻地点缀着园林的美。

众多变幻的美景，除了作用于视觉的，还有作用于听觉的自然天籁之声，作用于嗅觉的各种香气，有使全身感到快慰的清风，最后还有大家一起品尝的美酒。总之，人们所有的感官——眼、耳、鼻、舌、身在园林中均协同地发挥作用，去感受丰富而多样的风景之美。正如我国古典园林的理论经典《园冶》所点出的，园林所创造的是“隐现无穷之态，招摇不尽之春”的美。这里，多样而变化的美景，以及全身心的真切感受是园林美的主要原因。现实自然较之艺术，有着无可比拟的多样丰富的内容。园林艺术的自然性首先在主要造景材料的多样与风景美的变化上体现。山石、花草树木、水等，这些材料品种极为多样，各种景致又具有各自的审美特性，在不同的环境条件下会变幻出无穷的美来。

1.园林元素中的多样之美

（1）园林山石的多样之美

材料的多样性上，园林山石给人们留下了深刻的印象，园林中各种山峦峰岳景色之美，是与各种山石本身的特性分不开的。古典园林讲究“分峰用石”（即用不同的石料堆叠不同的假山），以创造出自然山景的多样风貌。例如，扬州个园的四季假山，便是集中表现山石多样美的一种尝试。早在宋代，杜季阳就撰写了《云林石谱》三卷，里边记载了观赏用的石料一百多种，分述了它们的产地、特性、形状和色彩，并且按照其审美价值和名贵程度区分了等级。明末计成造园所用山石材料也有十六种，这众多的石料是园林山石景色多样变化的一个原因。今天，当人们在各地园林中漫游，所见山石种类也是琳琅满目。

（2）园林水体的多样之美

园林中的水，每每以自然状态展现，它是园林美真实、自然的表现中不可缺少的一笔。为了表现水的自然美特性，园林中就要塑造湖、池、溪、瀑、泉等多种形式的水体，使无形无色的水根据不同的组景需要，现出不同的美来：平静的池水如一面明镜，涵养着四周的美景；从山脚缓缓流出的溪水晶莹明澈；假山上的瀑布倾泻而下，如白龙飞下；从泉眼无声无息涌出的水素净清辉……在这许多园林水景中，除了视觉的美，还常常伴有声音的美。“卧石听泉”是古代文人雅士所喜爱的高尚娱乐。水体景观这种声形俱美的表现，丰富了园林景色的层次，使园林风景从单一地作用于视觉扩展到另一个重要的欣赏感官——耳朵。古曲园林中的听溪泉声的景点，如玉琴峡、八音涧、弹琴峡等，就是艺术家为了园林美的自然真实而对水体进行特殊塑造的结果。

（3）园林植物的多样之美

园中，花草树木的多样比山石材料更要明显。从数百年上千年的古树名木到最低等的青苔、地衣，种类之繁多，举不胜举。这些植物，不论其高矮，不论其品种之贵贱，通通都是创造园林美不可或缺的材料。对树木的繁复，清人叶燮在《原诗》中曾有独到的论说。他认为天地间草木“天矫滋植，情状万千，咸有自得之趣”；又说，“合抱之木，百尺千霄，纤叶微柯以万计，同时而发，无有丝毫异同”。只一棵树，其数以千万计的叶枝、小芽就如此多样，不同种的花草树木的变幻就更可想而知。我国园林中栽植的大型常绿观赏树种有松、柏、杉、樟树等。松又可分为黑松、五针松、罗汉松、白皮松。落叶观赏树更多，有银杏、榆、槐、枫、乌桕、杨、柳等，还有桃、李、梨、梅、海棠、枇杷等观花果的品种，以及游赏者喜爱的挺拔的翠竹……加上许许多多有时连名也叫不出的野花小草，又有哪一门艺术能如此真实地表现出植物的多样性呢？植物的多样和变幻还反映在它们在园景中的多样表现。有生命的花草树木随时令、气候等变化，现出的美使园林景色格外多姿多彩。

2.园林关系中的多样之美

园林中，山水关系的处理是风景美创作的关键。无论是大型园林的真山真水还是一般园林中的假山、小溪，都要对山水进行整饬，处理好它们的关系，以创造出自然风光和山林景色。山水是互相依存的，它们之间的多种布局关系决定了园林风景的多样风格。有的园林滨湖傍海，以水景为主，其景观开朗豪放；有的建于山麓，或者居于山巅，园内就以山石景为主，园外又可借入名山之景，其风景就有起伏、多层次。尽管如此，全山全水的园林是不可取的。山再多，总要有溪水相绕，泉脉相通；水再大，也必有山骨可依。

根据自然风景山水之间多样而复杂的关系，园林艺术中山与水的组合也极为多样。有的山水相依，水石交融。例如，拙政园中部，从主厅远香堂北望，池中两座山岛的平岗水矶互错互映，现出一种平和协调的美；有的山水相争，成峡谷，成深渊。此外，光线、气候等虚的风景信息和实体的山水景物之间的多样关系也是构园的重要组成部分。实际的赏景经验告诉人们，活泼多变的自然界的风景信息能给园林景色添上十分迷人的一笔。要是没有日光的转换、阴晴雨雪的变化，实的山水风景形象多少显得呆板。例如，同样是山，但在早晨黄昏等不同时辰，就会现出多样的景观美。

（二）园林结构形式的统一

园林构成要素和景点表现出外形、展现方式上的相同或接近，为园林构成形式上的统一。例如，在园区内的建筑，无论大小、位置统一采用当地民居的特色来体现；园路无论宽窄，都采用同一图案式样（往往地砖大小有差别）的铺装等。园林结构形式的统一还表现在以下方面。

1. 材料上的统一

不同要素、不同的景点应采用同一建筑材料来装饰景点或园区。相同的材料往往容易表现出相同的色彩、相同的质感，而质感和色彩是景观要素对景观外貌影响较大的两个方面，质感、色彩统一了，整体景观的观感就易于协调。

2. 线型上的统一

构图本身采用了同一类型的线条来展现对象。例如，圆形的广场、中间圆形的喷泉、一侧弧线的花架和花坛，甚至沿周边布置的圆形座凳，圆弧是构成这些要素共同的线形，因而构成景观会显得协调美观。园林中的线形，可分为直线、曲线和由此变化出来的各种线形。直线是线的基本形式，往往给人整齐、强硬的感觉；而曲线则表现为悠扬、柔美，给人以亲切、自然之感。园林中的树木的枝干，因为具有不同的线形而形成了千姿百态的树木形态，如垂柳、垂榆，其枝条弯曲下垂，树冠呈垂枝形；而银杏、杨树等干形通直，主枝向上，侧枝斜向伸展，其树冠呈椭圆形；常绿树的云杉、冷杉、柏类的主干直立，侧枝密生，冠形呈尖塔形；松树的主干挺拔，侧枝平展，树冠如盖呈盘伞形；还有龙爪槐的伞形，铺地柏的匍匐形等多种。把这些不同冠形的树木进行配置，就必须依照树冠的直、曲斜、垂等线形，按主次、高低、曲直、色彩进行搭配，才能配置出优美动人的树木景观。

3. 色彩上的统一

色彩是对人视觉冲击最为有力的因素。景点的色彩往往最易于被人感知，一致的色彩易于形成统一感，如苏州园林的红柱、灰瓦、粉墙不仅是每个园区一致的建筑色彩，而且已形成一种园林风格。

（三）园林多样统一之美

园林多样统一之美主要体现在园林形体的多样统一和整体与部分的多样统一上。

1. 园林形体的多样统一

园林景观是由多种形体组成的，形体可分为单一形体与多种形体。单一形体，如园林的孤树，在与草坪、低矮灌木的统一配置中才能突出其个体美。同样，一座亭子只有配置在树木、山石之中，才能显得既突出又协调，具有调和美。而多种形体的组合，必须有主有次，用主体形体去统一次要形体，这样才主次分明，变化之中有统一。树木配置就是遵循这个原则，即在一个树群的组合中有形体、色彩、姿态突出的树木，再配以衬托的树木，通过艺术手法进行平面、立面的组合，就构成了一幅完美的画面。

2.整体与部分的多样统一

同一座园林里，景区的景点各具特点，植物造景随之也有不同类型。但就全园总体而言，各景区的植物造景的风格应与全园整体协调。从全园来看，由于有主调树种贯穿全园，所以，无论各个景区的植物造景是千姿百态，还是五彩缤纷，都应融入全园整体的绿色之中。例如，北京颐和园中的谐趣园，绕水面分布着各式建筑，有知春亭、洗秋、饮绿、涵远堂、澄爽斋等，尽管建筑的造型、体量各不相同，但由于颜色、材质、形式的一致，再加绿树的掩映，使得全园协调统一，局部融入整体之中。

三、园林结构形式的均衡稳定

均衡与稳定在园林造景中往往是整体性、综合性的。物理均衡只有重力大小，比较简单，而视觉均衡却综合了形体的大小粗细、聚散疏密，色彩的明暗冷暖、浓淡黑白，空间的虚实开合、远近大小，方向的正斜内外、上下左右等因素。均衡产生的条件是以物体的中轴线为重心线，以中心点为支撑点，只有重心线与支撑点垂直固定，让重心成为物体的重量中心，这样的物体才是均衡而稳定的。均衡表现物体在平面和立面上的平衡关系，稳定则表现物体在立体上重心下移的重量感，二者密切相关。只有均衡的布局才是稳定的，稳定的立体也体现了均衡，所以，只有均衡和稳定结合起来，才能体现出安定均衡的美。在园林景观的平面和结构布局中，只有做到均衡和稳定才能给观赏者以安定感，进而得到美感和艺术享受。

（一）规则式均衡稳定

园林建筑中的堂、榭、亭等，如苏州拙政园的“远香堂”“留听阁”“绣绮亭”都是建筑中心线左右严格对称的建筑。园林出入口、规则式建筑前的植物配置，也应运用规则式对称的手法，以取得均衡稳定的效果。规则式均衡也称对称均衡，是在轴线的两侧布置完全相同的景物，形成两侧对称、前后等距、物体相同、大小一致的景观效果。特点是规则均匀、安静稳定，是均衡中完美的形态，给人以稳定庄严的统一美感。

1.对称式均衡稳定

人类很久以前就将对称作为均衡稳定的体现，虽然对称在现代的园林造型中用得少了，但在纪念型园林中，对称仍然是十分有效的手法。园林的对称式均衡稳定必须有一个视点或由视点连成的轴线，在这个点或线上欣赏才能感到对称均衡的美。这一条线可能是一条道路，或一个透视夹景，也可能是一条虚无的视线。对称的景物若沿着道路连续出现，人们既可以静观其中的一对景物，也可以动观连续出现的对称景物，如十三陵总干道两旁成排成对的翁仲、石兽与路边的行道树等，统称为流动对称。一个单体的景物，如一个假山石、一个雕像等，也要讲求平衡。如果在视轴上欣赏，左右的成分相同，又称为对称均衡，效果虽庄严但可能呆板。

2.不对称均衡稳定

人们早期在追求对称均衡的同时也注意到了一些不对称却也能保持平衡的现象，并将其应用到园林的营建中。例如，颐和园的十七孔桥，一端紧接龙王庙，另一端稍远一点便是廓如亭，前者体量大而近，后者因给人以比较重的感觉则离桥稍远，仿佛天秤一样使画面均衡起来。

3.竖向的均衡稳定

上小下大曾被认为是稳定的唯一标准，因为它和对称一样可以给人一种雄伟的印象，但频繁地使用三角形构图不免使人感到千篇一律。我国古代建筑在这方面很早就有尝试，今天的园林中，应用竖向均衡的例子也很广泛，如伞形亭花架采用点式结构的不计其数。除了建筑小品外，园林是自然空间，在竖向层次上主要是地形和植物（大乔木），设计者应进行巧妙的安排，创造出更新颖、更适合于特定环境的方案。例如，杭州云栖竹径中小巧的碑亭与高它八九倍的三株大枫香形成了鲜明的对照，产生了类似于平面上大而虚的自然空间和小而实的人工建筑两者间的平衡感。

4.轴线化均衡稳定

园林中的风景要素被整齐地排列起来时，它们便只是这种规则图形轴线上的一部分，人们的注意力会转移到对群体图案式的机械美的欣赏上来。正因为轴线具有如此力量，所以它可以将较规则的构成要素，如建筑小品、道路、广场、某些植物（如松柏、绿篱、黄杨与其他个体观赏价值较低的植物），化作图案中的一部分，借整体的力量提高价值。但是，布置时一定不要对原有的自然气氛产生大的破坏，对称的应用要考虑到和环境协调，如欧洲最好的广场都不是对称的。园林中的对称设置要尽可能控制在较小的规模内，并且这种效果要能从主观视点或游线上明确地感受到，否则便失去了意义。

（二）自然式均衡

苏州拙政园舫形建筑“香洲”的侧面，就是自然式均衡的建筑造型。“香洲”由平台、前舱、中舱、尾舱四部分组成。尾舱高而体量大，为二层楼阁。尾舱与其他三部分的均衡，一是平台、前舱、中舱的长度比后舱长，而前舱的体量较大，起到均衡作用；二是后舱的粉墙的上下开了四组花窗，既装饰了墙面，又减轻了墙体的“重量”，从而取得了构图上的不对称均衡，表现出赏心悦目的构图美。自然式均衡也称不对称均衡，即对称两侧的配置要素不要求完全一致，只是在体形、色彩、质地、线条、数目等方面体现出量的平衡，以达到景观效果的均衡。这种均衡的特点是变化丰富多样，生动活泼，富有动态和活力的美感。

（三）质感的均衡

重量感觉上，一般认为建筑、石山分量大于土山、树木。同要素给人的印象也是有区别的，如大小相近时，石塔重于杨柳，实体重于透空材料，深色的重于浅色的，粗糙的重于细腻的。一块顽石可以平衡一个树丛，体型上的差异虽然很大，但从质感上却使人觉得平衡。这种感觉并不神秘，从经验上讲，人们都熟悉石头很重，对石头有一种重量感，一丛树木枝叶扶苏，给人以轻快感，本来二者是不平衡的，但是经过园林艺术家的权衡运筹之后，石头不多放，树木成丛种植，分量就平衡了。其他如自然式园林中地形的起伏、山石树木组合在一起的景物，因其变化无穷，与另外一种内容的景物相互间的平衡，就需要设计师的细心安排了。这一类权衡轻重的复杂艺术常称为综合平衡。苏州园林里，主体建筑和堆山、小亭常常各据一端，隔湖相望，大而虚的山林空间和较为密实的建筑空间分量基本相等。

四、园林结构形式的主体从属

元代《画鉴》中说：“画有宾有主，不可使宾胜主。”“有宾无主则散漫，有主无宾则单调、寂寞。”把主景、配景的关系和作用说得非常清楚。在园林空间中，景观有主体景观和从属景观，即主景和配景。只有主从搭配适宜才能达到景观丰富多彩，使人游览起来才会游兴盎然，印象深刻。在一座园林中，主景多为建筑或雕塑，也有用树丛的。为了突出主景，除因体形高大、造型别致、色彩鲜亮引人注目外，还需要在位置上对主景予以突出，如采取主景升高，置主景于主轴线交点上与空间平立面的构图中心的方式。在自然式园林中，采用园重心位置突出景点，都会获得“众星捧月”“百鸟朝凤”的醒目效果，如北京的北海，这样一座采用集锦式布局的大型园林，仅用突出某个景区或风景点的办法求得主从分明是很难奏效的。这样的园林，为了避免松散、凌乱，最有效的办法是结合地形变化提高主景的高度，并在高地上密集地布置建筑群或风景点，特别是在顶峰上建造高塔，从而形成一个制高点。这样，既能俯瞰全园，又能从园的四面八方观赏到这一明晰的立体轮廓线，起到突出全园主景的作用。这就是北海的琼华岛与白塔所形成的主体景观。

在植物造景中，主从关系也是应用最广泛的手法，如树木配置中的主体树多为体形高大、姿态优美、叶花鲜明的乔木，配景树多为灌木，并辅以花卉和草坪。这样搭配起来，才能成为一组主景突出、主从适宜、层次明显的树丛。在一组花坛群中，主体花坛多居中央，且有体形高大的花卉，或有雕刻作为装饰，其余花坛作为陪衬。在古典园林中，从园的整体结构看，除少数仅由单一空间组成的小园外，凡由若干个空间组成的园，为突出主景，必使其中的一个空间或由于面积大，或由于位置突出，或由于景观内容丰富，而成为全园的重点景区，如苏州拙政园，全园分为东、中、西三个相对独立的景区，而中部面积大，景观内容多，以远香堂为中心成为全园的主景区。

第三节　园林的人文美

数千年来，博大精深的传统文化浸润着古典园林，精美绝伦的工艺制品装点着古典园林，能工巧匠们参与造园，名流大家更是为古典园林增光添彩，于是，古典园林渐渐地具有了清风雅韵，具有了人文之美。古典园林的人文之美，主要表现在利用物的象征意义来表达文人士大夫的生活情趣上。古典园林的造园者大多是文人士大夫，其赏园者也大多是文人士大夫。因而，园林中的构思、布局、装修、陈设无不体现了他们关于生活的理想和情趣。古典园林中的每一块碑帖、每一件摆设、每一幅书法无不体现了传统的艺术之美，蕴含着丰富的情韵意趣，跳动着华夏文化的光芒。古典园林的人文美所依赖的载体和表现形式，大致有匾额楹联、室内陈设、雕镂彩绘和长廊刻石等。

一、园林中文学题名的人文美

艺术审美注重的是寄情，是以有限的物质形式来表现无限的精神之美，然而在造园过程中，物质的材料又无法完善地表达精神世界。为了克服这种局限，文学进入园林，它们或是以题名，或是以匾额楹联等形式表现出来。因此，中国园林的人文美，首先是借助文学而实现的。中国园林的题名，往往立意深远、意境含蓄、饶有情趣且又有掌故。它们的由来、有的是寄寓志向、修身养性，如拙政园。拙政园为明代御史王献臣所建，由于仕途失意，王献臣归隐苏州，取西晋文学家潘岳《闲居赋序》中“筑室种树……灌园鬻蔬，以供朝夕之膳……此亦拙者之为政也”句意，字面之义为拙于在官场周旋的人，只好把浇花卖菜作为自己的“政事”；而深层的含义则是取陶渊明“守拙归园田”之“拙”，与“巧宦”者对文，意在抨击谗佞之徒。有的题名是取义纪事，如留园为明朝太仆寺卿徐泰时所建，清初为刘恕所有，经修葺后，园内竹色清寒，波光澄碧，且有太湖名石十二峰，世称“刘园”。光绪年间，此园易主盛氏，遂谐刘园之音，存其音而易其义，改名“留园”。

中国园林题名借助诗词的表意功能，最大限度地唤起和诱导游赏者的形象思维，使其边赏景、边思考，在视觉感受的有限自然空间中进一步感悟丰富深远的无限心理空间，得到“象外之象”“景外之景”的意境美的享受。例如，杭州西湖的十景：苏堤春晓、柳浪闻莺、花港观鱼、曲院风荷、断桥残雪、双峰插云、雷峰夕照、南屏晚钟、三潭印月、平湖秋月。“十景”有借物写意，有借景写情，有季相变换，有时空交感，情景交融，意味无限。风景题名调动游赏者的想象和情感，使其在游览中因题品景、因景品题，从而得到美的升华，并进入景外之景的意境之中。

二、园林中雕镂彩绘的人文美

雕镂彩绘是我国古典园林艺术的特色之一。网师园主厅“万卷堂”前的砖雕门楼雕刻精致，古色古香，精美绝伦，被誉为“江南第一门楼”。整个门楼高约六米，雕镂幅面三米，中间为字碑，刻有“藻耀高翔”四字，意为文采绚丽，展翅高飞；两边刻有“文王访贤”“郭子仪上寿”等戏文图案。门楼庄重而古雅，闪烁着古代东方文化和民间艺术的灿烂光芒。“文王访贤”说的是周文王访得姜子牙的故事。文王备修道德，百姓亲附。有一次，文王将出猎，占卜的人说他此番所获非龙非彨，非虎非罴，乃霸王之辅。文王出猎，果然遇太公于渭水之北，与语大悦，载与俱归，立为师。这里寓意为“德贤齐备”。郭子仪，人称郭老令公，平定安史之乱立了大功，被封为汾阳王。他的寿命很长，活了八十四岁，其八个儿子、七个女婿都是朝廷命官。因此史书中称他是“大富贵，亦寿考”，这里寓意为“福寿双全”。

三、园林中长廊石刻的人文美

中国园林中有很多素壁白墙，为了增加游人的雅趣，“书条石”应运而生，成为美化墙壁的建筑装饰。一块块镶嵌在长廊壁间的题刻碑记，大多是园主收藏的历代名人法帖的拓本，以及园苑记文、景物题咏、名人轶事、诗赋国画等。它们不仅是美化景观的装饰，还是珍贵的史料，一般由著名书画家书写，请碑刻高手摹刻，因而被誉为“双绝”。这些书条石的收藏，以留园、怡园、狮子林最为丰富，人称“狮子林听雨楼法帖”“怡园法帖”“留园法帖”。它们包括了晋代二王与唐、宋、元、明、清诸大家的作品，篆、隶、楷、行、草应有尽有。在此，人们可以尽情寻求书画大家们的笔墨情趣，透视书画大家们的志趣、爱好、品格和气质，并从园史及其人事的兴盛衰亡中感悟艺术的美和人生的真谛。

四、园林中家具成设的人文美

中国园林中，楼、厅、堂、轩等建筑内的家具陈设既是不可或缺的实用品，又是美化室内空间的重要手段，它们同样显示出园林的人文美。

（一）家具

中国园林家具用材主要是红木、楠木、花梨木、紫檀木，其质地坚硬，木纹美观，式样主要分明式和清式两种。

1.明式家具

明式家具讲究简（造型简练、收分有致）、线（线条为主、不尚华丽）、精（精雕细刻、结构适用）、雅（典雅素净、和谐大方），其外形质朴舒畅，线条遒劲流利，结构比例和谐，色彩沉着古朴，触感滑润舒适。

2.清式家具

清式家具是中国园林中的常见家具，以造型厚重、形体庞大、精雕细刻、装饰华丽为特色，有的镶嵌大理石、宝石、珐琅和螺钿，反映出清代追求奢侈华贵的审美倾向。

（二）摆设

中国园林的室内陈设中有各类摆设，大件的如博古架、书架、琴桌、大立镜、自鸣钟、香炉等，小件的如瓷器、铜器、玉器、供石、盘、盒、箱与木雕小品等。由于园主的身份地位、经济状况、生活方式和审美情趣不同，其室内摆设的风格也就各异，有的古朴典雅、有的纤巧秀丽、有的华丽富贵、有的朴实大方。各类摆设为室内增添不少雅趣，使得整座建筑精美华丽，陈设富丽堂皇，成为中国园林厅堂布置的精美之作。例如，留园“林泉耆硕之馆”的北厅屏门正中刻有冠云峰图，屏风前的红木天然几上摆设着灵璧石峰、古青铜器、大理石插屏，八角窗下置红木藤面炕床；南厅正中屏门刻有俞樾所撰《冠云峰赞有序》；屏门两旁放五彩大花瓶，红木花几上供放着四时鲜花；厅内廊下高悬着古雅的红木宫灯，南北两面落地长窗的裙板和半窗堂板上分别刻着渔樵耕读、琴棋书画、古戏人物、飞禽走兽等图案，东西墙壁上则悬挂着红木大理石字画挂屏。

（三）雅石

石文化是中华民族优秀传统文化的组成部分，其历史悠久，源远流长。太湖石经千百年波浪冲刷拍击而成，嵌空突兀，玲珑剔透，以瘦、皱、透、漏而称奇，今冠云峰、瑞云峰诸名峰，即为太湖石之极品。明清时期，品石、赏石、藏石之风更盛，并延续至今。拙政园内素有陈列雅石以供观赏的传统。近年来，赏石成风，国内爱好者也日益增多。为丰富园林内涵，提高人们的石识、石品、石趣，拙政园将中部独立封闭式的庭院“志清意远”辟为“雅石斋”，洞门两侧有楹联一对：“花如解笑还多事，石不能言最可人。”[1]言简意赅地道出了“雅石斋”的意蕴。

（四）挂屏

挂屏在美化厅堂楼阁的室内环境方面也起着重要的作用。挂屏种类很多，常见的有红木字画挂屏、大理石挂屏、螺钿镶嵌与八宝镶嵌等。在留园东部有小轩一座，轩内湖石“独秀”，取“前揖庐山，一峰独秀”之意，该轩也名“揖峰轩”。轩内悬大理石挂屏，挂屏由四十块大理石组成，下部一块大理石镌刻着晋代陶渊明《归去来兮辞》全文。同园的五峰仙馆内，正中四扇红木银杏屏门上，刻着晋代著名书法家王羲之的《兰亭集序》，同馆前厅的红木落地圆心字画挂屏上刻着唐代刘禹锡的《陋室铭》。人们在欣赏挂屏和屏门之风雅、诗文之隽美的同时，还得到了人生的启迪。

（五）清供

典雅的园林中有厅堂建筑，有精美的家具陈设和古雅的桌案摆件，但室内似乎还缺少一分生机，缺乏一分活力。于是园主们将四季鲜花、应时水果供上了案头，蓬蓬勃勃的生命之美便盎然呈现。严冬季节，园林里花木凋零，景色萧瑟，然而室内却常常清香四溢。在古代，春兰秋菊、水仙菖蒲被称为花草之“四雅”，尤其是水仙，常常在冬日作为园林厅堂中的装饰被用来点缀环境，其花风姿绰约，香味清幽，给人以秀雅清逸的印象，人们爱护有加，纷纷将其引入室内。

总而言之，中国园林美的创造就是依据美学原则，运用艺术手法，把造景的各个要素组合起来，使其形象美、内涵美充分展现出来，以创造出优美的园林景观。园林造景就是园林艺术的组成部分，是属于造型艺术的范畴，其表现原则应当遵循形式美的艺术原则，并展现园林的意境美和人文美。

---

[1] 曹林娣．苏州园林匾额楹联鉴赏[M]．北京：华夏出版社，1991：97.

第五章
中国园林美的表现

中国园林形态美的内涵充实而繁富，它不但簇聚了丰饶的自然生态之美，还荟萃了洋洋大观的其他各种类型的美，其中繁多的品类、交叉的序列，互为辉映，互为生发，可见园林艺术是具有广泛综合性的艺术类型。总的来说，园林之美体现在园林建筑之美、园林山水之美、园林植物之美几大方面。园林建筑类型丰富，包括宫殿、厅堂、馆、轩、斋、室、亭、台、楼、阁、桥、榭、舫、廊等，这些建筑或流畅别致具有曲线之美，或不拘一格具有形制之美，或虚实空灵具有通透之美。园林离不开山和水，无论是瘦、通、丑、拙、雄、峭形态各异的假山，还是洁净、虚涵、流动的水体，无不彰显出园林的自然之美。植物是园林造景的重要元素，各类植物可观花、观果、观叶，可成林荫，可枝蔓覆盖，造景园林中植物的光影、色彩之美，带来声响和香味的享受。此外，园林景物四季各异，具有鲜明的季相美。中国古典园林的创造者，总是主动地充分利用和把握自然性的天时之美，使良辰和美景互相融合，使时间和空间互相交感。[1]

第一节 园林建筑的形态美

园林建筑具有丰富多样的形态美，人们进入园林之后，漫游于园林山水中，廊引人随，通花渡壑，凡是看到风景中的建筑，无论是位于山巅的小亭，还是掩映于花木中的静斋，都要跑去看看、坐坐，因为建筑之处常有好景致。

一、园林建筑形态的审美取向

园林环境中建筑的艺术特性发生了变化，园林建筑常常因园景的需要而进行调整，总括起来园林风景建筑主要有以下四个特点。

（一）睿智巧妙的构思美

园林建筑摒弃了古建筑强调中轴线、绝对对称的群体布局方式，为了适应山水

[1] 何力，杨光．中国园林艺术 [M]. 北京：中国建筑工业出版社，1998：209.

地形结构的高低曲折，园林建筑布局极为自然多变，可在山巅，可在水际，连作为主要活动起居场所的厅、堂，也可从赏景的目的出发，“按时景为精”[1]，灵活构思与布置。园林建筑具有随宜多变的特点，一些处于山水间的园林建筑更是依随山势水流而因地制宜地布置。

例如，古城镇江沿长江自西而东有三座著名的寺院，即金山寺、定慧寺和甘露寺。这三座寺庙园林的建筑布局在不干扰自然景致的前提下，构思睿智巧妙，使自然打上了人的烙印，展现出自然人化美。金山寺依山而建，层层拔起，完全将山包住，人称“寺包山”。定慧寺坐落于山麓小坡，乔木将佛殿遮掩，从外面望去，只能依稀见到几段黄墙，人称“山包寺”。甘露寺雄踞于山巅，人称“寺镇山”。

（二）不拘一格的形制美

“雅”是我国传统美学中一个很特别的范畴，通常是指宁静自然、简洁淡泊、朴实无华、风韵清新。这些在古典园林建筑上，均有所反映。“雕梁画栋”是古代诗人形容建筑美的常用语，可见古建筑的装饰比较华丽，园林建筑则反其道而行之，基本上不使用正规建筑繁缛、艳丽的装饰，不用雕梁斗拱，而追求雅朴的风格。正规建筑的模数采用一、三、五、七的奇数制，级别越高，开间的间数就越大。而在园林中，非但有二、四的偶数间出现，还根据需要出现了一间半和两间半的形制。

例如，苏州留园东部的“揖峰轩”是“石林小院”中面对石峰的小斋，这里庭小景精，石峰、翠竹、芭蕉组成了小而雅的欣赏空间。此小斋出现了两间半的布局。不拘一格的园林设计，超越常规的形制样式，使这处小院景色呈现出雅洁、别致和活泼的风貌。此外，我国园林中出现的建筑十分多样复杂，它们的名称、大小、高矮、体量、造型各不相同。小的园、亭仅能供数人游憩，而大的如苑圃中的宫、馆，则常常成为封建社会最高统治者日常理政之处。高的楼阁或依大江，或穷山巅，是登高远望不可缺少的观景点；而水际花丛中的小榭，粉墙下的几楹小斋，则半隐半露，檐椽之矮，仅能供人出入。

（三）虚实空灵的通透美

正规建筑中实的围墙在园林中往往被虚的栏杆或空透的门窗代替，一些位于山巅水际的亭台小筑，干脆连门窗也不要了，只用四根柱子顶着一个屋顶。在这些建

[1] 张家骥．园冶全释——世界最古造园学名著研究［M］．太原：山西人民出版社，1993：215.

筑内，人们可以自由自在地环顾四周，尽情赏景。通透美的根本意义在于使人们在人化的园林建筑中，与自然融为一体。园林建筑的空透开敞，使室内外空间互相流通，打成一片。从外面来看，亭、榭很自然地溶化在整个风景环境之中；而坐在建筑中的游人，同样感到处在大的山水游赏空间之中。

例如，北京颐和园前山西面的“山色湖光共一楼”，既能看见玉泉山和玉峰塔，又能看见昆明湖的粼粼碧波，它开敞的四壁，几乎把外边的景致都引进建筑里面来了。此外，园林建筑的造型之多变，更是无穷，决定园林建筑形式的主要因素，如平面组合、屋顶构成、门窗划分、装修图案等均可因景、因地制宜，使园林建筑给人以虚实空灵的审美意境。

（四）顺畅别致的曲线美

我国的园林建筑具有“多曲线”的特点。“直”至“曲”的改变，使建筑能和周围的风景环境和谐地组合在一起。自然界的山水风景，多数呈现柔和的曲线。山形石峰的轮廓线，溪流池湖的岸线，几乎都是曲线，自然景物很少呈笔直方正的几何形状。因而我国园林中的亭、台、楼、厅也与之相呼应，除了体现基本力学规律的梁柱构架必须保证垂直之外，平面有时变成了六角、八角、圆形、扇形等，本应该以直线组成的路、桥、廊等都因地制宜地变成了曲径、曲桥、曲廊，建筑屋顶外形、屋角起翘、檐口滴水、檐下挂落与梁架部件也呈现出很协调的曲线，为赏景而设的美人靠几乎全用曲木制成，连踏步、台阶也常用自然石块来铺。

二、园林建筑形态的审美类型

（一）园林内的宫殿厅堂

1. 宫殿

“宫”最早为一般房屋的通称。《尔雅•释宫》中说：“宫谓之室，室谓之宫。”宫和室为同一概念。秦汉以后，为别尊卑，宫成了帝王居所的专用名词。“殿”在古代泛指高大的堂屋，后来则专指皇帝居所或供奉神佛之所。

我国园林中的主要建筑也称“宫”，从西汉上林苑的“离宫七十所”，到清代避暑山庄、颐和园等均是。因此，古代有时也将园林称作“宫苑”或“离宫”，许多帝王甚至舍弃皇宫，长期居住在离宫园林之中，如唐代的大明宫，清代的圆明园、颐和园和避暑山庄等，几乎成了国家的行政统治中心。清代园林由于受到南方文人园林的影响，一反以往帝王建筑的那种金碧辉煌的形象，其中的建筑大多采用“小式”的做法，即黑瓦粉墙，台基低矮，不施斗拱、彩画。

“殿”是大厅或正房。殿早期与堂同指大空间的建筑，所谓“堂，殿也”。到了秦汉之际，殿逐渐成为宫廷建筑的专用名称。东汉以后，殿成为帝王起居、朝会、宴乐、祭祀之用的建筑物的通称，此后的佛寺道观中供奉神佛的建筑物也称殿。例如，北京故宫的太和殿、避暑山庄的澹泊敬诚殿，还有一般性寺院的大雄宝殿。殿的特点是雄大宏伟，装修华贵。一般面阔为单数，如五间、七间、九间，最多不过十一间。分台阶、屋身、屋顶三部分，其中台阶和屋顶为中国建筑最明显的外观特征。

2.厅堂

“厅”与“堂”在原始功能上有一定的区别：“古者治官之处谓之听事”，也就是“厅”；而“当正向阳”之正室谓之“堂”。[1]明清建筑已无一定制度，尤其园林建筑，主建筑常随意指为厅或堂。私家园林中的主体建筑称为厅或堂，园林中的山水花木通常在厅、堂前面设置，使厅、堂成为观景的最佳场所。同时在周围园景的衬托下，厅、堂本身也构成了园中的主景。园林中厅、堂的布置“先乎取景，妙在朝南”。[2]因此，大多取坐北朝南位置，尤其一些小园，厅、堂建于园之北侧，以争取最好的朝向。

厅、堂大多宽敞精丽，一般不用天花吊顶，使梁架露明。拙政园“玉兰堂”，堪称花厅建筑的佳构，它面阔三间，前有廊阶，院内主植玉兰，沿南墙植竹丛并掇湖石数片，参差有致。拙政园的“远香堂”是四面厅的典范，山环水抱，景物清幽，是中部的主体建筑。厅堂四周全部装置玲珑秀丽的玻璃长窗，尽收四周美景。东面可见云墙缭曲，古木苍郁；南面可见黄石叠山，小桥流水；西面可见桐柏华轩，曲廊萦纡；北面透过宽阔的平台和水面，可遥望对岸土山起伏，亭台参差，花树扶疏，一派江南水乡风味。

（二）园林内的馆轩斋室

1.馆

《说文》上说：“馆，客舍也。”《园冶·屋宇》中说：“散寄之居曰馆，可以通别居者。今书房亦称馆。”秦汉以来，帝王另一个居处也称为“馆”，如“离

---

[1] 陈从周.中国园林鉴赏辞典[M].上海：华东师范大学出版社，2001：1066.

[2] 赵农.图文新解园冶[M].南京：江苏科学技术出版社，2018：70.

宫别馆”。曹雪芹在《红楼梦》中，让林黛玉住在大观园里的“潇湘馆”，有隐含临时居所之意。苏州拙政园中个体建筑体量最大的也题名为馆，即会聚宾客的“鸳鸯厅”。苏州拙政园是在厅内用桶扇、屏风和罩把厅分成前后两个空间。其南厅向阳，厅南为小庭院，既挡风，又聚暖，宜于冬春居处，南院植名种山茶，题名为“十八曼陀罗花馆”；北厅背阴，外有荷池，清凉爽快，宜于夏秋居处，夏秋间推窗观赏，荷池中芙蕖飘香，鸳鸯戏水，情趣盎然，题名为“三十六鸳鸯馆”。

2.轩

“轩”本来是车前的篷盖，后来借用以指类似的建筑形式，江南工匠至今将厅、堂的前卷叫作“翻轩”；三面空敞的建筑，也称“轩”。《园冶》中也说：“轩式类车，取轩轩欲举之意，宜置高敞，以助胜则称。”。《营造法原》上说：“轩之名称，随其屋顶用椽形式而分为船篷轩、鹤胫轩、菱角轩、海棠轩、一枝香轩、弓形轩、茶壶档轩。”轩可以指一个极小的建筑空间，如苏州虎丘拥翠山庄的“月驾轩”，仅仅是一个攒尖而四面不完全开敞的小亭室；但也可以指较大的建筑空间，如苏州网师园的“小山丛桂轩”是四面厅形式，而体量要小得多。轩还可指有窗或只有槛的廊，以及较宽阔的廊。苏州怡园的“锁绿轩”，就是复廊的尽头和门交叉处所形成的略宽的建筑空间。

3.斋

“斋”，原意为祭祀或典礼前洁心净身，以示庄敬。北京紫禁城里的“斋宫”，就是皇帝斋戒的处所。斋又有修身反省之意。《易·系辞上》：“圣人以此齐戒。”斋作为建筑名称，还可用于书房学舍，则又有专心攻读之义。《园冶·屋宇》中写道：“斋较堂，唯气藏而致敛，有使人肃然斋敬之义。盖藏修密处之地，故式不宜敞显。”《长物志·室庐》中写道：“亭台具旷士之怀，斋阁有幽人之致。”网师园中的“集虚斋”取庄子“唯道集虚，虚者，心斋也”[1]之意，是个修身养性的地方。

4.室

《论语·先进》中说：“由也，升堂矣，未入于室也。”古代宫室，前屋为“堂”，后屋为“室”。成语“登堂入室”由此而来。经过历史的嬗变，室既可指某一个体建筑所属的里间或梢间，又可指深藏于其他建筑物后面的独立的个体建筑，两者之共通的性格为“深”——深藏而不露。苏州狮子林的“卧云室”是平

[1] 王欢.小欢的《庄子》[M].北京：东方出版社，2014：37.

面近方形的两层孤立的楼阁，被包围在层层密密的假山丛中，拟是藏在“云海”深处。

（三）园林内亭台楼阁塔

1.亭

园林中的“亭”是供游人驻足歇憩之处。所谓“亭者，停也。所以停憩游行也”[1]。亭的体形小巧，最适于点缀园林风景，也容易与各种复杂的地形、地貌相结合，与环境融为一体。花间、水际、山巅、溪涧与苍松翠竹的环境均可设亭，并无定式。只要满足停憩和造景功能，与环境和谐即可。我国亭的选址精心，营造奇巧，十分讲究与自然的结合。《园冶》中说，亭子的“造式无定，随意合宜则制”，所以产生出千姿百态、丰富多彩的亭子形式。由于追求与环境的统一，在不同的地区、不同的环境条件和不同的习惯传统下形成了各式各样的亭。

（1）从地域看亭的类型

我国的亭有南式、北式之分。南方气候温暖，屋面较轻，各部构件的用料也较纤细，亭的外形显得活泼、玲珑；北方气候寒冷，屋面较重，构件的用料也相应粗壮、宽厚，亭的外形显得端庄、稳重。扬州的亭其外观介于南北之间，如作为象征扬州标志的“五亭桥”，桥上五亭，四翼上盖有四亭，以廊相连；中亭为重檐，高出四亭，亭顶盖黄色琉璃瓦，灰瓦漏空脊，上端饰有吻兽；亭廊立柱均为朱红色，飞檐翘角，不失南方之秀；朱柱黄瓦，又备北式华丽。整个建筑，兼抒南北之长，堪称园林建筑史上独创的杰作。

（2）从造型看亭的类型

亭从造型艺术的角度来说大致有以下四种类型：

①攒尖亭。

其一，三角攒尖顶亭。三角攒尖顶亭因只有三根柱子，故显得最为轻巧。杭州西湖三潭印月的“三角亭”、绍兴鹅池的“三角碑亭”都是著名的实例。

其二，单檐攒尖顶亭。正方形、六角形、八角形的单檐攒尖顶亭是最常见的亭式，它们形式端庄，结构简易，可独立设置，也可与廊结合为一个整体。北京颐和园中位于东宫门入口处水边小岛上的“知春亭”和建在长廊中间的“留佳亭”“寄澜亭”“秋水亭”“清遥亭”四亭组成一体。

其三，重檐攒尖顶亭。重檐较单檐在轮廓线上更为丰富，结构上也稍微复杂。

---

[1] 雷冬霞．中国古典建筑图释 [M]．上海：同济大学出版社，2015：189.

北京颐和园十七孔桥东端岸边上的“廓如亭”是一座八角重檐特大型的亭子，它不仅是颐和园四十多座亭子中尺度最大的一座，也是我国现存的同类建筑中最大的一个。它占地一百三十多平方米，由内外三圈二十四根圆柱和十六根方柱支撑，体形稳重，气氛雄浑，蔚为壮观。

②正脊亭。正脊亭可做成两坡顶、歇山顶、卷棚顶等形式，采用木梁架结构，平面为长方、扁八角、圭角形、梯形、扇面形等。采用歇山顶的梁架，因步架小，构造比较简易，在南方庭园中较为常见。歇山顶通常不做厚重的正脊，屋面一般平缓，戗脊小而轮廓柔婉，翼角轻巧，以取得与环境的结合。歇山顶与攒尖顶亭的不同处还在于有一定的方向性，一般以垂直于正脊方向为主要立面来处理。长方形、梯形、扇面形的亭，在平面布置上往往把开敞的一面对着主要景色，而将后部或侧面砌筑白墙，墙上开着各种形式的空窗、漏窗和葫芦形的门洞，既有方向感，又丰富了立面上的虚实对比，如苏州拙政园的“绣绮亭”。

③组合亭。组合亭有两种基本形式：一种是两个或两个以上相同形体的组合，另一种是一个主体与若干个附体的组合。北京颐和园万寿山东部山脊上的“荟亭”，在平面上是两个六角形亭的并列组合，单檐攒尖顶。从昆明湖上望过去，仿佛是两把并排打开的大伞，亭亭玉立，轻盈秀丽。北京天坛的“双环亭”，是两个圆亭的组合，它与低矮的长廊组成一个整体，圆浑雄健。南京太平天国王府花园中两个套连的“方亭”、苏州天平山一座长方亭与两个方亭组合成的“白云亭”等都很有名。

④半亭。亭依墙建造，自然形成半亭；还有从廊中外挑一跨，形成与廊结合的半亭；有的在墙的拐角处或围墙的转折处做出四分之一的圆亭，形成扇面形状，使易于刻板的转角活跃起来。

2.台

“台”是古代宫苑中非常显要的艺术建筑，如周文王有“灵台”，吴王有“姑苏台”，汉武帝太液池中有“渐台”。《释名》中云：“台者，持也。言筑土竖高，能自胜持也。”《园冶·屋宇》中云：“园林之台，或掇石而高上平者，或木架高而版平无屋者，或楼阁前出一步而敞者，俱为台。”《晋尘》中曰：“登临恣望，纵目披襟，台不可少。依山倚山献，竹顶木末，方快千里之目。”台也称“眺台”，是供人登高望远用的建筑物。或置高地，或插池边，或与亭、榭、厅、廊结合组景。若独立设置，往往精心选址，从而做到既有远景可眺，又有近景相衬。台因其形制简洁，倘若无明确的点景内涵，常不做突出处理，仅作为观景场所而已。

眺台虽属无片瓦之筑，但若设置得宜，亦可招揽游人。杭州西湖的“平湖秋月”便是临水设台，登台可以远眺西湖烟波，近观水中明月。台按照所处的环境与造型上的特点，大体可分为以下五种：

（1）天台

天台建于山顶高处。例如，峨眉山绝顶的“金顶殿”就坐落在三层叠落的天台之上；又如，九华山的“天台峰顶”，在悬崖绝壁上筑起高台，上建殿阁与“捧日亭”，从下面石级仰望高台禅林，其势如天上行宫。

（2）飘台

飘台建于水面上。例如，杭州“平湖秋月”临水平台，台的基址以三面凸出于水中，意在观赏水景，获得开敞、清凉的感受。

（3）月台

月台建于屋宇前，如拙政园“远香堂”北面月台，供望月、赏荷、纳凉之用。皇家园林中主要殿堂前常建有宽敞的月台，上面陈设铜制的兽、缸、鼎等器具，成为建筑与庭园的过渡。

（4）挑台

挑台建于悬崖峭壁处。挑台有的用就地石材铺设，还有的利用天然挑出巨大岩石，稍加整理而成。例如，黄山北海的“清凉台”是清晨观日出的好地方。当橘红烁眼的太阳从云海中冉冉升起，光芒四射之时，给云海、苍松、群山抹上了一层金辉，灿若锦绣。

（5）叠落台

叠落台建于山坡地带。例如，颐和园中的“佛香阁”就是建在山坡上高达二十米的高大石台，在上可俯瞰湖山景色；又如，避暑山庄的“梨花半月”和颐和园的“画中游”，是一种分层叠落的平台，获得了生动变化的艺术效果。

3.楼

“楼”，即是重叠有层的房屋。出现于战国晚期，后主要用于军事目的。楼成为风景园林建筑约在汉末到南北朝时期。王粲作《登楼赋》、谢灵运作《登池上楼》，文人墨客登高赏景，吟诗作赋，成为一种民族文化习俗，凡用来登高远眺的建筑均以楼、阁命名。例如，“滕王阁”“黄鹤楼”“岳阳楼”“大观楼”等都有名诗名联流传古今。自然风景区设楼，常常处在山水之间，凭栏远眺悠悠烟水，澹澹云山，泛泛鱼舟，闲闲鸥鸟。自楼中望远外，当人去楼空，自楼外看楼时，楼又有缥缈之境，落漠之感，如烟雨楼。楼体量较大，对于丰富建筑群的立体轮廓有着突出的作用。楼在园林中的布局一般位于园林的边侧或后部，以保证中部园林空间的完整，同时也便于因借内外和俯览全园景色，如沧浪亭的“看山楼”、拙政园的“见山楼”“倒影楼”、留园的“明瑟楼”等。

4.阁

“阁”的原形为栈道上有覆盖的小屋，下面是木柱支撑架空的平台或通道。阁的正式名称在史书中则是“干阑”，也有称“阁阑”的。早期的功能是储藏食物，后来进一步发展为把藏书画的楼甚至供佛的多层殿堂也称阁。园林中的阁与楼相似，常常楼阁并用。阁在园林布局中，由于其体量大，造型突出，常常设在显要位置，或建筑群的中轴线上，成为园中的主景和空间序列的高潮。例如，颐和园的“佛香阁”、避暑山庄的“大乘之阁”等。

5.塔

塔在传入中国后，其功能、结构、形式更有变化，它与中国木构建筑的传统性格相结合，孕育出中国楼阁式木塔和砖石塔。塔的最大特点是多层建筑。《魏书·释老志》中说：“凡宫塔制度，犹依天竺旧状而重构之，从一级至三、五、七、九。”随着宗教建筑史和科技史的进展，单层或层次较少的塔被淘汰了。所谓“七级浮屠”，说明七级是塔的基本级数。塔的平面，早期多为正方形，后发展为六角形、八角形、十二边形、圆形、十字形等。按材料分，有木塔、砖塔、砖木混合塔、石塔、铜塔、铁塔、琉璃塔等。按其建筑造型可分为如下几种类型：单层式塔、楼阁式塔、密檐式塔、喇嘛教式塔、金刚宝座式塔等。

（1）单层式塔

单层式塔最早见于南北朝的石窟中，多为石造方形、六角形、八角形和圆形等，常作为墓塔。单层塔的组合体叫塔群，塔群由大小九塔组成，一座母塔在中心，四周呈莲花瓣形分列着八座子塔，宛如玉笋破土而出，因而又称“笋塔”。塔座上设有佛龛，内供佛像。洁白的塔身，金色的塔尖，在蔚蓝色天空的衬托下，显得越发秀丽和谐。

（2）楼阁式塔

楼阁式塔是我国塔早期的主要形式，最初为木结构，后来采用砖石结构或砖木混合结构，但形成上仍仿木构的形象。中国早期木塔现已不存，只能从敦煌壁画里、云冈石窟的浮雕中，粗略地见到简单化的艺术形象。但从日本奈良法隆寺五重塔那种类型和日本现存的一些飞鸟、白凤时代的木塔上，多少可以看到我国南北朝时期木塔的生动形象。它出檐深远，轮廓富有节奏，给人以庄重、飘洒的优美感受。

（3）密檐式塔

密檐式塔多是砖石结构，一般首层塔身很高，以上各层骤变低矮各层檐紧密相接，各层之间不设门窗，外层愈往上收缩愈急，形成很有弹性的外轮廓曲线。这种塔一般不用柱、梁、斗拱等表面装饰物，而以它们的轮廓线取得艺术效果。

（4）喇嘛教式塔

喇嘛教式塔又叫西藏式的瓶形塔，塔的下面有一个高大的基座，上面建有一个鼓着肚子的半圆形塔身和一圈圈向上收缩的细长脖子的塔顶，最上面以圆盘和小铜塔等作为塔刹来结束。塔的全身刷成白色，因此通常称为“白塔”。

（5）金刚宝座式塔

金刚宝座式塔的形象多为在一个长方形的石高台上建五座小塔，中央的塔较大，四角上的塔较小，互相结合、衬托，造型丰富、生动。例如，北京西郊的真觉寺“金刚宝座塔”，创建于明永乐时期，是这类塔中现存最早的一座。它的宝座为四方形，南北略长，下面为须弥座，上面分为五层，水平分划，各层都刻满佛龛和佛像，精致又优美。宝座之上，分建五个小塔，全为青白石砌筑的密檐式塔，中央一塔较高，形成集中向上的构图。整座宝塔就如同一件巨大的雕刻艺术品，具有很高的艺术价值。

（四）园林内的桥榭舫廊

1.桥

“桥”，水梁也，园林中设置桥梁是为联系两岸交通。我国桥的形式非常丰富，制作也极为讲究。为了追求桥的形式变化，还将桥、亭合而为一，构成亭桥，如西堤上的“练桥”“豳风桥”等。颐和园桥的应用较多而且造型多变，几乎每座桥的样式都不相同，著名的有“玉带桥”“十七孔桥”“知鱼桥”等。小型园林中桥的体量就不宜过大，亭桥更不合适，通常采用平桥甚至仅为条石梁。有时为获得池面开阔之感还将桥面降低，紧贴水面。在一些稍大的园中，周围景物较多，跨池使用曲桥，其作用不仅可增加游人在桥上逗留的时间，以品味水色湖光，而且因每一弯曲之处在设计中都对应着一定的景物，行进之中就能感受到景致的变幻，取得步移景异的效果。

2.榭

“榭”最早是建在高土台上的敞室，系台上建筑。《尚书·泰誓上》：“唯宫室台榭。”孔安国传：“土高曰台，有木曰榭。”[1]因此台和榭常常被不可分割地联系在一起。榭主要是依所处的位置而定。例如，水池边的小建筑可称为水榭，赏花的小建筑可称为花榭等。常见的水榭大多为临水面开敞的小建筑，前设坐栏，即美人靠，可让人凭栏观景。建筑下用柱墩架起，与干阑式建筑相类似，这种建筑型与阁的含义相近，故也被称作水阁，例如，苏州网师园的“濯缨水阁”，耦园的“山水阁”等。园林中的榭，是开敞性的、体量不很大的个体建筑，它既有供游赏停息的功能又有突出的点缀功能。就内部来说，其构筑往往上有花楣，下有雕栏，玲珑透空，精丽细巧，装饰华美；就外部环境来说，它往往点缀于花丛、树旁、水际、桥头，相印生辉。

（1）南方的谢

《园冶·屋宇》中写道：“《释名》云：榭者，藉也。藉景而成者也，或水边，或花畔。制也随态。”江浙一带现存的园林中，有形制各异的水榭，被命名为水香榭、菱香榭、藕香榭、芙蓉榭、鱼乐榭等，这些榭“藉景而成”，临水而筑，华榭碧波两相依，装点着水景。岭南园林中，由于气候炎热，水面较多，创造了一些以水景为主的“水庭”形式，有“水厅”“船厅”之类临水建筑。

（2）北方的谢

榭运用到北方园林中后，除保留其基本形式外，又增加了宫室建筑的色彩，风格浑厚持重，尺度也相应加大。有一些水榭，如北京中山公园的水榭已不是一个单体建筑物，而是一组建筑群。比较典型的实例有北京颐和园中的“洗秋水榭”和“绿饮水榭”，这两处水榭位于谐趣园内。“洗秋水榭”为面阔三间的长方形，卷棚歇山顶，它的中轴线正对着谐趣园的入口宫门。“饮绿水榭”平面为正方形，因位于水池拐角的突出部位，它的歇山顶转而面向“涵远堂”。

3.舫

“舫”原是指湖中的一种小船，供泛湖游览之用，常将船舱装饰成建筑的形状，雕梁画栋，也称“画舫”。园林之中除皇家园林能有范围较大的水面外，其余皆不能泛舟荡桨，于是创造了一种船形建筑傍水而立，这就是园林中所见的舫。舫的形式一般下部用石头砌作船体，上部木构以像船形。木构部分通常分为三段，船头作歇山顶，因状如官帽，俗称官帽厅，前面开敞、较高。中舱作两坡顶，略低于船头，内用隔扇分为内外两舱，两旁置和合窗，用以通风采光。船尾作两层，上层

[1] 王其钧.盛世春光中国园林[M].上海：上海锦绣文章出版社，2007：150.

可登临，顶用歇山。舫的共同特点就是都略有船的轮廓，内部装修都较精美。例如，北京颐和园的石舫“清宴舫”，通体两层，不仅体量巨大，两侧还做成西洋蒸汽船轮翼形状。舫的形状往往根据各种条件而做出相应的变化，例如，苏州畅园由于园基狭小，仅临水做一悬山形小亭以似舫，亭后用一雕屏，仿佛其后还有画舫的其余部分，饶有情趣。舫虽然像船但不能通航，故亦称“不系舟”，大致有以下三种造型：

（1）写实型的舫

写实型的舫是全然以建筑手段来模仿现实中的真船，它完全建在水上，在靠近岸的一侧，有平桥与岸相连接。著名的颐和园石舫“清宴舫”全长三十六米，船体用巨大石块雕造而成，上部的舱楼原本是木构的船舱样，分前、中、后三舱，局部为楼层。它的位置选得很妙，从昆明湖上看过去，很像正从后湖开过来的一条大船。

（2）象征性的舫

象征性的舫是抽象的象征，其典型形式是船厅。船厅一般不建在水中，很少与水相接。广东顺德清晖园的船厅是建于池侧的楼阁，已不属于依水型建筑了。其短边为正面，楼上设精致的落地系列长窗；长边为两侧，楼上装有近似舷窗的系列半窗。其外楼梯用山石叠成，似乎依附于山了；其秀丽的体型倒映于池水，又颇似昔日珠江上的紫洞艇。这种舫依于水而不浮于水，处于陆而不止于陆，有着是与非、动与静的双重性格。

（3）集萃式的舫

集萃式的舫的创构是由多种建筑形体集萃而成，集众物之美于身。例如，苏州拙政园的“香洲”由四个部分构筑而成。

①“香洲”的船首。船首部分是一个平台，三面开敞临水，绕以雅致的低栏，是欣赏周围风光的最佳观景点。如仔细观察，还可发现一个绝妙之处：有一条石质跳板一头搭在船头，另一头搭在岸边，而船头平台微微向跳板一方倾斜。

②“香洲”的前舱。前舱较高，实际上是个亭轩。其卷棚歇山顶，可说是现实中船棚结构的艺术升华。屋顶四角，轩举欲飞，檐下楣间，雕镂精细，被四根细柱托举着，显得轻盈活泼。轩内气息灵通，与舱首平台构成相通互补的空间关系。

③“香洲”的中舱。中舱略低，实际上是水榭。从侧立面看，矮墙上全部排以质朴无华的窗棂，与头舱的华丽风采恰恰形成对比。再从正立面看，进舱门处有额曰“香洲”。所谓舱门，实际上是八角形落地罩，四边刻有花草纹样，给近旁素净的窗棂增添了华彩成分。头舱、中舱两侧的两排鹅颈椅，更把这两个舱联成浑融的

一体。

④“香洲”的尾部。尾部最高，实际上是楼阁。侧立面为大片粉墙，楼下中部设四扇雕花窗，楼上前部设七扇雕花窗，上下参差而不平衡。粉墙后部，上下各有一窗，形制不一，上小下大，一为六角，一为八角，这不但适应室内楼梯的结构需要，而且使粉墙平面上下、轻重、偏正取得了协调和谐，表现出赏心悦目的构图美。

4.廊

李斗在《扬州画舫录·工段营造录》中说：“板上甓砖，谓之响廊，随势曲折谓之游廊，愈折愈曲谓之曲廊，不曲者修廊，相向者对廊，通往来者走廊，容徘徊者步廊，入竹为竹廊，近水为水廊。花间偶出数尖，池北时来一角，或依悬崖，故作危槛，或跨红板，下可通舟，递迢于楼台亭榭之间，而轻好过之。”确切地说，廊并不能算作独立的建筑，廊能随地形地势而蜿蜒起伏，其平面可以曲折多变而无定制，因而在造园时常被作为分隔园景、增加层次、调节疏密、区划空间的重要手段。廊是一条狭长的通道，用以联系园中的建筑而无法单独使用。园林之中大部分的廊都沿墙垣设置，或紧贴围墙，或一部分向外曲折，廊与墙之间构成大小、形状各不相同的狭小天井，其间植木点石，布设小景。廊对于游人是一条观景的路线，人随游廊起伏曲折而上下转折，走在廊中，有“步移景异”的效果。又由于廊比游览的普通道路多了顶盖，能使游人免遭雨淋日晒，不受天气影响，更便于观赏雨雪景致。廊的主要形式有以下三种。

（1）空廊

空廊有些园林为了造景的需要，将廊从园中穿越，两面皆不倚墙垣或建筑物，廊身通透，使园似隔而非隔。这样的空廊也常被用于分隔水池，廊子低临水面，两面可观水景，人行其上，水流其下，有如“浮廊可渡”。

①单面空廊。单面空廊的一边面向主要景色，另一边沿墙或附属于其他建筑物，形成半封闭的效果。其相邻空间有时需要完全隔离，则作实墙处理；有时宜添次要景色，则须隔中有透，似隔非隔，做成空窗、漏窗、什锦灯窗、格扇、空花格或各式门洞等；有时虽几竿修篁、数叶芭蕉，二三石笋，得为衬景，也饶有风趣。

②双面空廊。在建筑之间按一定的设计意图联系起来的直廊、折廊、回廊、抄手廊等多采用双面空廊的形式。不论在风景层次深远的大空间中，或在曲折灵巧的小空间中均可运用。北京颐和园的长廊是这类廊中一个突出的实例，它东起“邀月门”，西至“石丈亭”，全长七百二十八米，是我国园林中最长的廊。整个长廊北

依万寿山，南临昆明湖，穿花透树，曲折蜿蜒，把万寿山前山的十几组建筑群联系了起来。在长廊中间还建有四座八角重檐顶亭，丰富了总体形象。

（2）复廊

复廊可视为两廊合一，是一廊中分为二，其形式是一条较宽的廊沿脊桁砌墙，上开漏窗，使廊外园景若隐若现，能产生无尽的情趣。例如，苏州沧浪亭东北面的复廊就很有名，有名之处妙在借景。沧浪亭本身无水，但北部园外有河有池，因此在建园总体规划时一开始就把建筑物尽可能移向南部，而在北部则顺着弯曲的河岸修建起空透的复廊，西起园门，东至观鱼处，以假山砌筑河岸，使山、水、建筑结合得非常紧密。这样处理后，使游人还未进园即有“身在园外，仿佛已在园中”之感。进园后在曲廊中漫游，行于临水一侧可观水景，好像河、池仍是园林不可分割的一部分。透过漏窗，还隐约可见园内苍翠的古木丛林。

（3）楼廊

楼廊又称双层廊，楼廊可提供人们在上、下两层不同高度的廊中观赏景色；由于它富于层次上的变化，因而也有助于丰富园林建筑的体型轮廓。这种廊可依山、傍水，也可在平地上建造。扬州的何园用双层折廊分划了前宅与后园的空间，楼廊高低曲折，回绕于各厅堂、住宅之间，成为交通上的纽带，经复廊可通全园。这楼廊的主要一段取游廊与复廊相结合的形式，中间夹墙上点缀着什锦空窗，颇具生色。园中有水池，池边安置有戏亭、假山、花台等，通过楼廊的上、下、立体交通可多层次地欣赏园林景色。北海琼岛北端的“延楼”是呈半圆形弧状布置的楼廊，长度上共六十个开间。它面对着北海的主要水面，怀抱琼岛，东西对称布置，东起“倚晴楼”，西至“分凉阁”。从湖的北岸看过来，这条长廊仿佛把琼岛北麓各组建筑群都兜抱起来连成了一个整体，很像是白塔或山上建筑群的一个巨大的基座，将整个琼岛簇拥起来，游廊、塔、山倒影水中，景色奇丽。廊外沿着湖岸有长约三百米的汉白玉栏杆，蜿蜒如玉带。从廊上望五龙亭一带，水天空阔，金碧照影，又是另一番景色。

（五）园林内的门窗墙路

1.门

“门”通常是指建筑组群和院落的出入口。门是一个家族等级的表征。我国私家园林一般都在住宅前设置门屋，视主人的地位建成三间或五间。例如，苏州的网师园大门、拙政园原初的大门等。皇家园林则更为华丽威严，不仅有北京颐和园那样的东宫门，还有的像承德避暑山庄那样将大门建成巍峨的城楼形式，以体现皇家气派。然而这类大门平日并不使用，非贵客来临或重大庆典一般都不启用。平日出入只使用门屋一侧的小门，形制较简朴，只是在墙上用条石做成门框内安板门而已，江南称其为库门。明清两代对宫殿、寺庙、住宅等使用的大门规定了严格的等级，不能随便逾越混用。园林与住宅之间或园中各院落之间大多是在墙面上开设门洞。门洞形式多样别致，常见的为瓶形、多边形，以及植物叶、花图案的简化形，其中以圆形为多，称月洞门。园林建筑内部的门除了一般的板门外有两类较为特殊，多见于厅堂的室内空间分隔。

（1）屏门

屏门以木条做成框格，表面覆平板安装在正中明间的后部，平时不开启。有时漆成白色，素净如屏，作为悬挂中堂、对联的背壁，有时在其上刻上图画或镶嵌各色玉石，成为一个画屏。

（2）纱隔

纱隔的结构造型与隔扇相同，安置在两端的梢间，不用花格，或钉青纱，或装板裱画。后来玻璃运用普遍，其上就嵌玻璃形成了装画的镜框。裙板和夹堂板上的雕刻比隔扇更为精致。

2. 窗

“窗”，即在屋上留个洞，可以透光，也可以出烟。本义是天窗，泛指房屋、车船上通气透光的洞口。园林中一些小建筑、过道、亭阁等常用槛窗或半窗。分隔园林粉墙及廊间墙上常开花窗，也称漏窗。其形式变化极其丰富，成为对景与泄露景色的常用方法。这些窗，有的雕镂精细，中间还可装灯成为灯窗，为晚间观景的点缀，如颐和园乐寿堂南侧墙上的什锦灯窗；有的空透，成为园林风景画的各种景框，如上海豫园中部复廊之间墙上的空窗。

3. 墙

“墙”是房屋或园场周围的障壁。我国园林中墙的运用很多，也很有特色。江南私家园林多以高墙作为界墙，与闹市隔离。由于私家园林面积小、建筑物比较密集，为了在有限范围内增加景物的层次，便常以墙来划分景区，纵横穿插、分隔，组织园林景观，控制、引导游览路线，做到“园中有园，景中有景”，从而墙成为空间构图中的一个重要手段。一般平直冗长的实墙，使人觉得沉闷、呆板。皇家园林中，园林的边界上都有宫墙以别内外，而园内每组庭园建筑群又多以园墙相围绕，组成内向的庭园。我国园林中墙的造型主要有以下三种方式：

（1）改变墙的形式

改变墙的形式可做成波浪形的云墙、龙墙，形成高低起伏的主体轮廓，打破沉闷、呆板。例如，上海豫园的龙墙就是中国园林中墙的成功范例。豫园身处上海闹市，面积有限，若采用一般的粉墙形式，似觉沉闷；若采用绿篱之类，在如此狭小的园林中，也难以划分景区。

（2）改变墙的颜色

从墙的颜色着手，采用白色墙面、黑色瓦顶，总的色调清淡素雅。以白墙作背景，衬托山石、花木，形成多变的光影效果，犹如在白纸上作画，十分生动有趣，为园林增色不少。

（3）在墙上开洞

在墙上开洞，做成洞门、漏窗或洞窗，形成明暗与虚实对比，再配以花木、山石，将园墙的沉闷、单调感一扫而光。

4.路

“因景设路，因路得景”[1]是中国园路设计的总原则。园路是园林中各景点之间相互联系的纽带，能使整个园林成为时间和空间的有机整体。路不仅解决了园林的交通问题，还是观赏园林景观的导游脉络。人们在园林中观赏是为了接触自然风景，投身于大自然的怀抱。路随着园林内地形环境和自然景色的变化，相机布置，时弯时曲，此起彼伏，很自然地引导游人欣赏园林景观，给人一种轻松、幽静、自然的感觉，一种在闹市中不可能获得的乐趣。我国园林中的路，布局灵活多变，充满自然意趣。即使在一些建筑物比较规整的皇家园林中，建筑群之间虽然十分讲究中轴线的运用，但也尽可能多地自由布局山水、花木、道路，使其在建筑群中穿插、引连，在庄严、肃穆的气氛中，得到一种活泼、自由的情趣。

（六）园林内的装饰构筑

1.门楼

《园冶·屋宇》中一开头就说：门楼，“象城堞有楼以壮观也，无楼亦呼之”。《园冶·立基》中又说：门楼基，“要依厅堂方向，合宜则立”。“门楼”是典型的具有依附性的装饰型建筑，就门楼对于所依附的主要个体建筑——厅、堂来说，它是一个明确的入口，是一种富有装饰效果的过渡。江南宅园中门楼总依

[1] 张承安.中国园林艺术辞典[M].武汉：湖北人民出版社，1994：104.

附于厅、堂，并与厅、堂取一致的方向，从而使“堂堂高显”的厅、堂更有气派，更显得壮观，更富有装饰风味，性格更为鲜明凸出，同时使周围空间也充溢着一种静穆严正的艺术情氛。门楼无论是有楼还是无楼，上面总有种种雕饰，有些砖雕还是审美价值很高的精品。这种可称为“装饰的装饰”是装饰门楼的，而门楼作为个体建筑，又是对厅堂的一种装饰。

2.照壁

人们有序地进入园林，静静的照壁和精致的门楼总最先诉诸人们的视觉，造成入园最先的审美印象。照壁一般设在大门前方，既可用于宫殿，又可用于宅第。从外观上看，它似乎是独立的，其实却依附于大门。它面对大门，起着空间上的界定、装饰、照应、回护等作用。北海的“九龙壁”似乎是供人观赏的纯然独立的艺术品，其实原来也是大型佛殿组群门前的一个照壁。它通身用多彩琉璃砖砌成，前后壁各有蟠龙九条，戏珠于蓝天云海，背景山峦起伏，火焰飞舞，它们既有图案艺术的纹样规范性，又有活泼生动的形象逼真感。蟠龙的色彩、姿态也都各有不同。

3.牌坊

“牌坊”又称牌楼，或由两柱构成一门，或由四柱构成三门……其柱间架以枋，枋上置斗栱，栱上架屋顶。这一个体建筑远比门楼庄严，多置于宫殿、宫苑、陵墓、寺庙区，突出地标志着空间的界定、归属，并显示着特定的思想和艺术内涵。它主要由柱和屋顶构成，从这一点上说，它有似于亭，或者说是压扁了的亭，是立体的亭趋于平面化。从另一角度看，它的体量比亭高大，肃然耸立，呈现出堂正的或崇高的审美架势。非园林建筑的牌坊，总含茹着某种历史价值或不同的纪念意义。园林建筑中的牌坊，往往只有一种烘托气氛、强化装饰的审美作用。

三、园林建筑的屋顶形态之美

陈从周在《说园》中说“假山看脚，坡屋看顶”。园林建筑形态之美，美就美在屋顶。园林建筑按其屋顶形状分，有平顶式和坡顶式两种类型。

（一）平顶式

平顶式在园林中可谓稀如星凤，只有颐和园后山“四大部洲”中某些藏式喇嘛寺建筑才采用。

（二）坡顶式

坡顶式按其立面层次来分，有单檐和重檐之别。江南宅园中，由于园主的地位和园内面积所限，一般采用单檐；而北方大型园林，由于空间面积宽广和宫苑风格的需要，几乎都采用重檐。坡顶再按其结构形式来分，又有硬山、悬山、庑殿、歇山、卷棚、攒尖、盝顶等诸种类型。

1.硬山顶

硬山顶为两坡面屋顶形式，只有前后两向，其两侧山墙同屋面齐平或略高出屋面，屋顶与屋身在两侧接近于同一，表现为规整、齐一、简洁、淳朴的风格美。它最接近民居，也最富有人情味。广东东莞可园的“可堂”、避暑山庄的“文津阁”都用硬山顶，表现出素雅、简朴、平静的结构形式美。

2.悬山顶

悬山顶也是两坡面屋顶形式，与硬山顶基本相同，只是屋面两侧挑出于山墙之外，使得屋顶略大于屋身。悬山顶在园林中采用得很少。

3.庑殿顶

庑殿顶为四坡面屋顶形式，由四个倾斜的屋面和一条正脊（平脊）、四条斜脊组成，屋角和屋檐向上起翘，屋面略呈弯曲，如果是辅以琉璃瓦，就更显示出庄重肃穆、灿烂辉煌的风格美。在紫禁城宫殿群中，午门城楼、太和殿等都用重檐庑殿顶，表现出巍峨壮丽、尊贵显赫的气派。北京北海的“九龙壁”“堆云”“积翠”牌坊，以及“西天梵境”的大慈真如宝殿，均用大小不同的庑殿顶，显得华贵而有气度。

4.歇山顶

歇山顶的屋面有如庑殿式的四向，由前后向的大屋面和左右向的两个小屋面组成，屋脊表现出多向化，由一条正脊、四条前后向的垂脊、四条斜向的戗脊组成。另外在两侧的倾斜屋面上部还转折成垂直三角形墙面。它实际上是两坡顶（硬山、悬山）和四坡顶（庑殿）的混合形式。歇山顶具有典雅端方而又活泼多姿的风格美，是南、北园林中采用得较多的一种坡顶类型。例如，避暑山庄的“淡泊敬诚”殿、北京慈宁宫花园的“咸若馆”、上海豫园的“玉华堂”，都采用这种形式。

5.卷棚顶

卷棚顶，又称“回顶”，也是两坡面屋顶形式，但两个坡面相交处成弧形曲面，没有明显屋脊，其线形表现出柔和秀婉、轻快流畅的风格美。颐和园的“玉澜堂”、北海静心斋的“抱素书屋”等就采用这种形式。

6.攒尖顶

攒尖顶为锥形屋顶形式，收顶处在雷公柱上端作顶饰，称为宝顶、宝瓶等。很多亭、阁、塔的结顶常用攒尖，其形式有三面坡、四面坡、六面坡、八面坡、圆形坡等多样。苏州西园的“湖心亭”为六角攒尖，拙政园的“笠亭”为圆形攒尖，表现出不同的造型美。

7.盝顶

盝顶为四坡顶式。顶部呈方形或矩形平面，由此四面出檐，有四条正脊，四角各有四条斜脊，构筑别致。这种屋顶形式广泛用于藏族宫庙，在园林中较为少见。北京紫禁城御花园的“钦安殿”屋顶就采取这种结构。

总而言之，要完整而全面地对园林建筑进行审美，就必须对园林建筑的形式和审美特点有良好的把握。园林建筑之美学可从两个角度来理解。狭义地说，建筑是园林建构的要素之一；广义地说，园林中每个部分、每个角落无不受到建筑美的光辉的辐射，它是把建筑拓展到现实自然或周围环境。唐代姚合在《扬州春词》中就有“园林多是宅”之句，这足以说明园林对建筑的依赖性，它不可能脱离建筑而单独存在。在功能层面上，园林是建筑的延伸和扩大，是建筑进一步和自然环境（山水、花木）的艺术综合，而建筑本身，则可说是园林的起点和中心。

第二节　园林山水的自然美

邹迪光《愚公谷乘》曰：“园林之胜，唯是山与水二物。”山水是园林美物质性建构序列中必不可少的要素。在小型或微型的宅园里，往往不可能容纳体量较大的山水，于是就代之以泉石，作为山水的象征。泉石是缩小了的山水，山水是扩大了的泉石。在大型宫苑或大、中型宅园里，既有山水，又有泉石，而且水、泉沟通，山石依存。庭院中常有孤立的石峰，山上有散置的石块，以石堆叠构成假山。

一、园林的山石之美

山与石是我国园林中的重要人造美景，也是园林审美的第一要素。我国造园必有山，无山难成园。

（一）园林叠石之美

"叠石"为造园师的主要技艺之一，叠石指纯用岩石掇山。一般而言，叠石的空间布局和造型应高低参差，前后错落；主山高耸，客山避让；主次分明，起伏跌宕；大小相间，顾盼呼应；千姿百态，浑然一体；一气贯通，鲜明得势。一座假山如果用同一石种，要注意疏密相映，虚实相生，层次深远，意境含蓄。即使是孤峰独石，也要力求片山多致，寸石生情。

1. 园林叠石的审美范畴

（1）园林叠石之色

《园冶·选石》中几乎每石必评其"色"，如太湖石，"一种色白，一种色青而黑，一种微黑青"；昆山石，"其色洁白"；宣石，"其色洁白，俨如雪山"；英石，"一微青色、一微灰黑、一浅绿"；散兵石，"其色青黑"；锦川石，"有五色者，有纯绿者"，等等。色彩是诉诸视觉的最普遍也最重要的形式美因素。早在神话时代，先民们就直感于奇石的颜色美。女娲所炼的补天之石，是五色的，似乎这种美石更有神奇的功效。到了美石被广泛采用的宋元明清时代，造园、品石更重石色。现存园林中，青黑或青灰色的太湖石、黧黑或青黑色的灵璧石、青黑的英石、黄褐色的黄石、灰绿色的石笋等，随处可见，它们还有不同的色差和品级，给人以不同的美感。

（2）园林叠石之质

古代石谱在评石色的同时，往往兼评其质。《园冶·选石》评太湖石，"其质文理纵横"；昆山石，"其质磊块"；宜兴石，或"质粗"，或"质嫩"；岘山石，"清润而坚"；英石，"其质稍润"；散兵石，"其质坚"；锦川石，"色质清润"；六合石子，"温润莹彻"，这里所谓"粗""嫩""润""坚"等，均为不同的质。这类或坚或嫩、或粗或细、或润或枯的自然质，诉诸人们的视觉特别是触觉，以便人们更好地感知、品赏。

（3）园林叠石之皱

皴即是皱，皱即是皴。或者说，皴就是山水画艺术中的“皱”，皱就是自然山石上的“皴”。现实中石面上的凹凸皱褶，就是《云林石谱》所说的“笼络隐起”，也就是《图画见闻志》所说的“洼凸之形”。对于石来说，“皱”能“开其面”，去其平面板律，使之层棱起伏，褶襞纵横，这样石上的受光面就富于变化，十分耐看。《园冶·选石》说龙潭石有“多皴法者”，散兵石有“古拙皴纹者”，也可见皱、绉即是皴，它具有山水画般天然笔法的形式之美。现存园林中皱石极品，是杭州今移至“曲院风荷”名石苑内的绉云峰，它兼具皱、瘦二美而以皱为主，亦为江南名石。再如苏州网师园冷泉亭内，有一特大的英石峰，多纵向的起伏皴皱，也是镇园之宝。

（4）园林叠石之纹

“文”和“皱”是不同的。“皱”是石表的褶襞纵横，凹凸起伏，具有受光影变化而展现出的明暗交错之美，但这仍只是外表的一色之美；而“文”则不同，是美石内含于自身的文理见之于石表，并由“文”“底”两种或两种以上不同的色彩显现其美。因此，它可说是一种“因内而符外”的质地美，或一种交错相杂的石表的色相美。古代石谱的品述中，色与文（纹）也往往紧密相连。这“文”有几个层次：一是广义地联系的人文之“文”；二是相当于美或形式美之“文”；三是作为“文”之义的“纹”。由此，“文”部分地成了美或形式美的同义词，文理纵横交织相杂，构成了形式之美。正如《园冶》所说的六合石子，“有九色纹者，甚品润莹彻，择纹衫斑斓取之，铺地如锦”。在品石的领域，“文”也称“脉”，如《园冶》说英石“白脉笼络”，便是说石上白文纵横交错。文理的表现形式可分为以下四类：

①线文。苏州网师园“冷泉亭”内有英石峰，该峰“黧黑隐白纹”，是一种错综的线文美。这种黑底白线的呈现，更多见于灵璧白，是最常见、最普遍的一种线文美。吴师道在《为叶敬甫赋母线石》写道：“密密线缝裳，依依石在匡。”根据计总，可以推知石上有着密密麻麻、纵横交错的线文，于是，诗人就联想起唐代孟郊《游子吟》诗人称为“母线石”，既形象生动，又赋予诗意的内涵。

②斑文。斑文并非呈线条状，而是呈斑点状或斑块状，这也是一种“文”，但较少见。唐代平泉山庄中有“似鹿石”，著名藏石家李德裕《思平泉树石杂咏·似鹿石》诗中有“斑细紫羚生”之句，可见石上有大量的鹿文斑点。

③花文。线文与斑文都是抽象的，而花文则是指石上所显现的文理，近似于具

象，能引起现实中的具体事物的象形联想，如模树石、菊花石、牡丹石等呈现的都是花文。唐代最著名的是李德裕平泉山庄的“平石，以手磨之，皆隐隐显云霞、龙凤、草树之形”。

④云文。云文如烟云一般淡入而淡出，宛同中国画的渲染、渗化。其代表是大理石，多用于园林室内作挂屏、立屏，或装饰家具等。

2.园林叠石的审美类型

我国疆土辽阔，江山秀丽，天然奇峰异石多不胜数，各名山胜水的奇峰异石之景吸引了千千万万的观赏者。但由于这些美景胜迹地处偏僻，不便常往，古代文人雅士和造园匠师便巧妙地将天然美石、树木置于园林，这些大小不一的峰石，似乎将各地的山石景致浓缩、提炼过一般。它们有的空灵、有的浑厚、有的瘦削、有的顽拙，不同的峰石有不同的石纹、石理、石质，而自身的虚实及光影变化又异常丰富。在不同季节、不同时辰、不同的环境中，所得的审美感受异常丰富，具有较强的艺术感染力，增强了古典园林的山林情趣。把石置于园林，具有缩地点景、加强山林情趣的作用。

（1）点峰

点峰是指点立的孤赏石峰。可用作园林小空间的审美主题，是古园中应用最广的置石方法。一般姿态好、形体较大的石块，在园中都是作为点峰出现的。水池中的行峰一般均为点峰，如北京中山公园的青云片峰、青莲朵峰，苏州留园的冠云峰、岫云峰、瑞云峰等名峰，都是点式布置的石峰。上海嘉定新修的汇龙潭公园，移来了原周家祠堂园的一座名峰“翥云峰”，立于较宽敞的庭院之内，成为引人注目的观赏主题。苏州的明代古园五峰园，以五座玲珑多姿的湖石峰而出名。这五峰高下相依、顾盼有致地立于一座小假山上，使本来景色平平的假山变得生动而多姿，是很好的一组点峰。

（2）引峰

引峰是指能指示方向，引导人们游览的峰景。一般利用各庭院之间的月洞门、花式漏窗来泄露峰石，以引导游人。北京故宫御花园以峰引景，较为别致。每当游人步入乾清门两边东、西两路长长的甬道时，便见两座太湖石峰，位于通道尽头的石座上。青灰色玲珑多姿的峰石，衬以红墙黄瓦，色彩对比非常鲜明，宛如引导游人进入御花园观赏。钦安殿前小院以矮墙与御花园相隔，东西两侧门外置有两座小峰，高矮相当，石座统一，衬以青松翠柏，也能起到引景作用。苏州留园东部“五峰仙馆”后庭倚墙有一山廊，在到达鹤所之前有一个曲折，形成了一个廊外小院，内置一座外形很特殊的小峰“累黍峰”，峰身上有许多黄色小石粒凸出，好像珍珠米相叠，吸引人沿廊前来观赏。当人们依栏静赏之后，抬头忽见右侧白墙上有一瓶形门洞，透出隔院如画景色，人们便会很自然地往前游去，这小峰实际上起到了接引景色的作用。

（3）补峰

补峰是指灵活自由布置，作为园景不周之处或虚白处的补充，往往具有暗示的作用。例如，在大假山边上补上几块石，使山的余意绵绵；或者在曲廊与院墙的空白之处随意点补小峰，可以增加廊中审美的趣味；或者在乔松名花之下散点几石，使花树景致更加入画，这些统统可称为补峰。

（4）屏峰

屏峰是指能部分遮挡视线，起到分隔景区作用的石峰。这类峰石一般要有一定的体量，有时也可数峰并用，达到屏蔽的目的。杭州西湖“小瀛洲岛”的湖中湖上，有一座十字形曲桥，其旁是康有为手书的“曲径通幽”碑，为不使游人视线通达，湖中点了一座石峰作隔，是屏点结合的应用。北京颐和园前山东部的“乐寿堂”，是清乾隆皇帝游园休憩之处，后来也是慈禧太后的住所。堂前有一横卧在石座上的巨石，将庭院隔为二，这就是著名的“青芝岫峰”，是很典型的屏峰。北京圆明园“时赏斋”前原来也有一整块的大石屏立于房前，这就是现在北京中山公园“来今雨轩”前的“青云片峰”。

（5）连石

连石是指多石相连形成的汀步。汀步也称踏步或步石，原来是指水中代小桥的石块，现代的汀步不仅仅置于水中，在草坪中也较为多见。汀步设置得当，能够引发人们愉悦快乐的审美感受。

3.园林叠石的审美模式

（1）流云式

流云式如同流动的云海，时舒时卷，变幻多姿，宛转飘逸，透漏生奇。

（2）耸秀式

耸秀式与流云式相似，但也有不同处，更追求向上高挑挺秀的立峰。

（3）堆垒式

堆垒式以刚健稳固，浑厚质朴，古拙雄奇，苍劲有力为特色。

（4）砍削式

砍削式与堆垒式相似，但更追求峭壁嶙峋、突兀峥嵘的效果，如刀削斧砍、鬼斧神工。

4. 园林叠石的审美特征

（1）园林叠石的“瘦”

“瘦”，即要求叠石耸立当空，具有纵向伸展的瘦体形，或如纤腰楚楚的美女，或秀挺如清峙独立、高标自持的君子。明代王世贞在《弇山园记》中说，园中有湖石名“楚腰峰”，这是用“楚王好细腰”之典，突出其瘦秀之美。清代常熟“燕园室”前有一片湖石，均偏于瘦秀，因名室曰“三婵娟室”，这也将其视为身材秀长的美女了。无锡“寄畅园”还有特瘦的“美人石”，这亦是将其比作“君子好逑”的“窈窕淑女”。中国古典园林里瘦秀之极品，当推苏州留园著名的“冠云峰”。它独立当空，孤高九依，颀长而多姿，秀美而出众，而那S形的身躯，又令人联想起维纳斯体形的曲线美。

（2）园林叠石的“通”

“通”是太湖石重要的审美特征，“通”即“透”“漏”。其解释历来有多种：或释为有很多以横向为主、前后左右相通的孔和以纵向为主、上下相通的孔；或释为有孔彼此相通，若有路可行则四面玲珑；或释为多较大的罅穴和多较规则的圆孔；或释为孔窍较多，通透洞达，穿通上下左右。太湖石作为自然天成的雕刻品，其透漏孔穴的“形体意义”，有着既特殊（纯粹东方的）又普遍（相通于西方）的美学价值。

（3）园林叠石的“丑”

石文化的领域里“丑”字恰好概括了石的千态万状、千奇百怪。唐代白居易《双石》诗写道：“苍然两片石，厥状怪且丑。”宋代范仲淹的《居园池》中也有“怪柏锁蛟龙，丑石斗貙虎”之句。其后，《宋书·米芾传》中也说：“无为州治有巨石，状奇丑。”如此等等。郑板桥则将“丑”作为品石范畴予以拈出，认为“陋劣之中有至好”[1]。刘熙载《艺概·书概》还进一步阐发道：“怪石以丑为美，丑到极处便是美到极处。一‘丑’字中，丘壑未易尽言。”丑不但与“怪”相通相当，而且又可含“诡”于其内。“诡”与一般的丑怪有所不同，它还具有千态万状、幻变离奇、出人意料之意，带有一种神秘的魅力，是杜牧《李长吉歌诗序》中“鲸呿鳌掷，牛鬼蛇神”般的诡谲之美，是一种移步换形、可惊可畏的动态之美。这种槎牙不成材的美，陋劣谲诡中的美，这种幻变叵测、厥状非一的丑石，给

[1] 吕耀文. 石道奇石形式的创建与解析 [M]. 上海：上海大学出版社，2013：80.

赏石家们提供了无穷的想象空间，如乾隆所咏原北京圆明园的“青云片”可算是诡石的代表。

（4）园林叠石的“拙”

“拙”是中国美学的重要范畴。在古代，一些正直或失意的文人往往信奉道家“大巧若拙”“大智若愚”的哲学，如柳宗元名其园为“愚溪”，邹迪光名其园为“愚公谷”，谢臻在《四溟诗话》中还说“千拙养气根，一巧丧心萌”“返璞复拙，以全其真”。这些内在之拙，常外现为特定的形式之拙。计成在高度评价太湖石瘦透漏皱之“巧”的同时，也充分肯定了黄石之“拙”。《园冶·选石》既指出了“拙”与“巧”的区别，又揭示了“拙”与“顽”的联系。以黄石为代表的石种，它们或顽劣，或愚憨，或笨痴……往往为俗人所鄙视，却为赏石家们所钟爱，所赞美。从美学的视角看，这类形象或古拙，或朴厚，或混沌未凿，或阳刚方硬，粗豪盘礴而不瘦秀玲珑，原始囫囵而不灵巧宛转，这类形式的美在品石范畴中可谓别具一格。

（5）园林叠石的“雄”

“雄”是中国美学的又一重要范畴。司空图《二十四诗品》第一品就是“雄浑”：“大用外腓，真体内充。返虚入浑，积健为雄。具备万物，横绝太空。”雄，突出地表现为体量之大，气势之充，它可含“伟”“高大”等于其内。计成论选石，特别重视雄伟之品。他指出这种伟观，也就是“雄浑”之美。郑板桥在《题画·石》中评丑石，提出了“丑而雄，丑而秀”的精辟观点。这不但说明“雄”“秀”均可统一于“丑”，而且在石文化领域正式提出了“雄”和“秀”这对重要的美学范畴。皇家园林往往喜爱伟石。现存园林里伟石之最，当推颐和园为乾隆所赏的“青芝岫”，该石呈黑色，其遍布难以数计的“穿眼”“弹窝”以“开其面”，并臻于“出香”之致，这适于美化其横空出世的崇高形象，助成了其“返虚入浑，积健为雄”[1]的风格之美。

（6）园林叠石的“峭”

“峭”或如笋、剑般劲挺锋锐、干霄直上，或如悬崖般峻拔而起、陡峭壁立，这种不应忽视的风格美，可用唐人窦蒙《述书赋语格字例》中的句子来概括：“峻中劲利曰峭。”其主要石种为石笋、斧劈石、剑石等。当然，太湖石等也可能有此类造型。清代苏州留园主人刘恕在《石林小院说》中云：“院之东南绕以曲廊，有空院盈丈，不宜于湖石，而宜于锦川石。”可见这一类锦川石也有峭拔纵长的特

---

[1] 马海英.江南园林的诗歌意境[M].苏州：苏州大学出版社，2013：29.

征，又更说明峭石有其特殊的造景功能。如今该处有孤直的斧劈石峰，与修竹为伍，大概就是留园十二峰中的“干霄峰”。峭石有其独特的审美景效，是其他石种不能代替的。孤直、独立、劲挺、峻拔、英锐、耿介、干霄等，这就是“峭”之风格美的种种表现，它在品石的美学领域应有一席之地。

（二）园林假山之美

中国传统园林，无论是北方帝王园林，还是江浙私家花园，山水景色均是园中主要观赏对象。综观园林山景，除了大型园林和城郊风景园林中的多利用真山加以改造之外，多数均为人工堆叠而成，称为假山。园林假山的规模、形式极为丰富多样。假山有四个重要作用：一是作为园林中造景的骨架，没有假山园林将是一片平坦，景观就会显得单调而乏味；二是假山为园林水景的主要依托，只有在平地上堆出了峰、岭、谷、涧、坡、矶，才可能引入水源，创造出泉、瀑、溪、池等园林景色；三是假山能在园林中作观赏的主景；四是假山能作为各个景区空间的分隔屏障，是造园家塑造空间应用的主要技术手段。

1.园林假山的规模类型

（1）小山

小山用石造景，属于全石人造山。小山如果纯粹用土造景，则堆积不高，难以形成山势，故以用石为主。江南私家小园中的假山，多倚壁而堆，以白墙为背景，它们多数不能登临，仅作为厅堂书斋庭院中的静赏山景，实际上已和园林中孤赏石峰没有多大差别。

（2）中山

中山土石并用，属于土石混叠山。土石山又可分为土包石和石包土两种，可以灵活多变、因地叠制。

（3）大山

一般大山用土造景，属于全土人造山。大山如果用石造景，容易产生支离破碎的缺点，故以用土为主。大的人造山，给人以高峻雄伟的壮美感。山上有亭台，山下有洞穴，看上去与自然山一模一样。例如，始建于金代的北海琼华岛的“白塔山”，孤峙于一片碧净水面上，满山苍松翠柏、绿荫间亭台掩映，一般游人常常将它误认为是自然生成的真山。

2.园林假山的形态审美

假山的形式各异，所以给人以不同的形态美感。

（1）厅山

厅山是厅堂前庭中的假山。一般用石叠成，尤以太湖石为多用。当前庭进深较小时，也可嵌石于墙壁中，称为峭壁山。苏州留园“五峰仙馆”前的假山是模拟的庐山，为一佳作。

（2）楼山

楼山是在楼前堆叠的假山。这种假山供登楼观赏，故山宜高，距离要远，产生深远效果。苏州冠云楼前的“冠云峰”“岫云峰”“朵云峰”是最著名的例子。

（3）池山

池山是在水池中堆山，是中国造园艺术重要传统之一。池山也就是水池中的岛屿，与池岸用步石或桥梁连接者为多，独立水中的较少。《园冶》中认为：“池上理山，园中第一胜也。”中国园林以模山范水为特点，故山水并重的园林占多数，如圆明园、颐和园、北海、拙政园、留园等都有池山。

（4）峭壁山

峭壁山是靠墙掇叠而成的山石景。《园冶》中有：“峭壁山者，靠壁理也。借以粉壁为纸，以石为绘也。理者相石皱纹，仿古人笔意，植黄山松柏、古梅、美竹，收之圆窗，宛然镜游也。”可见峭壁山特点除石峰本身要峭之外，还要以白粉墙为背景，并适当配置松、竹、梅和框景手法，构成一幅立体图画。

（5）内室山

内室山即内庭中的假山。《园冶》中说：“内室中掇山，宜坚宜峻，壁立岩悬，令人不可攀。”留园的冠云、瑞云、岫云三峰与石林小院中的峰石，即为典型实例。

（6）书房山

书房山是在书房外的假山，宜小巧，或作为树的陪衬，或独立为峰壁，或与水池相配，置于窗下，有如大盆景。例如，留园“还读我书”几乎四面有石，网师园“五峰书屋”前后有山。

（7）四季山

四季山指以不同的石山形象象征四季。扬州个园就是典型实例。该园以石笋象征春季“雨后春笋”；以太湖石山象征夏季，取“夏云多奇峰”之意；以黄石山象征秋季，因黄石苍劲古拙，有“老气横秋”的气韵；以宣石山象征冬天，取其洁白如雪。这一造园构思与画论中“春山淡冶而如笑，夏山苍翠而如滴，秋山明净而如妆，冬山惨淡而如睡”及“春山宜游，夏山宜看，秋山宜登，冬山宜居”等创意有一定联系[1]。

二、园林的水体之美

（一）园林水体的审美特征

郑绩在《梦幻居画学简明》中说："石为山之骨，泉为山之血。无骨则柔不能立，无血则枯不得生。"山石能赋予水泉以形态，水泉则能赋予山石以生意。这样就能刚柔相济，仁智相形，山高水长，气韵生动。人离不开阳光、空气和水。水是生存的要素、生命的摇篮，是动植万物生长之本。园林里的水还可供听泉、观瀑、养鱼、垂钓、濯足、流觞、泛舟、漂流等。因此，园林不可无水，无水不成园。文震亨在《长物志・水石》中说："石令人古，水令人远。"这八个字言简意赅，可说是园林美学的名言，山水审美的真谛。总之，园林中的水不论是洁净之美、虚涵之美，还是流动之美、文章之美，都能令人意远，或洗涤尘襟，净化性灵；或窈冥恍惚，拟入鲛宫；或心波流连，长思远想；或目迷锦汇，情醉文漪。这类心态一言以蔽之，就是志清意远。水对于审美心理的这一独特功能，是园林中其他物质性元素所不能替代的。

1.洁净之美

水具有清洁纯净的现象美和本质美；水还能润万物，灌溉花木，滋养土石，湿润空气，调节气温，改变小气候，有益于人体健康；水还有排沙降尘、涤污除垢、净化环境等功能。水的洁净之美，不但表现出物质性的清洗功能，而且表现出精神性的清洗功能，清莹的泉水不仅能使人眼目清凉，减除视角疲劳，而且可以让人洗涤性灵，顿释一片烦心。

2.虚涵之美

水中倒影是迷人的，因为水是高明的写生画家，能如实地反映、形象地再现地上之物。由于波纹晃动，涟漪随风，水中倒影都会变色变形，发生屈曲、摇曳、聚合、分散、拉长、扩大、碎杂，互为嵌合，相与融和，似乎隐藏着一种生发无穷的神异魅力。真实、变形、虚幻，是水中倒影之三美，也是水的虚涵之三美。

[1] 马力.风雅楼庭[M].北京：中国言实出版社，2019：104.

3.流动之美

王羲之在《兰亭序》中所说的“流觞曲水”，是一别致的游艺活动，水因自然成曲折，既有曲水流动之美，又有文化意义之美。水体流动，伴随而来的一个特征是有声。水的一个重要的性格和审美特征是“活”，是“动”。郭熙在《林泉高致》中写道：“山以水为血脉，以草木为毛发，故山得水而活，得草木而华。”山本静，水流则动。静态的山可以因水流而带有动态之美。所以说，“园以藏山，所贵者反在于水。”正因为水似乎是活的有生之物，所以它潺潺的或哗哗的声音，似乎在和人说话或为人奏乐。水不仅以自身的形、质、色、光、活动、声音等种种的美丰富了园林景观，而且能使园林的其他景物活化，甚至使它们富于动态。

4.文章之美

冯延巳在《谒金门》中有名句云：“风乍起，吹皱一池春水。”这就是水面上线、色交织的一种文章之美。在中国美学史上，“文”和“章”都主要是指线条或色彩有规律地交织相杂而形成参差错综的形式美。

（二）园林水体的审美类型

自然中的水，或汪洋、或回环、或深静、或奔流、或潺湲、或滔滔、或倾泻、或喷薄。它不但形态丰富多样，而且有种种不同的类型。

1.湖海

中国古典园林中，以湖而著名的园林有济南的大明湖、扬州的瘦西湖、颐和园的昆明湖、避暑山庄的湖泊群等。江南的宅园，由于面积小，很少有湖，唯浙江海宁的安澜园有较辽阔的水面，称为湖。杭州西湖是比较典型的湖，其水体面积颇大，给人以一碧无垠之感。刘致在《山坡羊·侍牧庵先生西湖夜饮》中写道：“微风不定，幽香成径，红云十里波千顷。绮罗馨，管弦清，兰舟直入空明镜。碧天夜凉秋月冷。天，湖外影。湖，天上景。”这首小令不只写出了西湖虚涵倒影之美，还写出了西湖水面的阔大，以及由此产生的湖天一碧、夜色清华、空明澄澈、寥廓无际的境界之美。园林中的海没有自然界的海那么大，仅见于北京宫苑，如圆明园中最大的水体名为“福泉”，北京西苑有“三海”——中海、南海、北海。

2.池沼

古典园林中池沼总比湖海小，又灵活多样，故成为南方园林或北方宫苑中构成景观的重要水体类型。古典园林中的池沼可分为规整式和自由式两大类，前者多见于北方园林和岭南园林，具有齐一均衡之美，后者多见于江南园林，具有参差美、天然美。江南园林中的水池基本上是自由式的。池岸采用自然形态的驳石岸，以防雨水冲塌。有的池边还有石矶，更能丰富池岸线的空间造型，从而避免了僵直的线条。北京紫禁城御花园的水池都是长方形的，还有半圆形的。圆明园的水池则是规整对称的组合。

3.溪涧

溪涧与江河形态近似，但中国园林中宁可称“海”，却很少称“江”或“湖”，因为后者俗而不雅，易使人联想起船只如梭的繁忙景象而无清幽之趣。溪涧水面呈带形，常常取曲折潆回的形态向两边延伸，具有幽邃清静的性格美。江南园林中，曲涧的艺术形象塑造得最佳的，当推无锡惠山山麓寄畅园的“八音涧”。“八音涧”原名“悬淙涧”，为引进园外的“惠山二泉”的伏流，因势导为曲涧。涧故意甃得很窄，这反而使人觉得更曲更长。它随体诘诎，斗折蛇行，利用倾斜坡面，层层落差，使流量不大的涧水逐层流淌下注。因之，诉诸视觉的，是水流得或直或曲，或隐或现，或聚或散，或急或缓；诉诸听觉的，是水音的或清或浊，或断或续，琤琤琮琮，如奏琴瑟。此外，整个长长的曲涧，蜿蜒在与之相应的窈窕岩谷之中，还能在一定程度上引起空谷的共鸣或回响，这更能给人以“八音克谐”的音乐般的美感，同时更体现出涧谷的幽静。

4.泉源

泉的鲜明特点主要表现为奇谲特异，活泼好动而不定形，它可以表现出多变的形态、特定的质感、不同的温度、悦耳的音响，综合地诉诸人们的视觉、听觉、触觉乃至味觉。在古典园林中，泉是重要的水源之一，也是重要的景观之一。泉包括山泉和地泉、温泉和冷泉、动泉和静泉。动泉中又有流泉、涌泉之分。山东济南是泉城，名泉七十有二，著名的“趵突泉”势如鼎沸；有以“水沫纷翻，如絮飞舞”而命名的“柳絮泉”；有以“聚成一线，映日生光”而命名的“金线泉”；有以“层叠而下，如挂晶帘，大珠小珠，跌落至池”而命名的“漱玉泉”；此外还有“马跑泉”“卧牛泉”“洗钵泉”“浅井泉”“皇华泉”等，构成了蔚为大观的泉群。[1]避暑山庄的泉源，可谓全国之冠。著名的“热河泉”不但水量大，而且水温较高，隆冬不凝。由于地脉融煦，深秋季节池中荷花依然开放，经久不凋，成为一大奇观。

---

[1] 济南市城市园林绿化局.济南园林志[M].北京：方志出版社，2014：229.

5.渊潭

潭的概念还往往和龙、蛟联系在一起，疑有灵异，使人产生一种神秘莫测之感。李白在《送汪伦》中就有“桃花潭水深千尺，不及汪伦送我情”之句，还有俗话“万丈深渊”之说，可见渊潭都离不开一个“深”字。渊潭往往有水面紧缩，空间狭隘的特征，并具有“深”的主导性格。云南昆明的寺观园林“黑龙潭”，其主要性格特征则为宽广而深邃。

6.瀑布

李白在《望庐山瀑布》中云：“飞流直下三千尺，疑是银河落九天。”人们观赏瀑布，以求获得强大的精神力量。泉和瀑既有相似性，又有差异性。按自然而言，泉水是上涌的，瀑布是下泻的。在中国古典园林中，瀑布并不多见，但在北方宫苑的避暑山庄和圆明园中都有瀑布景观。苏州环秀山庄的假山，其西北角曾集屋檐雨水，下注池中；其东南角在石后设槽沟以承受雨水，由岩崖石隙下泄，在夏季暴雨时可见泛漫而下的瀑布。

第三节　园林植物的造景美

植物造景是中国园林的构成要素之一。花草树木是园林空间弹性最强的造景部分，花草树木可以按人们的审美观景需要，随心所欲地进行布局，或此密彼疏、彼密此疏，或此高彼低、彼高此低，或此花彼树、彼花此树等，成为园林中极富变化的动态景观。

一、园林植物造景的审美取向

（一）园林植物造景的光影之美

光与影是可以使园林植物景观富有层次、富有深度的两个重要因素，植物一旦与日光、月光、烛光、水面、冰面、镜面等结合起来，就会形成各色各样的光影美，如诗如画，妙不可言。例如，檐下的阴影、梅旁的疏影、树下花下的碎影，以及水中的倒影，最富诗情画意的首推粉壁影和水中倒影。树木在水中形成倒影的意境在园林中更为多见，在波光粼粼之中，水中的植物倒影比植物实景更具空灵之美，如岸边垂柳的倒影、水中荷花的倒影、岸畔高大乔木的倒影，都给人无限的诗情画意之美。粉壁作为花草树木的背景，在日光、月光或灯光的照射下，植物摇曳，树影婆娑，落影斑斑，日月交替，不同的光形成不同的姿态，在风的摇曳下更是熠熠生辉。

（二）园林植物造景的色彩之美

色彩是丰富园林植物景观艺术的精粹，利用植物色彩渲染空间气氛，烘托主题，可给人一种或淡雅幽静、清馨和谐，或富丽堂皇、宏伟壮观之感，从而极大地丰富意境空间。承德避暑山庄中的“金莲映日”，万枝金莲盛开时，枝叶高挺，阳光漫洒，似黄金布地，所呈现的景色气氛使诗人诗情大发。文徵明以玉兰命名“玉兰堂”，则取玉兰先花后叶、花洁白如玉的特性，象征主人为人清廉、不慕名利的品格和技压群贤的出众才华。然诸种色彩中，绿色是最为重要的。绿色是一种柔和、舒适的色彩，能给人一种镇静、安宁、凉爽的感觉，对人体的神经系统，特别是大脑皮层会产生一种良好的刺激，可缓和人的紧张情绪。在园林花木配植中，绝对不能缺少绿色的花木。作为园林构成要素之一的花草树木，首要的是选择绿色丰富的花木，特别是一年四季常绿的花草树木，使其全年都充满浓郁的绿色。

（三）园林植物造景的声响之美

园林环境中的不同声响能传达不同的意境。游人体验、小孩嬉闹、激流飞瀑、惊涛拍岸、枝头鸟鸣等喧闹之声，传达出或欢快、或惊恐、或激昂的动景，潺潺溪流、如线滴泉、风吹树梢、雨打枝叶则多表现静谧或动静同在的“园境”。“留得残荷听雨声”“雨打芭蕉”便是雨中挺立的荷叶、芭蕉的静谧与雨声形成的动静同在的景象，都是雨中以动景衬托静景。《园冶》中“鹤声送来枕上”“夜雨芭蕉，似鲛人之泣泪”，杭州西湖的“柳浪闻莺”，避暑山庄的“万壑松风”，拙政园中的“秋阴不散霜飞晚，留得枯荷听雨声”的留听阁，以及“听雨入秋竹，留僧复旧棋”的听雨轩、“竹径无人风自响”的幽深竹径、“松子声声打石床”等所勾勒的秋冬松林景致都极富诗意。不同的花木种群在风、雨、雪的作用下，能发出不同的声响；不同形态和不同类型的叶片相撞相摩，也会发出不同的声响。这类声响，有的萧瑟优美，有的汹涌澎湃，具有不同的韵味，从而产生音乐感。烦躁不安、心悸不宁，特别是心脏病患者，若在竹林内静坐，萧瑟之声有镇静解热作用。据说，清代著名画家郑板桥早年体弱多病，然而他极爱宅前的一片竹林，常在林中静坐冥想，几年后，竟奇迹般地恢复了健康。要使花木产生音乐声响，应该有意识地选择那些叶片经大自然的风、雨、雪撞击后能发出优美声响的树种，而且要有较多的种植数量，这样才能产生较佳的声响效果。

（四）园林植物造景的香味之美

植物体散发的芳香在园林中常作为营造某种意境的主要表现手段，香气浓烈者花香袭人，宜为动景；香气淡雅者清新雅致，宜为静景。香味能诱发人们的情感，使人振奋，产生快感，也是激发人们产生诗情画意的媒介，因而香味也是形成意境的重要因素。例如，网师园中的“小山丛桂轩”取“桂树丛生山之阿”的寓意，桂花开时，飘荡谷间，香气袭人，十分高雅。苏州拙政园“远香堂”，南临荷池，每当夏日，荷风扑面，清香满堂，可以体会到周敦颐《爱莲说》中“香远益清”的意境；而“雪香云蔚亭”则可在亭中欣赏堆雪积云胜境中盛开的梅花，幽香袭人。

此外，不同的花香气味可以影响人们的情绪，水仙和荷花的香味，使人感情温和；紫罗兰和玫瑰的香味，给人一种爽朗、愉快的感觉；柠檬的香味，令人兴奋向上；丁香的香味，可以使人沉静、轻松，唤起人们美好的回忆。总的说来，多数花草树木的香气使人浑身舒畅，心情愉快，有利于身心健康，甚至可以治疗疾病。因而，在选配园林花木时，凡是具有芳香的花木，理应优先选用。但应注意一些气味过浓的植物容易使人过敏，应当慎重选用。

（五）园林植物造景的形态之美

花木有着千姿百态的形象与姿态，每种形象与姿态都展示着自身的美。

1. 松树的形态之美

松树虽然不开鲜花，但其形象与姿态表现出多样的美，如南岳松径、泰山古松、黄山奇松、恒山盘根松等，这些各式各样的阳刚雄姿，为山川传神、为大地壮色。松与山水组合，更是胜景迭出。

2. 竹子的形态之美

竹的姿态美也丰富多样，有高大挺拔的毛竹，有翛然秀贤的楠竹，有丛状密生、覆盖地面的箬竹，有头梢下垂、宛若钓丝的慈竹，有叶如凤尾、飘逸潇洒的凤尾竹，杭州黄龙洞的方竹，洞庭湖君山的湘妃竹等，不同的竹类各显不同的形态美，可供人观赏。

3. 梅花的形态之美

梅花的形态，细分有古态、卧态、俯态、仰态、群态、个态、动态等，千姿百态，各具美感。

4. 柳树的形态之美

垂柳以其摇曳形态动人，园林池畔一般爱种垂柳，因为垂柳随微风摇荡，为黄莺交语之乡、鸣蝉托息之所，人皆取以悦耳娱目，乃园林必需之木也。柳树随风摇摆的那种美丽姿态，使得古代诗人们不厌其烦地描写它。

5. 牡丹的形态之美

牡丹以花色娇艳倾国，它的千姿百态独具美感，如唐人舒元舆在《牡丹赋》中所说："向者如迎，背者如诀。忻者如语，含者如咽。俯者如愁，仰者如悦。袅者如舞，侧者如跌。亚者如醉，曲者如折。密者如织，疏者如缺。鲜者如濯，惨者如别。初胧胧而下上，次鳞鳞而重叠……或灼灼腾秀，或亭亭露奇。或飐然如招，或俨然如思。或带风如吟，或泫露如悲。或垂然如缒，或烂然如披。或迎日拥砌，或照影临池。或山鸡已驯，或威凤将飞。其态万万，胡可立辨？"

（六）园林植物造景的人文之美

花草树木的社会美并非其本身所固有，而是人们对其加以拟人化的结果。由于我国农业文化积淀深厚，人们养成了含蓄内敛的民族性格。花草树木便成为人们借物喻志、颂花寓情的审美对象。人们将一些观赏物的自然特征，引向了更深更高的社会道德伦理、人生哲理与志向理想的层次，把花草树木自然属性深入、提升到人的内在品性和理想抱负的层面。这样使花草树木在欣赏过程中的美学内涵更丰富、更深沉、更理性，起到了净化人类灵魂、升华人类境界的作用。

（七）园林植物造景的组合之美

象征傲骨迎寒风、挺霜而立的松，象征长青不老、君子品节的竹，象征冰清玉洁、暗香浮动的梅，三者组合成"岁寒三友"，成为中国传统文化中高尚人格的象征，也常用于比喻忠贞的友谊。梅、兰、竹、菊组合而成的"花中四君子"可营造出温文尔雅、清新舒畅、与世无争、自我欣赏的意味；"玉堂春富贵"，庭园种植时选用玉兰、海棠、迎春、牡丹、桂花组合成景，配置成繁花似锦的季相景观，在丰富园林景观的同时，也暗示了人们对富足美好生活的向往之情。

二、园林植物造景的审美类型

（一）观花类的园林植物

国色天香的牡丹、含羞欲语的月季、临风婀娜的丁香、灿若云霞的杜鹃、累累如珠的紫荆……它们以其纷繁的色彩、扑鼻的芳香、娟好的形状姿态，诉诸人们的感官，给人以种种不同的风格印象：或娇俏，或飘逸，或浓艳，或素净，或妖冶，或端丽……观花类植物的景观，主要表现为花的色、香、姿三美。花是美的象征，是繁荣的形象，也是生命的显现。观花类木本植物品种繁多，现将常用的五个品种介绍如下。

1.玉兰

文徵明的《玉兰》诗："绰约新妆玉有辉，素娥千队雪成围。影落空阶初月冷，香生别院晚风微。"点出了玉兰素艳多姿的品格美。玉兰一般指白玉兰，为木兰科木兰属植物。落叶乔木，花色似玉，香如兰，不等绿叶满枝，便抢先在早春开放。那微微绽开的花瓣，长大而曲，如羊脂白玉雕刻而成，繁花缀在疏疏的枝头，形状姿态极美。北京颐和园"乐寿堂"庭园的玉兰有两百多年的历史，久负盛名。花开时，亭亭玉立，素容生辉，冷香满院，沁人心脾。

古典园林中，常在厅前院后配置名为玉兰堂，将玉兰与海棠、牡丹、桂花相配，寓意"玉堂富贵"。与白玉兰同科同属的木本植物，还有紫玉兰、二乔玉兰、宝华玉兰、山玉兰、广玉兰等品种。紫玉兰花外面紫色、里面白色或粉红色：二乔玉兰花外面紫色或红色，里面白色；宝华玉兰是江苏特有品种，仅长于句容宝华山自然保护区内，花瓣上部为白色，下部为淡紫红或红色；山玉兰花瓣肥厚，乳白色，外轮三片，淡绿色；广玉兰，常绿乔木，花洁白，芳香，状如荷花，故又称荷花玉兰。

2.山茶

山茶为山茶科山茶属植物。常绿小乔木或灌木。花多为红色、单瓣或重瓣。人们给它概括出花好、叶茂、干高、枝软、皮润、形奇、耐寒、寿长、花期久，宜瓶插等十大美点，具有潇洒高贵的品格，是我国传统的十大名花之一。山茶对二氧化硫、氟化氢、氯气、硫化氢的抗性强，对氟气、氯气的吸收能力强，具有良好的生态美。苏州拙政园西部有“十八曼陀罗花馆”，院内栽植茶花，成为园林一景。而在历史上，拙政园的宝珠山茶更是名闻遐迩。它交柯合抱，得势争高，花开巨丽鲜妍，为江南园林所仅见。吴伟业《咏拙政园山茶花》诗云：“拙政园内山茶花，一株两株枝交加。艳如天孙织云锦，赪如姹女烧丹砂。吐如珊瑚缀火齐，映如蝃蝀凌朝霞。”

3.桂花

桂花的花朵芳香幽甜，为有名的食品香料，花、果、根、茎、叶等还是重要的药材。桂花为木樨科木樨属植物，常绿小乔木，四季常青，花香浓郁，是园林绿化中常用的观赏树种和香料树种。桂花品种有金桂、银桂、丹桂和四季桂等。金桂叶为披针形、卵形或倒卵形，上部叶缘有疏齿，花量多，色金黄，香浓郁，为生产上常用的品种。银桂叶为椭圆状披针形，花近白色或黄白色，花量中至多，香浓郁，为制作食品香料的主要品种，经济效益高。丹桂叶为长椭圆形，中脉深凹明显，花色橙黄或橙红，花香中等，观赏价值高。四季桂叶为长椭圆形，革质，每月皆开有少量的花，花白色，香淡，是园林绿化常用的品种。因“桂”与“贵”互为谐音，配置时常用于对植，古称“双桂（贵）当庭”或“双桂（贵）留芳”。

4.海棠

海棠为蔷薇科苹果属植物。落叶小乔木，树形峭立，小枝红褐色。花在蕾时甚红艳，开后呈淡粉红色并近白色，单瓣或重瓣。海棠花春花似锦，为园林绿化中著名的观花树种。海棠包含两个变种：重瓣粉海棠，叶较宽大，花较大，重瓣，粉红色；重瓣白海棠，花白色，重瓣。在古典园林中，海棠用得很多。拙政园有“海棠春坞”，紫禁城御花园绛雪轩前有群植的海棠。

5.梅花

梅花为蔷薇科李属植物，落叶小乔木。花两性，单生或两朵并生，先叶开放，花冠白色、淡绿、淡红或红色。核果，球形，黄色，密被细毛。园林中常以松、竹、梅配在一起，称为“岁寒三友”；又把梅、兰、竹、菊称为“四君子”。中国有四大梅园，分别为南京梅花山、无锡梅园、杭州梅园、武汉梅园，已成为人们早春游赏的好去处。梅花“色、香、韵、姿”俱佳，又不畏严寒，迎着风雪而开放的特性。冬末初春，含苞欲放，玉映缤纷，近看似素练，远望似雪海，在苏州光福留有“香雪海”美誉。梅花傲霜凌雪，是坚贞、高洁、刚毅的象征。梅花遒劲挺拔、铁骨冰心的风姿，仿佛是中华民族历史英雄人物的化身，其高尚品格和凛然豪气，永为世人传颂。

（二）观果类的园林植物

1.枇杷

戴复古《夏日》诗云：“东园载酒西园醉，摘尽枇杷一树金。”枇杷为蔷薇科枇杷属植物。常绿小乔木，小枝密被锈色或棕色绒毛，叶披针形或倒披针形，背面密被灰棕色绒毛，密生白花，有芳香。果球形，成熟时为黄色和橘黄色。根据果肉颜色分为红沙、白沙两大类，以白沙枇杷为最优。枇杷的枝、叶、花、果均有观赏价值。金黄色的果实常聚在一起，寓意“兄弟团结”。拙政园有一个园中之园“枇杷园”，每逢初夏，金黄色果子拉满枝头。

2.石榴

朱熹《题榴花》诗云：“五月榴花照眼明，枝间时见子初成”。石榴为石榴科石榴属植物。落叶灌木或小乔木，花通常为深红色也有淡黄色的。浆果球形，古铜黄色或古铜红色，内含种子多数，种子似红宝石，晶莹剔透，其外种皮肉质汁多味美，具美容美肤功效。石榴枝叶对二氧化硫、氯气、氟化氢、二氧化氮、二硫化碳等抗性均较强，并能吸收硫和铅，也具有滞尘能力，生态效益明显。北京圆明园三园之一的“长春园”曾有“榴香渚”，遍植石榴，花开红似火，果熟累枝头，蔚为大观。球形浆果成熟时开裂，露出鲜红的种子。因种子数多，寓意“多子多福”，因而备受古人的推崇。

3.柑橘

柑橘为芸香科柑橘属植物。常绿小乔木，单生复叶，革质，具有油腺点，花黄白，果扁球形，橙黄色或橙红色。《本草》中云：“橘非洞庭不香。”《唐书·地理志》即有苏州上贡柑橘的记载。宋安定郡王以洞庭山橘酿酒，美其名曰“洞庭春色”，苏轼作《洞庭春色赋》，名噪一时。柑橘四季常青，枝叶茂密，树姿优美，春天繁花满树，幽香飘逸，秋冬硕果累累，金色茫茫，为园林庭院和风景名胜区添色、添香、添景。柑橘品种很多，大致可以分为柑和橘两大类，柑类果较大，果皮粗糙；橘类果较小，果皮较薄、平滑。此外，还有将柑橘分为柑类、黄橘类、红橘类、蕉柑类和温州蜜柑类五类。

（三）观叶类的园林植物

园林中常植的观叶类树木有垂柳、柽柳、槭、槲、黄栌、枫香、乌桕、黄杨女贞、棕榈、桃叶珊瑚、八角金盘等。其中以红叶为特征的槭（或称为枫）品种很多，其美在树叶的色、形，是构成园林景观的重要因素。北京香山“静宜园”，漫山遍野，均植黄栌，深秋红叶似熊熊火焰，使人联想起杜牧《山行》中“霜叶红于二月花”的名句，不禁触景生情。中国人对柳有着深厚的历史感情，柳在中国诗史上曾经成千上万次地被作为抒情题材。柳树（垂柳）枝条之美，主要在于修长而又纤弱，它倒垂拂地，婀娜多姿，柔情万千，而远观则犹如轻纱飘舞，烟雾蒙蒙，入诗、入画、入园林，风韵无限。柳树在庭园内栽植较少，而在宫苑和风景区却被大量应用。

（四）林荫类的园林植物

北京曾有王侯园林“成国公园”，李东阳在《成国公槐树歌》写道：“东平王家足乔木，中有老槐寒逾绿。拔地能穿十丈云，盘空却荫三重屋。”概括了荫木主要的审美性格。林荫类树木的基本特征是高、大、壮，枝繁叶茂，具有挺拔雄健和浓荫郁闭的景观美。荫木和林木是园林中山林境界和绿荫空间的主要题材，也是园林植物配置的主要基础。其品种较多，常见的还有松、柏、榆、朴、香樟、枫、杨、梧桐、银杏等。无锡寄畅园的知鱼槛、涵碧亭附近以及池北共有五棵大香樟，它们不仅以绿色调渲染着亭榭水廊的景观之美，而且互为呼应地荫庇了偌大的空间。松是园林植物的重要品种，孤植群植都很适宜。避暑山庄的“松鹤清樾”，是一种独特的景观，而松云峡、松林峪又构成一派郁郁青青崇高的林木基调。至于“万壑松风”一景，长风过处，松涛澎湃，如笙镛迭奏，宫商齐鸣，又如千军万马，大显声威，彰显天然的崇高美。

（五）藤蔓类的园林植物

藤蔓类为攀缘植物。藤蔓类植物有两个重要的美学特征，一是花叶的色泽美，二是枝干的姿态美。紫藤是园林中常见的观赏植物，它以其姿态花叶成为一种重要景观。藤蔓类植物除紫藤、凌霄外，还有爬山虎、金银花、蔷薇、爬藤月季、薜荔、葡萄、常春藤、络石等。岭南四大名园之一的“番禺余荫山房”，主厅深柳堂庭院两侧有两棵凌霄古藤，怒放时犹如一片红雨，繁华艳丽，蔚为壮观。上海豫园、南京瞻园和苏州多处园林都有古老的紫藤，花时照眼明，鲜英密缀，缤纷络绎，强烈地吸引着人们审美的目光。

《园冶·相地》中说：“引蔓通津，缘飞梁而可度。”藤蔓经由桥梁而度水，攀缘到对岸，这能模糊人力之工而显示天趣之美，能从微观上助成园林的“天然图画”之感。藤蔓需要构架来攀缘或引渡，这就造成种种景观。单株架构之藤，宜于孤赏；多株藤蔓则可架成天然的绿色长廊，花开时节更为明艳亮丽，宜于动观。假山如果是石满藤萝，则斧凿之痕全掩，苍古自然，宛若天成。拙政园“芙蓉榭”的临水台基上，也牵引藤蔓，密布倒垂，如同璎珞，配合着榭内的种种精美的装修，很富有装饰美的风韵。古藤左盘右绕，筋张骨屈，既像猛龙腾空，苍劲天骄，拗怒飞逸；又像惊蛇失道，蜿蜒奇诡，奋势纠结……藤蔓的这类姿态美，引起了历代书画家的注意。

三、园林植物造景的手法分析

（一）园林植物造景要因水而生

中国古典园林就遵循“园以水活，无水不成园”❶的造园理念。水是园林景观构成中最活跃的因素，水赋予园林以生机和活力。园林中的水具有静水和动水两种状态。

1.静态水景的植物布置

园林中常用静态水面形成具有凝聚力的空间，映射天空和周围景物，因此静态的水体可利用岸边的景观营造丰富的观赏效果。水中的朝霞、秋月、塔影等给人以美的享受，欣赏倒影是游园的重要内容。在静态水景岸边种植造型优美的植物，可与水面形成虚幻的倒影。这种植物与水体之间的虚实对比中强化了岸边植物的实形与水中植物的虚影形成对比，扩大了景深，形成了多层次的虚实相映的奇妙空间意味。可以根据静态水体的大小，在水体中营造植物景观。水体尺度较大时，可在水中增添人工岛屿，并种植植物形成生态岛屿。游人们可以上岛屿游玩，既满足了亲水性需求，又体验了水中的陆地空间。如果水体尺度较小，可用盆栽、缸栽，或设置种植坛等形式，以伞草、荷花、水生美人蕉等水生植物点缀水面，形成静谧的园林水景。湖、池岸边是土岸，则可沿水岸形成起伏变化的水际线，并由池岸向水中形成不同高度的驳岸、滩涂，种植黄菖蒲、鸢尾、千屈菜、花叶芦竹等观赏性高的湿生、水生植物。这样既营造了丰富多彩的水岸景观，又满足了水、土、植物等之间的连通，最终形成自然式的水陆交界带。湖、池岸边如果是硬质驳岸，可在其中设置不同尺度的种植坛，底层种植草坪或草花，上层种植观赏价值高的垂柳、乌

❶ 王凤珍.园林植物美学研究[M].武汉：武汉大学出版社，2019：190.

柏、梅花、桃花、樱花等乔木，较高的驳岸，还可以临水种植迎春、云南素馨等悬垂植物来柔化硬质驳岸。

2.动态水景的植物布置

溪流、涌泉、喷泉、叠水、水帘、水梯、水墙、瀑布等形式的动态水景激越，有流动状态的美，可以营造出或快或慢的水流动态、或高或低的水流声响，增添园林空间的听觉审美情趣，令人心旷神怡、充满活力。浩荡层叠的瀑布景观、流动的水发出声声鸣响，创造了良好的声景观，常吸引游人驻足观看。乔木、小灌木丛、草本花卉组成的立体植物景观，通过不同郁闭程度和林带的组团放置，用卵形和圆锥形树将广场内部空间与外部空间分隔开，自然而又界限明确，将水景广场围合成三面均有绿地和浓郁树木环绕的空间，具有较好的封闭感和一定的方向性与向心性，既可点缀“山体”“瀑布”，又可起到调节气流、遮阴、遮挡视线的效果，形成了如自然山林特有的天际线。在自然式溪流中可以局部栽植水生植物，在缓慢的水流中增添绿色美景。

（二）园林植物造景要因山就石

唐代王维在《山水论》中说：“山藉树而衣，树藉山而为骨，树不可繁，要见山之秀丽，山不可乱，需山之精神。”叠山与植物配置相适宜，能使园林显得生机勃勃，情趣幽逸。《园冶》中曰：“峭壁山者，靠壁理也。借以粉壁为纸，以石为绘也。”如拙政园的“海棠春坞”庭院，其南面院墙嵌以山石，种植海棠与慈竹。个园通过山石与植物的组合展现了“山有四时之色，春山艳冶、夏山苍翠、秋山明静、冬山惨淡”[1]的景象。春山以石笋插植而成，笋间遍植翠竹，以“寸石生情”点出“雨后春笋”，一派春意盎然的景象，寓意“一年之计在于春”；夏山采用具有柔美飘逸、玲珑剔透的太湖石，堆叠出停云之势，山上许多空洞，洞内荫凉潮湿的景象与山后种植的浓荫如盖的广玉兰、香樟，悬垂在太湖石上的迎春，以及紫薇、古柏，创造出幽静清凉的夏日氛围，给人们带来缕缕凉意；秋山以黄石叠成，岭峭凌云，山体朝西，秋日夕阳在黄石山上投以橘黄光线，与鸡爪槭、红枫、青枫等叶形秀丽、秋色红艳的树种一起，把秋日景象表达得淋漓尽致；冬山色白如雪的宣石、穿透北风的风音洞、开蜡黄色花的腊梅成就了寒风料峭的冬季，而宣石堆成的“雪狮”旁配置斑竹，冬季的凄冷悲凉之感油然而生。

[1] 王凤珍.园林植物美学研究[M].武汉：武汉大学出版社，2019：196.

（三）园林植物造景要依附建筑

中国古典园林在尊重建筑性质、功能的同时，追求建筑与其他造园要素互为补充，有机地形成一幅完整的风景画，并追求建筑美与自然美的融合。在不影响采光、通风的前提下，在园林建筑窗外种植竹子、芭蕉或低矮花灌木，伫立窗前就能体味移竹当窗、竹影婆娑、夜雨芭蕉、花香绕屋的形式美与意境美。在庭园或墙垣，为了打破墙面的单调，增加空间的绿意和层次，常以爬山虎、常春藤、凌霄、蔷薇等攀缘植物爬于墙面。如拙政园中的“梧竹幽居”，种植梧桐和竹子，希望引凤来栖，给家人带来吉祥。现代园林景观中，尺度较大的公园、风景区营造亭廊等园林建筑物，不仅能提供给游赏者游览、休憩、赏景的场所，建筑本身也是景点或景的构图中心。居住区、学校、商业街区等建筑物密度较大的空间内营造的园林植物景观，则应考虑与建筑物的协调关系，既能柔化建筑物生硬的感觉，也赋予建筑物以生命力。

四、园林植物造景的审美系统

（一）园林植物造景的“古”

朱光潜曾说：“愈古愈远的东西愈易引起美感。”[1]在园林美学的领域里，时间之久与价值之高是成正比的。“古”是一种邈远的时间累积，植物造景系统中的“古”，也是一种极大化的时间价值，它是呈现于欣赏者时间观乃至时空观视角下的一种特殊的价值意义。古木又称寿木，人们特别尊崇古木就是因为其数百年乃至数千年的寿命以及由此而来的高大的空间体量。一个园林中古木存活的数量和质量，在一定程度上决定着该园的价值。古木是园林建构中最难具备的条件。亭榭可以建造，假山可以堆叠，一般的植物可以栽种或移植，历时均不需很久，但古木非要千百年的时间不可，非要几代人乃至几十代人的延续不可。古木有其观赏价值，它高或参天，大或数抱，或直如绳，或曲如钩，盘根蚀干，古拙苍劲。更重要的还在于其时间价值。古木的空间体量、形态，似乎只是它的外观形式美，而悠久的时间价值则是其深厚的内涵美。

[1] 朱光潜．朱光潜美学文学论文选集 [M]．长沙：湖南人民出版社，1980：70.

（二）园林植物造景的“奇”

刘勰《文心雕龙·辨骚》就赞美“奇文郁起”，并提出了“酌奇而不失其真”的品评标准；韩愈在《进学解》中说“《易》奇而法”，而他自己也以怪怪奇奇为美，这都反映了一个新的审美视角——奇。追求植物之奇，这几乎是中国古典园林早就出现的一个审美传统。汉武帝修上林苑，其中植物开始具有独立的审美价值，是和名花异树“以标奇丽”分不开的。梁孝王筑兔园，“奇果异树”是园中物质生态建构序列的元素之一。隋炀帝建显仁宫，也广采“嘉禾异草”。而唐代李德裕建构平泉山庄，几乎把草木特别是奇花异木置于首位。奇，就是一种视角，一种价值。物以稀为贵，正因为稀，不常见，人们必欲见而后快。奇花异木以其不同寻常的奇趣美，满足着人们好奇爱异的审美心理。从以上实例还可知，“奇”往往和“古”联想在一起，最常见的便是古木，“一身而二任焉”。苏州留园的“古木交柯”，不但是古木，而且也是一种奇木。

（三）园林植物造景的“名”

奇树与古木，作为园林的重要景观，都可说是“名木”；著名产地移植来的，如洛阳牡丹、天目山松之类，也可说是名花名木。但这里所说的“名木”，是历史名人手植或命名过的植物。青藤书屋由于是明代大画家、“青藤画派”的开创者徐渭的故居，后来大画家陈洪绶也慕名来此寓居多年，因而使小小的宅园具有较高的文物价值。更为宝贵的是青藤这个活的文物，这个有真实生命的历史遗产。人们观赏文化名人文徵明或徐渭手植的古藤，往往还兼从这一特殊的审美视角出发，这是不同于奇、古的另一审美层面——名。拙政园有文徵明手植古藤，单凭它是明代大画家、吴门画派领袖亲手所植，就比其他藤本植物身份高百倍。金松岑在《拙政园文衡山手植古藤歌》中生动地描述了古藤的筋骨老健，虬枝盘曲，有如同惊蛇拗怒、蛟龙腾掷的奇古姿态之美，还描述了古藤的紫英密缀，妍华披拂，如同璎珞妙鬘的生机蓬勃之美，而且突出地歌颂了文徵明的高风亮节，敬仰之情溢于言表。

有的树木还由于具有高大奇古的价值形态而受到帝王的题封，于是在当时社会条件下，它在树木群的品位就青云直上，由“古木”而荣列“名木”之列。最为著名的，有相传秦始皇至泰山封的“五大夫松”；汉武帝巡视到河南嵩山书院，见高大的周柏而封为“大将军”“二将军”。在清代北海团城，原有三棵名木，最著名的是一棵苍劲古老的大油松，由于乾隆盛夏烈日曾在树下乘凉，清风拂处，暑汗全消，于是封为“遮荫侯”；另外又封了附近的一棵白皮古松为“白袍将军”，这两棵古树名木幸存至今，增加了小小团城的审美品味量。

（四）园林植物造景的“雅”

植物的价值序列中古、奇均紧密地绾结于植物本身的某些空间的、时间的物质特性。当然，作为古木，其经磨历劫的崇高已与精神品性的领域接壤或交叠，但其根本，仍在于自然生命的久长；至于名，虽更游离植物本身的物质特性，与历史人物有着某种特定的文化联系，但这类名木总是同时还具有古乃至奇的价值。至于雅，则已进一步升华到精神的领域特别是紧密地绾结于文化心理、审美心理。雅和儒家的伦理哲学及其渗透下的传统文人诗画的影响是分不开的。就以文人画为例，古代画家画植物，要求胸中有万卷诗书，笔下无半点尘俗，从而体现出风雅潇洒而有韵味的美学要求，具体地说，就是强调表现出植物和人相似的清高绝俗的品格个性。

第四节　园林的季相美

一、园林季相美概述

中国传统观念里季相意识深入人心。例如《礼记·月令》中就说，孟春之月，“天地和同，草木萌动”；季夏之月，“温风时至”；孟秋之月，“凉风至”；季秋之月，“菊有黄花”；孟冬之月，“水始冰，地始冻”。这类民间的岁时观念、季相意识上升和转化到美学的领域，就表现为对春、夏、秋、冬四时的审美概括。而一年四季除了显现为气候炎凉等变化之外，更鲜明地显现为山水植物种种具体形象的先后交替和变化，这都可以称为季相美。郭熙在《林泉高致》中还说：“春山烟云连绵，人欣欣；夏山嘉木繁阴，人坦坦；秋山明净摇落，人肃肃；冬山昏霾翳塞，人寂寂。”这又可说是园中四季假山的象外之情、景外之意。园林领域里，最早做出理性表述的是唐代白居易的《草堂记》，其季相意识已十分明确而强烈，而且意识到春夏秋冬和阴晴昏旦交叉结合，可以生发出千变万状的景观美。这是白居易又一可贵的美感经验表述。《草堂记》记云："……其四傍耳目杖履可及者，春有'锦绣谷'，夏有'石门涧'，秋有'虎溪'月，冬有'炉峰'雪，阴晴显晦，昏旦含吐，千变万状……"

白居易在《池上篇序》中也写道："每当池风春，池月秋，水香莲开之旦，露清鹤唳之夕……"这里，春秋和旦夕又构成了时间序列的交叉。它又可看作欧阳修有关美学思想的先导。而影响更大的，是宋代欧阳修关于时空交感的美学思想。其著名的《醉翁亭记》："若夫日出而林霏开，云归而岩穴暝，晦明变化者，山间之朝暮也。野芳发而幽香，佳木秀而繁阴，风霜高洁，水落而石出者，山间之四时也。……四时之景不同，而乐亦无穷也。"

山水之乐、林亭之趣和朝暮四时交互错综，构成无穷之景和无穷之乐。这种交互错综，又通过生动传神的妙笔描绘出来，既体现了自然美的活力，又表现了艺术美的魅力，它形象地显现了"时间是一种持续的秩序"的哲理，是季相意识在园林美历史中的新阶段。在欧阳修的影响下，在已升华为公共园林的杭州西湖，元代不少散曲家都有成套的四时西湖组曲，甚至成为一种创作模式，这说明了在园林中，季相意识已深入人心，牢固地形成为一种审美心理定式。

南宋周密写都城临安（今杭州）的《武林旧事》一书，就收录了《张约斋赏心乐事》这篇反映园林季相审美意识的文章，其中详述了一年十二个月在不同观景点观赏不同花木的具体内容。《赏心乐事》的作者张约，可说是"天地有大美而不言，四时有明法而不说"[1]的代言人。他所开列的四时十二月的群芳谱，具体而集中地向人们展示了抽象的时间逻辑如何在园林空间转化为活生生的花木具象，这种花木具象又是如何具体而细微地丰富着园林季相美学，如何具体而细微地丰富着人们的"赏心乐事"。

二、园林季相美的表征

日月光照是一种晴朗的美，而阴雨之时也能形成不可替代的殊相之美。

（一）阴、雨

苏轼《饮湖上初晴后雨》诗云："水光潋滟晴方好，山色空濛雨亦奇。欲把西湖比西子，淡妆浓抹总相宜。"这对尔后西湖的审美产生了历史性影响，其中特别

[1] 贾德江．采石堂谈艺[M]．北京：北京工艺美术出版社，2019：81.

是对于雨中西湖朦胧美的发现和品赏，影响更大。于敏的《西湖即景》中写道："雨中的山色，其美妙完全在若有若无之中。若说它有，它随着浮动的轻纱一般的云影，明明已经化作蒸腾的雾气。若说它无，它在云雾开豁之间，又时时显露出淡青色的，变幻多姿的、隐隐约约的、重重叠叠的曲线。若无，颇感神奇：若有，倍觉亲切。要传神地描绘这幅景致，也只有用米点的技法。"这就是"山色空濛雨亦奇"的具体形象，它可以比之于画家米芾所开创的笔墨浑化，不可名状的"米氏云山"。雨不但能构成诉诸视觉的美，而且能构成诉诸听觉的美，除了雨打芭蕉的乐奏和疏雨滴梧桐的清韵之外，苏州拙政园有"留听阁"，取李商隐《宿骆氏亭寄怀崔雍崔衮》"秋阴不散霜飞晚，留得枯荷听雨声"的诗意命名。雨除了构成诉诸听觉的景观外，还能构成诉诸嗅觉的景观。

（二）雾、雪

雾也是水的气象流程中的变异，富于诗情画意，有极高的审美价值，需要"我独观其变"。它在氛围上和雨近似，且更能以其模糊性来制造距离。雾如能与水面相对应，则显得特别美。雪比起雨、雾来，在空间逗留的时间或许要长一些，在空间存在的形态或许要固定一些。因为雨是液态的，雾是"气态"的，而雪则是固态的存在。西湖的雪景是极为著名的，所以有"晴湖不如雨湖，雨湖不如月湖，月湖不如雪湖"之说。

季相所显现的景观美，除了朝暮、昼夜、日月和晴、阴、雨、雾、雪之外，还有其他天时因子构成种种景观美。例如，玉泉山静宜园的"风篁清听"、苏州拙政园的"荷风四面"；苏州网师园的"月到风来"、圆明园的"莲风竹露"、上海醉白池的"花露含香"、无锡寄畅园的"清响"、避暑山庄的"四面云山""云容水态"，等等。这些风景或虚或实，调动人们的感官和想象，使人们涵泳于季相所参与的时空交感之美中。

三、园林季相美的营造

宋代郭熙《林泉高致》中的"春山淡冶而如笑，夏山苍翠而如滴，秋山明净而如妆，冬山惨淡而如睡"是对山水花木不同季相美的综合概括。园林造景可通过植物、题名来体现四季相态的变化。

（一）以植物营造园林季相美

植物是景观季相变化的重要媒介。园林造园常通过选择不同季相特征的植物来体现春季鲜花盛开、夏季浓荫葱茏、秋季叶色斑斓、冬季枯枝残叶的四季景象。南朝梁的萧绎在《山水松石格》中说的“秋毛冬骨、夏荫春英”是对植物不同季相美的综合概括。韩拙在《山水春全集》中说的：“春英者，谓叶绌而花繁也；夏荫者，谓叶密而茂盛也；秋毛者，谓叶疏而飘零也；冬骨者，谓枝枯而叶槁也。”植物是变化的，它们随着季节和生长的变化而在不停地改变其色彩、质地、叶丛疏密等全部的特征。植物在不同季节表现出的景观不同，在一年四季的生长过程中，其叶、花、果的形状和色彩随季节而变化，在开花、结果或叶色转变时，具有较高的观赏价值。园林植物景观设计要体现春、夏、秋、冬四季植物的季相，充分利用植物季相特色，并按照植物的季相演替和不同花期的特点创造园林时序景观。即使在不同的季节，在同一地区产生不同群落形象也能给人以时令的启示，增强季节感，表现出园林景观中植物特有的艺术效果。

1.春景植物

春景植物主要有春天盛开的樱花、海棠、碧桃、玉兰、牡丹、迎春、榆叶梅、连翘、黄刺梅、锦带花、丁香类、绣线菊类等，或成丛、成片、成林配置，或沿路边、水边配置，无不适宜。春季水边的桃、柳相间配置也是我国园林中传统的春季配景手法，如杭州的苏堤、白堤和柳浪，闻莺沿岸，一株杨柳一株桃。早春时的玉兰花，先花后叶，满树皆白，晶莹如玉，幽香似兰。在庭园中的窗前、屋隅、路旁、岩际孤植或丛植，在大型园林中更可辟为玉兰专类园，则开花时玉树成林，琼花无际，必然更为诱人。

2.夏景植物

夏景植物应以树姿优美的庇荫树为主，在其正方或侧方的庇荫处少栽灌木，保留多一点庇荫休息的面积。夏季的荷塘、睡莲池、湿地边缘则是最受游人喜爱的驻足赏景、纳凉歇息的园林空间环境。夏季季相除了叶色之外，有些花色也是十分艳丽夺人的，如岭南的凤凰木，五月花开时红艳如火。栾树是少有的夏末开花的大乔木，圆锥花序上黄色的小花极多，盛开时极为壮美，入秋橙色的苞片布满树冠，叶色又变为金黄色，是夏、秋二季的优良树种。丰花月季，花繁而持久，适应性强，是宜于普及的一种夏景树种。紫薇花瓣皱曲，艳丽多彩，花期长，故有“百日红”

之称，又有“盛夏绿遮眼，此花红满堂”[1]之赞语。

3.秋景植物

秋景植物要充分考虑植物的累累硕果和亮丽的秋叶效果，在风景园林中，红叶已成为秋天的象征，也是一年季候变化中的一道晚霞。例如，北京香山的黄栌、苏州天平山的红枫，以及杭州园林里那数不清的片片红叶林（青槭、鸡爪槭、枫香、三角枫、五角枫等）与那终年绯红的红枫等，都能给游人以“光照夺人目，落日耀眼明”[2]的极为绚丽多姿的视觉享受。除了秋叶之外，秋果也是赏秋的对象。秋季观果植物有苹果属、山楂、山茱萸、花楸属、枸子属、柿属、南天竹、冬青、石楠等，其红色或黄色的果实装扮出迷人的秋景。例如，苏州拙政园的“待霜亭”，亭名取唐朝诗人韦应物“洞庭须待满林霜”[3]的诗意，因洞庭产橘，待霜降后方红，此处原种植洞庭橘十余株，故此得名。

4.冬景植物

冬景植物有观花、观果者，如凌寒而开的梅花、蜡梅花。还有很多植物的果实色彩鲜艳，甚至经冬不落，在百物凋零的冬季也是一道难得的风景，如初冬的金银木果、火棘果、南天竺果等。尽管这些冬景树木或不如春、秋诸多植物的形色那样丰满、艳丽，但它们所表现的神态，却往往给人们以更为难能可贵的、深层的刺激与诱惑，从而引发出无限的诗情画意，以致使历代描写冬景植物的诗篇都难以全计。在冬季，除了常绿树之外，落叶树则以其枝干姿态观形为主，枝干的颜色也可以成为观赏的焦点，如干皮为红色或红褐色的红瑞木、金枝梾木、杉木、马尾松、山桃等；干皮为白色或灰白色的白桦、垂枝桦、白皮松、银白杨、毛白杨、新疆杨等；干皮为绿色的竹、梧桐等。

（二）以题名营造园林季相美

中国园林多在园林题名中体现季相美，如杭州“西湖十景”中的前四景“苏堤春晓”“曲院风荷”“平湖秋月”“断桥残雪”恰恰点出了春夏秋冬的季相美。景观题名有四时皆备的，力求适应四时最佳季相及其转换，将流动的四时容纳在一个审美空间里。比如，北京圆明园对于四时季相也做了精心的安排，其建筑题名有“春雨轩”“清夏堂”“涵秋馆”“生冬室”等，还有仿海宁安澜园而建构的“四

---

[1] 黄一真．解读庭院与植物[M]．哈尔滨：黑龙江科学技术出版社，2013：217.

[2] 朱钧珍．中国园林植物景观艺术[M]．北京：中国建筑工业出版社，2003：119.

[3] 赵建萍，朱达金．园林植物与植物景观设计[M]．成都：四川美术出版社，2012：36.

宜书屋”。所谓春宜花、夏宜风、秋宜月、冬宜雪，四时无不宜。北京颐和园的彩画长廊，对称而有序地由东至西建构了“留佳”“寄澜”“秋水”“清遥”四亭，分别象征春夏秋冬“四时行焉”的时间流程，而四亭的题名又用浓缩的语言分别暗示了四个季节的某种最佳意象，给人们提供了宽阔的想象天地。

园林名胜中，表现“春”“秋”两季的题名最多。北京的“燕京八景”中的两景——北海的“琼岛春阴”与中南海的“太液秋风”，至今都有石碑铭刻着这两景季相美的标题。琼岛，太液池作为空间因子；春阴，秋风作为时间因子。两者交感而成为一个特殊季相景观。颐和园的知春亭是一个重要的点景建筑，设在伸出湖中的岛上。这里，湖面染青，绿柳含烟，可以近观春水，远眺春山。“知春”二字的题名，点出了季相，把较为抽象而不易把握的时间展现为感性的空间形象。北京香山静宜园的“绚秋林”杂植松、桧、柏、槐、榆、枫、银杏等，时逢霜秋，则红橙黄绿，各种颜色陆离纷呈，绚烂明丽之极。“绚秋”二字名不虚传。

总而言之，审美客体和审美主体是相互影响、相互生成的，园林的四时花木，培育和增进了人们的季相审美意识，而人们的季相审美意识，又不断改善着园林四时花木的配植，使之朝着更为精细的方向发展，以求不但每个季节，而且每个月份都有特征季相之美可供观赏。

结束语
中国园林美学的继承与发展研究

中国园林美学就是对中国园林“美”的研究，它与诗歌、书法、绘画同源，是结合了儒、释、道各家的哲学思想的影响发展出来的艺术，是中国文人审美的产物。继承和发展中国园林美学有利于我国现代园林设计的发展和生态环境的保护。

一、中国园林美学的继承内容

中国园林中蕴藏着丰富的生存智慧和生态艺术，它们经久不衰地保留在了园林美学中。

（一）中国园林中的生存智慧

中国园林体现了“天人合一”的思想，即将自然与人看作一个整体，且人是从属于自然的。这种哲学传统对建设和谐的人—自然关系有重要意义。但是受儒家、道家、禅宗等思想的影响，中国园林中所体现的传统哲学也存在消极避世和固守传统的价值观。当然，这些消极的观点随着时代的发展逐渐转化成了积极的思想。

水不仅是生命之源，也是文化之源，且合乎养生之道。中华民族在认识水、治理水、开发水、保护水和欣赏水的过程中，留下了丰富的精神产品，领悟出许多充满智慧的哲理，奠定了中华水文化的深厚底蕴。《尚书·洪范·九畴》中说：“五行：一曰水，二曰火，三曰木，四曰金，五曰土。”“水曰润下”，此处以水为第一，意思是水周流不息，滋养万物。就连《诗经·关雎》中所言“关关雎鸠，在河之洲。窈窕淑女，君子好逑”中男女相知、相悦也是在“河”“洲”之际实现的。以“再现自然式山水园”为主要特征的中国园林中，水往往是主要景色，可以说“无水不成景，无水不成园”。水总是占据园林的中心地带，房屋依水而建，山依水而造，还有不少凉亭、长廊和小桥也建于水中，使得园林更具魅力。总之，园林因水而活，园林因水而美。

水在园林中不仅具有丰富的文化内涵和审美作用，还具有养生学和生态学的作用。费尔巴哈曾说过“一种精神的水疗法”，认为水不但是生殖和营养的一种物理条件，而且是心理和视觉的一种非常有效的药品。凉水使视觉清明，人们一看到明净的水，心里就特别爽快，精神也十分抖擞！[1]另外，水中植物具有净化水体、增进水质、清洁环保等功能，如芦苇、水葱、水花生、水葫芦等不仅具有良好的耐污

[1] 王彦华，刘桂芹．中国园林美学解读 [M]．北京：应急管理出版社，2020：168.

性，而且能吸收和富集水体中的硫化物等有害物质，净化水质。

（二）中国园林中的生态艺术

研究中国古典园林的生态艺术，离不开“天人合一”这一具有中国特色的宇宙观。我国的传统文化总结起来，大致可以概括为儒家、道家两大源头，二者在发展过程中逐渐形成了“我中有你，你中有我”的局面，再加上后来的禅宗思想，便形成了中华民族传统文化的思想渊源。西汉时期的董仲舒把天人和谐的观点引申为自然与人为、自然与人的合一，即“天人合一”。他在《春秋繁露》中一再强调他的“天人合一”观：“天地之生万物也，以养人。”“为人者，天也。人之为人，本于天。”“人之居天地之间，其犹鱼之离水，一也。”此外，董仲舒赋予自然以人的性格，从伦理道德到精神思想，形成人与大自然的统一。古人把观察天地自然的过程作为主体道德观念寻求客体再现的过程，也是基于人的性格心理与自然相和谐统一这一哲学基础。这种“天人合一”的宇宙观决定了园林景观要融汇到无限的宇宙之中才是最高尚的审美情趣。在古代，当园林有限的尺度与无限宇宙之间的矛盾永远无法统一时，特别是私家园林难以和气势恢宏的皇家园林相比时，园主便不得不凭借借景、缩景、“壶中天地”等艺术手法来达到万景天全的境界。这与生态学有着不谋而合的统一性和一致性。

生态学是研究生物与其环境，包括其他生物与非生物之间相互关系的科学。园林与人类生活、资源利用和环境质量之间存在着复杂微妙的关系，是生态系统中一个重要的组成部分。园林生态学以人类生态学为基础，融汇了景观学、景观生态学、植物生态学和城市生态系统理论，研究在风景园林和城市绿化可能影响的范围内人类生活、资源使用和环境质量三者之间的关系及其调节途径。当今时代，人们又呼唤着生态批评和生态艺术，而中国园林正是最具典范性的生态艺术，最能充分体现“天人合一”的精神。它虽然产生和发展于中国古代，却极大地影响着现代中国，甚至国外的园林设计和建造：

二、中国园林美学的发展特点

进入21世纪以来，随着人类社会在经济、文化、艺术等领域的进一步发展，中国园林美学也在继承的主线中不断地发展和进步，逐渐形成在审美内容上用环境气氛给人以意境感受、在造型风格上给人以形象知觉、在象征含义方面给人以联想认识的成熟园林。近年来，我国园林美学在继承和发展呈现以下四个特点：

（一）园林美学继续走向世界

传统园林美学包含了古典哲学和古典美学对园林审美和构造的启示，其独具特色的造景手法、文化内涵和艺术风格都是时代和历史遗留下来的瑰宝。自20世纪70年代末，中国当代园林设计师结合现代“以人为本”的创作理念对传统园林艺术进行了继承和创新，使当代园林呈现出多样化的艺术特性，并打入国际市场，在海外设计和建造了许多中国式园林，并在继续扩大中国园林的影响力，具体的建造方式有以国家或地方政府的名义参加国际园艺或博览会建园；中外友好城市之间互赠建园；承接国外政府、社会团体或私人建园等。相信在未来，中国式园林美学会成为世界艺术百花丛中的一簇芬芳奇葩，在世界园林中独树一帜。

（二）园林美学融合当代文化

中国园林美学是中国当代造景设计的理论基础。一直以来，中国园林都汲取着中华民族传统文化尤其是中国哲学思想的营养，追求着意境美的审美标准。也就是说，中国园林美学一直要求园林设计要重视文化内涵。园林的主题立意，即园林所要塑造的精神文化内涵是园林的灵魂，其定位的正确与否关系园林的存在和发展，也决定着园林本身的水平和地位。“走向文化的设计”是我国园林行业迅速发展的重要标志，代表着园林行业新时代的到来。因此，园林设计师应在设计园林时充分融入文化内涵，使园林逐步走向文化，以满足人们的精神需求。当然，这里所指的文化内涵既包含传统园林美学中的思想精神，又包含当代社会的文化内蕴。换言之，当代园林设计应充分融合传统园林美学与当代文化，以适应当代人的审美趋向。

（三）园林美学结合生态美学

随着社会环境的变化，“生态美学”逐渐进入人们的视野。它是生态学和美学的结合体，与中国园林美学相互渗透，共同运用于当代园林设计，促进现代园林的人性化和生态化发展，推动现代园林设计走向自由、活跃的多元发展之路。可以说，中国园林艺术与生态艺术的结合使得如今的园林设计成为对土地和室外空间的生态设计。生态园林的审美情趣与以往园林的迥然不同。它坚持在以讴歌自然、推崇自然美为特征的美学思想体系下谋求发展，以期达到具有生态性质的审美、游览、环保效果。总之，与生态美学的结合已经成为现代园林设计师进行项目规划设计的重要指导原则。

（四）园林美学紧密联系科技

科学技术的发展改善了传统园林行业的设计手段和研究方法。一方面，计算机的普及和网络时代的来临将园林设计师从手工绘图的繁重作业中解放出来，代之以计算机辅助绘图，大大提高了工作效率和绘图的准确性，也使异地设计师的合作成为可能。另一方面，科学技术的发展影响着园林主题文化的变革和园林行业地位的变化。伴随着社会的进步、园林建造水平的提高、新材料的不断出现、园林艺术的发展，以及社会成员对园林需求的日益增长和欣赏水平的不断提高，园林美学一定会焕发出顽强的生命力，获得更重要的地位，并为美化环境、提升生活质量做出更大的贡献。

参考文献

［1］陈彦霖．建筑设计中园林美学的应用［J］．建筑结构，2021（13）：161.

［2］毓鑫，王梦圆．审美视域下的园林绘画艺术——评《园林绘画》［J］．世界林业研究，2021（4）：135.

［3］董其国．园林美学理论研究与实践——评《园林美学》［J］．中国瓜菜，2020，33（11）：109.

［4］吴余青，田卓明，朱奕苇．中国传统园林审美意蕴研究文献综述［J］．湖南包装，2020（4）：7-10.

［5］巫柳兰．中国古典园林山水景境营造研究［J］．美术大观，2019（1）：140-141.

［6］邱紫华，陈欣．论中国园林的审美特性［J］．西北师大学报（社会科学版），2015（4）：41-47.

［7］龚天雁．中国园林美学三种研究视野之对比分析［D］．济南：山东大学，2015.

［8］谢天俐．中国古典园林空间的美学研究［D］．哈尔滨：黑龙江大学，2016.

［9］王彦华，刘桂芹．中国园林美学解读［M］．北京：应急管理出版社，2020.

［10］伍晓华，袁媛，柳金英．中国园林美学研究［M］．北京：中国广播影视出版社，2020.

［11］王凤珍．园林植物美学研究［M］．武汉：武汉大学出版社，2019.

［12］叶广度．中国庭园记［M］．杭州：浙江人民美术出版社，2019.

［13］葛静．中国园林构成要素分析［M］．天津：天津科学技术出版社，2018.

［14］陈鑫．中国园林文化解读［M］．天津：天津科学技术出版社，2018.

[15] 华夏古昔文明漫步丛书编辑委员会 . 园林经典：人类的理想家园 [M]. 杭州：浙江人民美术出版社，2018.
[16] 陈教斌 . 中外园林史 [M]. 北京：中国农业大学出版社，2018.
[17] 赵晓峰 . 中国古典园林的禅学基因：兼论清代皇家园林之禅境 [M]. 天津：天津大学出版社，2016.
[18] 刘彤彤 . 中国古典园林的儒学基因 [M]. 天津：天津大学出版社，2015.
[19] 曹林娣 . 中国园林美学思想史 . 清代卷夏咸淳 [M]. 上海：同济大学出版社，2015.
[20] 吕忠义 . 风景园林美学 [M]. 北京：中国林业出版社，2014.
[21] 程耀等 . 园林艺术 [M]. 北京：中国民族摄影艺术出版社，2013.
[22] 杜道明 . 天地一园：中国园林 [M]. 北京：北京教育出版社，2013.
[23] 唐锡光，贾慧敏 . 中国园林 [M]. 济南：山东大学出版社，2013.
[24] 田凤青 . 中国古代园林艺术 [M]. 南昌：江西教育出版社，2013.
[25] 郭晓龙，林玉杰 . 园林艺术 [M]. 北京：中国农业大学出版社，2011.
[26] 周武忠 . 园林美学 [M]. 北京：中国农业出版社，2010.
[27] 李世葵 .《园冶》园林美学研究 [M]. 北京：人民出版社，2010.
[28] 朱迎迎，李静 . 园林美学 [M]. 北京：中国林业出版社，2008.
[29] 余开亮 . 六朝园林美学 [M]. 重庆：重庆出版社，2007.
[30] 夏惠 . 园林艺术 [M]. 北京：中国建材工业出版社，2007.
[31] 冯荭 . 园林美学 [M]. 北京：气象出版社，2007.
[32] 金学智 . 中国园林美学 [M]. 北京：中国建筑工业出版社，2005.
[33] 王玉晶，冯丽芝，王洪力 . 园林美学 [M]. 沈阳：辽宁科学技术出版社，2005.
[34] 梁隐泉，王广友 . 园林美学 [M]. 北京：中国建材工业出版社，2004.
[35] 万叶 . 园林美学：第 2 版 [M]. 北京：中国林业出版社，2002.
[36] 曹林娣 . 中国园林艺术论 [M]. 太原：山西教育出版社，2001.
[37] 金学智 . 中国园林美学 [M]. 北京：中国建筑工业出版社，1999.
[38] 刘天华 . 园林美学 [M]. 昆明：云南人民出版社，1989.
[39] 赵建萍，朱达金 . 园林植物与植物景观设计 [M]. 成都：四川美术出版社，2012.
[40] 汤晓敏，王云 . 景观艺术学：景观要素与艺术原理 [M]. 上海：上海交通大学出版社，2013.
[41] 矫克华 . 现代园林景观设计审美与儒家文化思想研究 [J]. 中国人口（资源与环境），2012（A1）：388-391.

[42] 曹林娣 . 中国园林美学思想史 . 上古三代秦汉魏晋南北朝卷 [M]. 上海：同济大学出版社，2015.
[43] 程维荣 . 中国园林美学思想史 . 清代卷 [M]. 上海：同济大学出版社，2015.
[44] 夏咸淳 . 中国园林美学思想史 . 明代卷 [M]. 上海：同济大学出版社，2015.
[45] 曹林娣，沈岚 . 中国园林美学思想史 . 隋唐五代两宋辽金元卷 [M]. 上海：同济大学出版社，2015.
[46] 于翠玲，刘勇 . 实用语文 [M]. 北京：中国科学技术出版社，2013.
[47] 张承安 . 中国园林艺术辞典 [M]. 武汉：湖北人民出版社，1994.
[48] 郭志坤 . 秦始皇大传 [M]. 上海：上海人民出版社，2018.